Mathematik heute 9

Herausgegeben von
Rudolf vom Hofe, Bernhard Humpert
Heinz Griesel, Helmut Postel

Schroedel
westermann

Mathematik heute 9

Herausgegeben und bearbeitet von

Prof. Dr. Rudolf vom Hofe, Bernhard Humpert
Prof. Dr. Heinz Griesel, Prof. Helmut Postel

Arno Bierwirth, Heiko Cassens, Manfred Popken

an dieser Ausgabe wirkte außerdem mit: Stefanie Schumacher

Zum Schülerband erscheint:
Lösungen Best.-Nr. 87746
Arbeitsheft Best.-Nr. 87684
Diagnose und Fördern Best.-Nr. 87658
Kommentare und Kopiervorlagen Best.-Nr. 87784
Rund um … Ihr digitaler Arbeitsplatz Best.-Nr. 87664

Diagnostizieren. Fördern. Evaluieren.
Die OnlineDiagnose zu diesem Lehrwerk testet die wichtigsten Kompetenzen und erstellt individuelle Fördermaterialien und Arbeitshefte zum Downloaden oder Bestellen.
Nähere Informationen unter **www.onlinediagnose.de**

westermann GRUPPE

© 2016 Bildungshaus Schulbuchverlage
Westermann Schroedel Diesterweg Schöningh Winklers GmbH, Braunschweig
www.westermann.de

Druck A^2 / Jahr 2020
Alle Drucke der Serie A sind im Unterricht parallel verwendbar.

Redaktion: Tanja Dieckmann
Titel- und Innenlayout: LIO DESIGN GmbH, Braunschweig
Illustrationen: Carla Miller; Zeichnungen: Langner und Partner, Rudi Warttmann
Druck und Bindung: Westermann Druck GmbH, Braunschweig

ISBN 978-3-507-**87734**-4

INHALTSVERZEICHNIS

ZUM METHODISCHEN AUFBAU DER LERNEINHEITEN

EINSTIEG bietet einen direkten Zugang zum Thema, eröffnet die Möglichkeit zum Argumentieren und Kommunizieren und führt zum Kern der Lerneinheit.

AUFGABE mit vollständigem Lösungsbeispiel. Diese Aufgaben können alternativ oder ergänzend als Einstiegsaufgaben dienen. Die Lösungsbeispiele eignen sich sowohl zum eigenständigen Nacharbeiten als auch zum Erarbeiten von Lernstrategien.

FESTIGEN UND WEITERARBEITEN Hier werden die neuen Inhalte durch benachbarte Aufgaben, Anschlussaufgaben und Zielumkehraufgaben gefestigt und erweitert. Sie sind für die Behandlung im Unterricht konzipiert und legen die Basis für die erfolgreiche Entwicklung mathematischer Kompetenzen.

INFORMATION Wichtige Begriffe, Verfahren und mathematische Gesetzmäßigkeiten werden hier übersichtlich hervorgehoben und an charakteristischen Beispielen erläutert.

ÜBEN In jeder Lerneinheit findet sich reichhaltiges Übungsmaterial. Dabei werden neben grundlegenden Verfahren auch Aktivitäten des Vergleichens, Argumentierens und Begründens gefördert, sowie das Lernen aus Fehlern. Aufgaben mit Lernkontrollen sind an geeigneten Stellen eingefügt.
Grundsätzlich lassen sich fast alle Übungsaufgaben auch im Team bearbeiten. In einigen besonderen Fällen wird zusätzlich Anregung zur Teamarbeit gegeben. Die Fülle an Aufgaben ermöglicht dabei unterschiedliche Wege und innere Differenzierung.

PUNKTE SAMMELN Hier werden Aufgaben auf drei Niveaustufen angeboten. Schülerinnen und Schüler sollen eigenständig Aufgaben auswählen, individuell bearbeiten und dabei mindestens 7 Punkte erreichen.

VERMISCHTE UND KOMPLEXE ÜBUNGEN Hier werden die erworbenen Qualifikationen in vermischter Form angewandt und mit den bereits gelernten Inhalten vernetzt.

BLÜTENAUFGABEN bestehen aus vier Teilaufgaben mit unterschiedlichen Kompetenzanforderungen: Vorwärtsrechnen, Rückwärtsrechnen, komplexe Erweiterungen und offene Aufgabe. Sie beziehen sich auf ein gemeinsames Thema und sind unabhängig voneinander zu lösen.
Die Teilaufgaben sind nicht nach der Schwierigkeit geordnet, sondern mit unterschiedlichen Farben gekennzeichnet. Auch hier sollen Schülerinnen und Schüler eigenständig Aufgaben auswählen. Dabei hat sich folgende Methode bewährt:
(1) Lesen und Klären von Fragen im Klassenunterricht;
(2) Auswählen und individuelles Bearbeiten von zwei Aufgaben in Einzelarbeit;
(3) Vergleichen und Ergänzen in Gruppenarbeit mit anschließender Präsentation.

WAS DU GELERNT HAST

Hier sind die neuen Inhalte eines Abschnitts kompakt zusammengefasst. Durch diesen Überblick wird Strategiewissen gefördert und der Aufbau von kumulativem Basiswissen unterstützt.

BIST DU FIT? / BIST DU TOPFIT?

Auf den Seiten am Ende eines Kapitels können Lernende eigenständig überprüfen, inwieweit sie die neu erworbenen Kompetenzen beherrschen. Auf den Seiten 202 – 206 werden Basiswissen und allgemeine Kompetenzen überprüft, die sich auf übergreifende Themen der Jahrgangsstufe 9 beziehen. Die Lösungen hierzu sind im Anhang des Buches abgedruckt.

IM BLICKPUNKT / PROJEKT

Hier geht es um komplexere Sachzusammenhänge, die durch mathematisches Denken und Modellieren erschlossen werden. Die Themen gehen dabei häufig über die Mathematik hinaus, sodass fächerübergreifende Zusammenhänge erschlossen werden. Es ergeben sich Möglichkeiten zum Arbeiten in Projekten und zum Einsatz neuer Medien.

PIKTOGRAMME

weisen auf besondere Anforderungen bzw. Aufgabentypen hin:

Teamarbeit

Suche nach Fehlern

Blütenaufgabe

Internet

Tabellenkalkulation

Dynamische Geometrie-Software

Zur Differenzierung

Der Aufbau der Lerneinheiten und die Übungen sind dem Schwierigkeitsgrad nach eingestuft. Sie bilden ein breites Spektrum an Lernmöglichkeiten, die den Bereich mathematischer Kernkompetenzen für mittlere Schulen umfassend abbilden. Neben Basiskompetenzen wird dabei auch das Kompetenzniveau starker Lerngruppen bzw. von Erweiterungskursen solide erfasst. Eine Hilfe für innere Differenzierung bilden die folgenden Zeichen:

Grundlegende allgemeine Bildung:	keine Kennzeichnung
Erweiterte allgemeine Bildung:	blaue Aufgabennummer, z. B. **7.**
Anspruchsvollere Aufgaben:	rote Aufgabennummer, z. B. **7.**

Zusätzliche Aufgabenstellungen sind durch **Z**, **Z** und **Z** gekennzeichnet.

KAPITEL **1**

LINEARE GLEICHUNGSSYSTEME

Kletterspaß für Jung und Alt!

2 Erwachsene und 2 Kinder
zahlen 60,– €

1 Erwachsener und 3 Kinder
zahlen nur 58,– €

Hochseilgarten

Wer Spaß am Klettern hat, kann in einem Hochseilgarten mithilfe von Seil- und Hängebrücken, Netzen, Balken oder Kletterwänden verschiedene Hindernisse überwinden.
Der Betreiber eines Hochseilgartens wirbt mit der abgebildeten Anzeige.

» Versuche durch Schätzen und Probieren den Eintrittspreis für einen Erwachsenen und für ein Kind zu bestimmen.
» Welchen Eintrittspreis müssen zwei Erwachsene mit einem Kind zahlen?

Ab nach Wien

Die Jugendlichen des TuS Fortuna starten mit dem Bus nach Wien zu einem internationalen Sportwettkampf. Zwei der Betreuer können erst später nachreisen und nehmen den Pkw.

>> Was kannst du dem Graphen rechts auf einen Blick entnehmen?

>> Welcher der Graphen gehört zu welchem Fahrzeug? Begründe.
Gib jeweils auch die Funktionsgleichung an.

>> Welche Bedeutung hat der Schnittpunkt der beiden Geraden? Begründe.

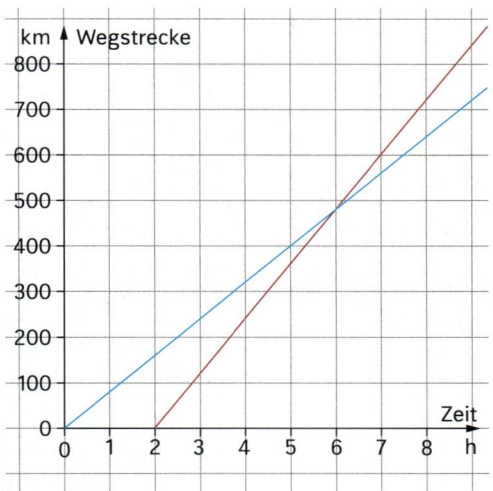

Englisches Zahlenrätsel

Old McDonald has a farm ...
He wants to know exactly how many cows and how many chickens he has. He knows that in total he has 84 chickens and cows and he knows that their total number of legs is 266.

**IN DIESEM KAPITEL
LERNST DU ...**

... *was lineare Gleichungen und was lineare Gleichungssysteme sind.*
... *wie man lineare Gleichungssysteme grafisch und rechnerisch löst.*
... *wie man lineare Gleichungssysteme zum Lösen von Sachaufgaben nutzt.*

GLEICHUNGEN UND LINEARE FUNKTIONEN – GRUNDLAGEN

Gleichungen

EINSTIEG

Leider wurde ein Teil der Lösung bereits abgewischt.

>> Ergänze die fehlenden Rechenanweisungen und Zahlen
>> Führe eine Probe durch.

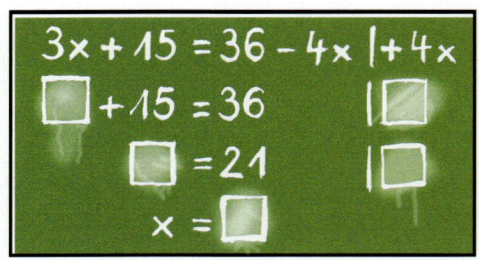

$$3x + 15 = 36 - 4x \quad |+4x$$
$$\square + 15 = 36 \qquad |\square$$
$$\square = 21 \qquad\qquad |\square$$
$$x = \square$$

WIEDERHOLUNG

(1) **Gleichungen** kann man nach einer Variablen auflösen.

$$15 + 2a = 29 \qquad |-15$$
$$2a = 14 \qquad |:2$$
$$a = 7$$

(2) **Umformungsregeln für Gleichungen**
Additions- und Subtraktionsregel
Addiert oder subtrahiert man auf beiden Seiten einer Gleichung dieselbe Zahl, so verändert sich die Lösung nicht.

$$x - 3 \quad = 11 \qquad |+3$$
$$x - 3 + 3 = 11 + 3$$
$$x = 14$$

> $|+3$ bedeutet: Addiere auf beiden Seiten der Gleichung 3.

Multiplikations- und Divisionsregel
Multipliziert (dividiert) man beide Seiten einer Gleichung mit derselben Zahl (durch dieselbe Zahl) ungleich 0, so ändert sich die Lösung nicht.

$$4 \cdot x = 24 \qquad |:4$$
$$(4 \cdot x) : 4 = 24 : 4$$
$$x = 6$$

> Dividiere beide Seiten der Gleichung durch 4.

Ziel der Umformungen ist es, dass die Variable auf einer Seite der Gleichung alleine steht. Man sagt auch: Man isoliert die Variable.

ÜBEN

1. Löse folgende Gleichungen durch Umformen. Führe eine Probe durch.
  a) $3x + 4 = 5x - 4$
  b) $17 - 4x = x - 8$
  c) $20 - 2,5x = -6 - 6,5x$
  d) $7x + 3,5 = 4,5x + 21$
  e) $2,2x - 2,5 = 14 - 3,3x$
  f) $4,3 - 0,6x = 1,8x - 2,9$
  g) $1,5 \cdot (x - 2) = -12 \cdot (x + 2,5)$
  h) $-2 \cdot (3x + 3) - (x - 2) = 0$
  i) $2 \cdot (a - 3) = -3 \cdot (a + 5)$
  j) $4 \cdot (b + 3) = 7 \cdot (b + 5)$

2. Stelle jeweils Gleichungen auf und löse sie durch Umformen oder Probieren.
  a) Eine Kerze ist 24 cm lang. Wenn sie brennt, wird sie pro Stunde 1,5 cm kürzer. Nach welcher Brenndauer ist sie noch 4,2 cm lang?
  b) Tobi denkt an eine Zahl. Er multipliziert die Zahl mit der um 4 größeren Zahl und erhält 96 als Ergebnis. An welche Zahl könnte er denken? Gibt es noch eine andere Möglichkeit?

3. Bei einem Rechteck ist die eine Seite 10 cm länger als die andere Seite.

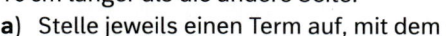

a) Stelle jeweils einen Term auf, mit dem
  (1) der Umfang;
  (2) der Flächeninhalt berechnet werden kann.

b) Finde heraus, für welche Seitenlängen der Umfang 88 cm beträgt.

c) Finde heraus, für welche Seitenlängen der Flächeninhalt 119 cm² beträgt.

Lineare Funktionen

EINSTIEG

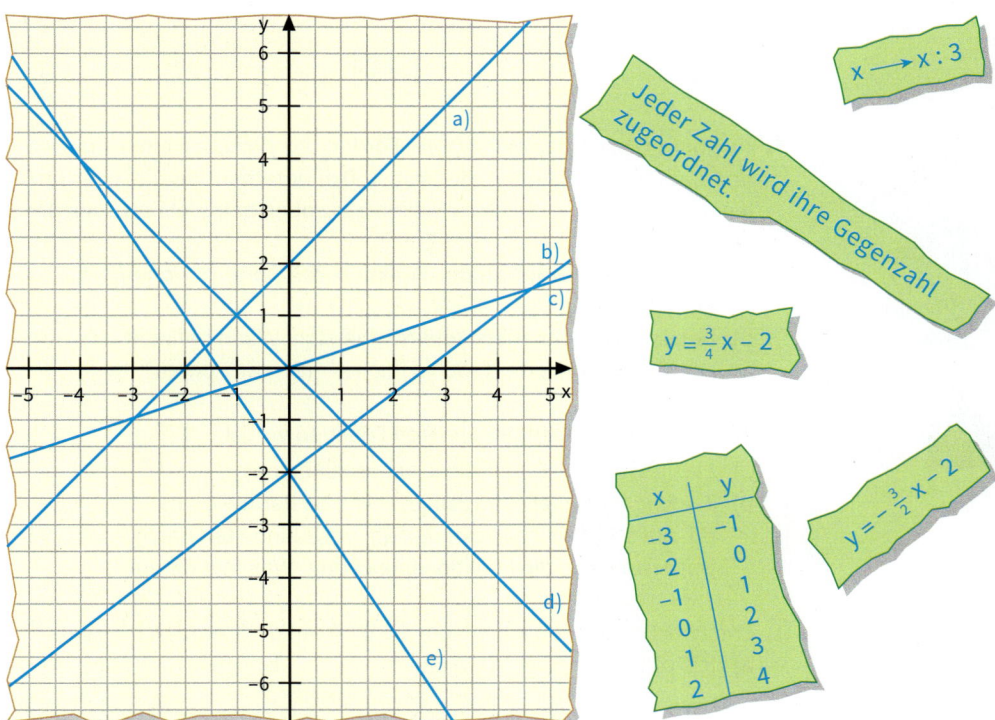

Auf den dargestellten Zetteln sind lineare Funktionen auf verschiedene Weise beschrieben worden. Ordne zu: Welche Zettel bzw. Graphen gehören jeweils zur selben Funktion? Begründe.

WIEDERHOLUNG

(1) Gleichung einer linearen Funktion
Lineare Funktionen werden durch eine Gleichung der Form $y = m \cdot x + b$ beschrieben.

(2) Graph einer linearen Funktion
Der Graph einer linearen Funktion ist eine Gerade.
Diese Gerade lässt sich mithilfe des **y-Achsenabschnitts b** und der **Steigung m** zeichnen.

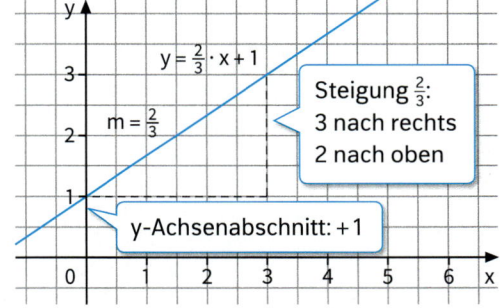

ÜBEN

1. Zeichne den Graphen der linearen Funktion.

a) $y = 2x + 1$ d) $y = -x + 2$ g) $y = -0,4x$ j) $y = \frac{2}{7}x - 3$

b) $y = \frac{3}{2}x - 2$ e) $y = 3x + 2$ h) $y = 0,4x - 2$ k) $y = x$

c) $y = \frac{3}{4}x + 5$ f) $y = -\frac{5}{3}x + \frac{1}{2}$ i) $y = x + 1$ l) $y = -5$

2. Bestimme zu den Geraden lineare Gleichungen.

a) 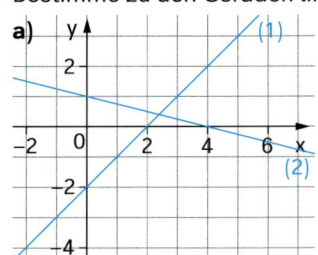   b) 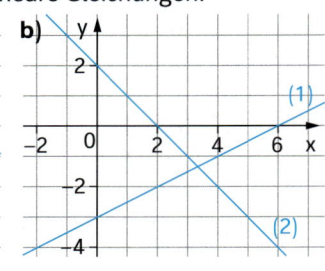   c)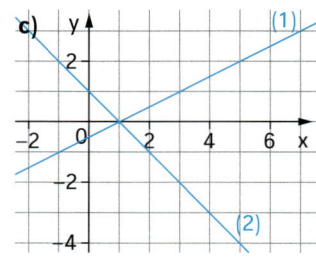

3. In einer Erzmine bewegt sich ein Förderkorb zwischen einer Höhe von 20 m im Förderturm und dem tiefsten Stollen, der sich 150 m unterhalb der Erdoberfläche befindet. Betrachte einen Förderkorb, der sich zu Beginn ganz oben befindet und dann pro Sekunde 3 m abwärts fährt.

a) Zeichne den Graphen der Funktion *Zeit (in s) → Höhe (in m)*. Erstelle auch die Funktionsgleichung.

b) Bestimme zeichnerisch und rechnerisch: Wann befindet sich der Förderkorb
   (1) auf der Höhe der Erdoberfläche;   (2) ganz unten?

4. Zeichne den Graphen der linearen Funktion $y = \frac{4}{7}x - 1$.

a) Lies ab, wo der Graph die x-Achse schneidet.

b) Zeichne zu dieser Geraden jeweils eine Parallele, die
   (1) um 1 Einheit nach oben;   (2) um 3 Einheiten nach unten   verschoben ist.
   Notiere jeweils die Funktionsgleichung. Was fällt dir auf?

5. Entscheide zeichnerisch, ob der Punkt A auf der Geraden PQ liegt.

a) $P(0|4)$; $Q(7|0)$; $A(10,5|-2)$ b) $P(0|0)$; $Q(8|5)$; $A(-3|-2)$

6. Eine Gerade g geht durch die Punkte P und Q. Berechne die Steigung der Geraden und ermittle die Funktionsgleichung.

a) $P(2|3)$, $Q(4|1)$ b) $P(0|-2)$, $Q(5|-1)$ c) $P(-5|1,5)$, $Q(1,5|1,5)$

7. Bestimme die Stelle, an der die Funktion zu $y = \frac{2}{3}x - 4$ den Funktionswert 5 annimmt.

8. Stelle die Gleichung $3x - 2y = 5$ grafisch dar.

9. Schreibe eine kleine Zusammenfassung: Wie verläuft der Graph zu $y = mx + b$ in Abhängigkeit von b und m im Koordinatensystem?

10. a) Veranschauliche grafisch die Kosten einer Taxifahrt in Abhängigkeit von der Fahrstrecke.

    b) Warum beschreibt der Graph die zu zahlenden Preise nicht ganz genau?

Anzeiger

Aus dem Stadtrat

...die neuen Taxigebühren treten zum 1. April in Kraft. Danach soll der Bereitstellungspreis unverändert bei zwei Euro bleiben. Das Entgelt pro Kilometer soll den Fahrgast dann 1,30 € statt 1,20 € kosten...

LINEARE GLEICHUNGEN MIT ZWEI VARIABLEN

EINSTIEG

Für den Besuch eines Streichelzoos haben zwei Erwachsene mit drei Kindern zusammen 48,00 Euro Eintritt bezahlt.

>> Gebt verschiedene Möglichkeiten an, wie hoch der Eintrittspreis x für einen Erwachsenen und wie hoch der Preis y für ein Kind sein kann.
>> Stellt die gefundenen Möglichkeiten in einem Koordinatensystem dar. Was fällt euch auf?
>> Wie kann man den Gesamtpreis aus dem Preis x für einen Erwachsenen und dem Preis y für ein Kind berechnen? Stelle eine Gleichung auf.

AUFGABE

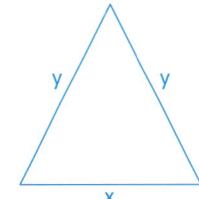

1. Ein Stück Draht mit einer Länge von 20 cm soll zu einem gleichschenkligen Dreieck gebogen werden.
   a) Welche Maße könnten die Seitenlängen x und y haben? Gib mehrere Möglichkeiten an.
   b) Stelle mit den Variablen x und y eine Gleichung für das Dreieck auf. Welche der Zahlenpaare (2|9), (3|6), (7|6,5), (5,5|8) sind Lösungen dieser Gleichung?
   c) Stelle den Zusammenhang zwischen x und y durch einen Graphen in einem Koordinatensystem dar und gib die Funktionsgleichung an.

Lösung

a) Durch Probieren findet man verschiedene Möglichkeiten:

Länge x der Basis	4 cm	5 cm	8 cm	1 cm
Länge y eines Schenkels	8 cm	7,5 cm	6 cm	9,5 cm

b) Das gleichschenklige Dreieck soll den Umfang 20 cm haben. Damit gilt: $x + 2y = 20$
Wir prüfen, welche der gegebenen Zahlenpaare Lösungen der Gleichung sind.

x	y	x + 2y = 20	wahr/falsch	
2	9	$2 + 2 \cdot 9 = 20$	wahr	also ist (2|9) eine Lösung
3	6	$3 + 2 \cdot 6 = 20$	falsch	also ist (3|6) keine Lösung
7	6,5	$7 + 2 \cdot 6,5 = 20$	wahr	also ist (7|6,5) eine Lösung
5,5	8	$5,5 + 2 \cdot 8 = 20$	falsch	also ist (5,5|8) keine Lösung

c) Man erkennt, dass die eingetragenen Punkte alle auf einer Geraden liegen.
Die Gleichung $x + 2y = 20$ löst man nach y auf:

$$\begin{aligned} x + 2y &= 20 && |-x \\ 2y &= 20 - x && |:2 \\ y &= 10 - \tfrac{1}{2}x \\ y &= -\tfrac{1}{2}x + 10 \end{aligned}$$

Dies ist die Gleichung einer linearen Funktion. Ihr Graph ist eine Gerade.

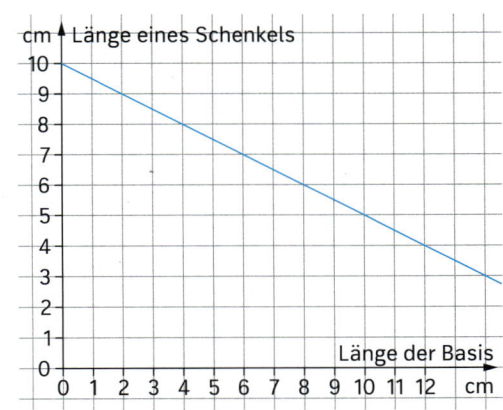

INFORMATION

(1) Lineare Gleichungen mit zwei Variablen – Zahlenpaare als Lösungen

Gleichungen wie $3x + 2y = 8$ oder $2r = 6 - 3s$

heißen **lineare Gleichungen mit zwei Variablen**.

Die Lösungen einer linearen Gleichung mit zwei Variablen sind nicht einzelne Zahlen, sondern *Zahlenpaare* $(x\,|\,y)$ bzw. $(r\,|\,s)$.

> (2|1) und (1|2) sind verschiedene Paare.

Beispiel:

Das Zahlenpaar $(2\,|\,1)$ ist eine Lösung der Gleichung $3x + 2y = 8$.

Probe durch Einsetzen: $3 \cdot 2 + 2 \cdot 1 = 8$ (wahr)

Das Zahlenpaar $(1\,|\,2)$ ist *keine* Lösung der Gleichung $3x + 2y = 8$.

Probe durch Einsetzen: $3 \cdot 1 + 2 \cdot 2 = 8$ (falsch)

(2) Graph einer Gleichung mit zwei Variablen

Die Lösungen einer Gleichung mit zwei Variablen können im Koordinatensystem durch Punkte dargestellt werden.

> $$3x + 2y = 8 \qquad |-3x$$
> $$2y = -3x + 8 \quad |:2$$
> $$y = -\frac{3}{2}x + 4$$

Zur Lösung $(2\,|\,1)$ gehört der Punkt P mit dem Koordinatenpaar $(2\,|\,1)$.

Alle Punkte, die Lösung der Gleichung sind, liegen auf einer Geraden.

Eine lineare Gleichung mit zwei Variablen hat unendlich viele Lösungen.

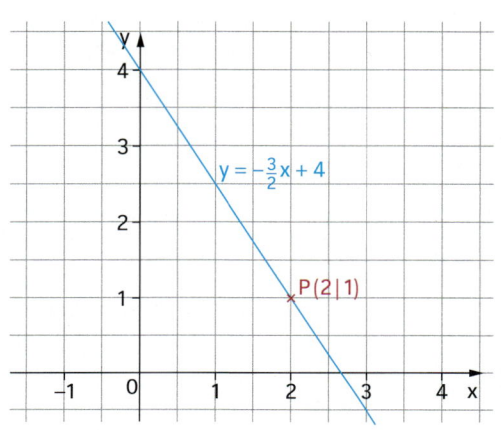

$y = -\frac{3}{2}x + 4$

$P(2\,|\,1)$

FESTIGEN UND
WEITERARBEITEN

2. Welche der Zahlenpaare $(4\,|\,4)$, $(-1\,|\,1)$, $(1\,|\,-6)$, $(2\,|\,0)$, $(-1\,|\,9)$, $\left(0\,\middle|\,\frac{1}{4}\right)$ sind Lösungen der Gleichung?

a) $x + y = 8$ **b)** $5y - 3x = 8$ **c)** $8y + 7x = 2$ **d)** $-2r + \frac{1}{3}s = -4$

3. Die Zahlenpaare $(-2\,|\,\blacksquare)$, $(8\,|\,\blacksquare)$, $(\blacksquare\,|\,-1)$, $(\blacksquare\,|\,2)$, $(\blacksquare\,|\,10)$ sollen Lösungen der Gleichung sein. Bestimme die fehlende Zahl. Beschreibe dein Vorgehen.

a) $2x + y = 6$ **b)** $3x - 4y = 12$ **c)** $3y - 2x = -6$ **d)** $\frac{1}{3}r + s = \frac{5}{6}$

4. Löse die Gleichung nach y auf. Zeichne den Graphen. Bestimme damit zeichnerisch mindestens vier Zahlenpaare als Lösungen der Gleichung. Prüfe durch Rechnung.

a) $4x + 2y = 10$ **c)** $3x - 5y = 20$ **e)** $5x = 6 - 3y$ **g)** $\frac{x}{3} + \frac{y}{4} = 1$

b) $\frac{x}{2} + y = -3{,}5$ **d)** $3x + 2y = -4$ **f)** $0 = 2x + 6 - 4y$ **h)** $\frac{x}{2} - \frac{y}{3} = 2$

5. Anne hat für ein Klassenfest Weizen- und Vollkornbrötchen eingekauft und insgesamt 24 € bezahlt.

Wie viele Brötchen könnte sie von jeder Sorte gekauft haben?

Notiere dazu eine Gleichung mit zwei Variablen und gib mehrere Lösungen an.

Vollkornbrötchen 0,50 €

Weizenbrötchen 0,30 €

ÜBEN

6. Welche der Zahlenpaare $(2|1)$, $(1|4)$, $(4|2)$, $(2|3)$, $(-2|-1)$, $(-8|10)$ sind Lösungen der Gleichung?

a) $2x + 3y = 14$ **b)** $5x - 3y = -7$ **c)** $\frac{a}{2} - b = 0$

7. Die Zahlenpaare sollen Lösungen der linearen Gleichung sein. Fülle die Lücken aus:
$(0|\blacksquare)$, $(\blacksquare|0)$, $(1|\blacksquare)$, $(\blacksquare|1)$, $(3|\blacksquare)$, $(\blacksquare|-5)$, $(-\frac{1}{2}|\blacksquare)$, $(\blacksquare|0,1)$

a) $x + y = 0$ **b)** $x - y = 1$ **c)** $3x + 2y = 6$ **d)** $6x - 4y = 3$

8. Welche der Punkte $P_1(1|1)$, $P_2(0,5|1)$, $P_3(1|-1)$, $P_4(-1|1)$, $P_5(-3|0)$, $P_6(0,2|3,2)$ und $P_7(3|6)$ gehören zum Graphen der linearen Gleichung?

a) $y - x = 3$ **b)** $2y + 9x = 11$ **c)** $5x + 3y = 2$ **d)** $2x - y = 0$

9. Denke dir eine lineare Gleichung und nenne deinem Partner nur drei Lösungspaare der Gleichung. Er soll die Gleichung herausfinden.
Stimmt sie genau mit deiner Gleichung überein?

10. Aus einem 70 cm langen Draht soll ein Rechteck gebogen werden.
(1) Stelle für die Länge a und die Breite b eine Gleichung auf.
(2) Notiere acht Lösungen dieser Gleichung und gib jeweils die Länge und Breite des Rechtecks an.
(3) Gib auch eine Lösung der Gleichung an, die kein Rechteck ergibt.

11. Löse die Gleichung nach y auf. Zeichne den Graphen der zugehörigen linearen Funktion. Lies vier Lösungen ab. Kontrolliere jeweils rechnerisch.

a) $4x + 2y = 6$ **b)** $2y - x = 5$ **c)** $8 + 4y = 6x$ **d)** $3y - 10 = 2x$

12. Lena hat Äpfel und Birnen gekauft. Sie hat dafür insgesamt 7,50 € bezahlt.
Wie viel kg könnte sie von jeder Sorte gekauft haben?
Gib mehrere Möglichkeiten an.

13. Notiere eine Gleichung mit zwei Variablen. Gib vier Zahlenpaare an, die Lösung der Gleichung sind.
a) Die Differenz zweier Zahlen ist 8,5.
b) Die Summe zweier Zahlen ist −18.
c) Addiert man zum Doppelten einer Zahl eine zweite Zahl, so erhält man 9.
d) Subtrahiert man von einer Zahl die Hälfte einer zweiten Zahl, so erhält man 4.

14. Patrick hat die Lösungen einer linearen Gleichung grafisch ermittelt.
Kontrolliere seine Ergebnisse.

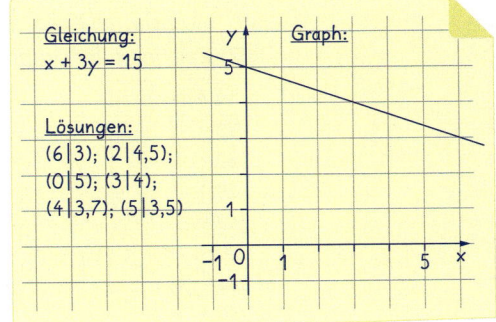

Gleichung:
$x + 3y = 15$

Graph:

Lösungen:
$(6|3)$; $(2|4,5)$;
$(0|5)$; $(3|4)$;
$(4|3,7)$; $(5|3,5)$

15. a) Das Zahlenpaar $(2|6)$ ist Lösung einer Gleichung mit zwei Variablen.
Wie könnte die Gleichung lauten? Gib mindestens zwei Möglichkeiten an.
b) Das Zahlenpaar $(3|5)$ ist Lösung einer linearen Gleichung $ax + by = c$.
Bestimme a und b für
(1) $c = 2$; (2) $c = 0$; (3) $c = 1,4$.
Gib mehrere Möglichkeiten an.

LINEARE GLEICHUNGSSYSTEME – ZEICHNERISCHES LÖSEN

EINSTIEG

Fahr schon los, ich komme in 10 Minuten nach.

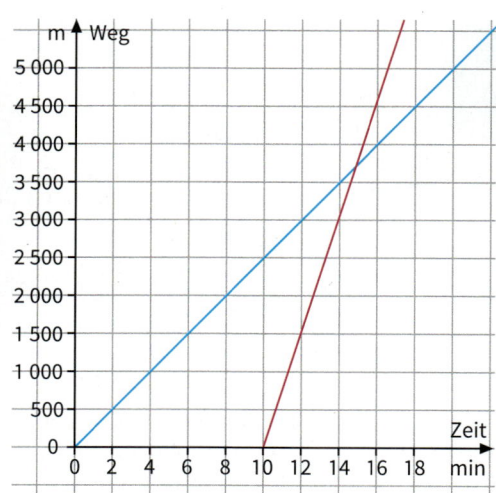

» Was könnt ihr dem Graphen rechts auf einen Blick entnehmen?

» Stellt zu jeder Geraden eine Gleichung auf.

» Welche Bedeutung hat der Schnittpunkt der beiden Geraden?

AUFGABE

1. Für einen Umzug muss ein Kleintransporter einen Tag lang gemietet werden.
Die Miete setzt sich aus der Grundgebühr pro Tag und den Kosten pro gefahrenem Kilometer zusammen. Folgende Angebote liegen vor:

	Autoverleih Riedt	Autovermietung Selbach
Grundgebühr pro Tag	15 €	27 €
Kosten pro gefahrenem km	0,50 €	0,35 €

Erstelle für die Berechnung der Kosten je eine lineare Gleichung mit zwei Variablen und zeichne die Graphen beider Gleichungen in dasselbe Koordinatensystem.
Was kann man der grafischen Darstellung entnehmen?

Lösung

(1) Wir legen die Variablen fest und stellen die Gleichungen für den Mietpreis auf.
  x: Anzahl der gefahrenen km
  y: Mietpreis
  Autoverleih Riedt: $y = 15 + 0,5\,x$;   *Autovermietung Selbach:* $y = 27 + 0,35\,x$

(2) *Zeichnen der Graphen:*

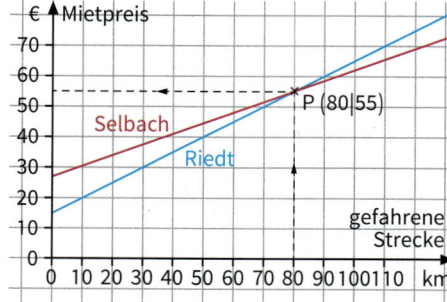

(3) *Preisvergleich auf einen Blick:*
  Für Entfernungen, die unter 80 km liegen, ist Autoverleih Riedt günstiger, für Entfernungen über 80 km Autovermietung Selbach.
  Bei beiden Firmen muss man für 80 gefahrene km 55 € zahlen.
  Der Schnittpunkt $P\,(80\,|\,55)$ der beiden Geraden erfüllt beide Gleichungen:
  $55 = 15 + 0,5 \cdot 80$ (wahr)
  $55 = 27 + 0,35 \cdot 80$ (wahr)

INFORMATION

(1) Lineares Gleichungssystem

Zwei lineare Gleichungen, z. B. $x + y = 5$ und $y = 2x - 1$, bilden zusammen ein **lineares Gleichungssystem**. Wir schreiben übersichtlich: $\begin{vmatrix} x + y = 5 \\ y = 2x - 1 \end{vmatrix}$

(2) Zeichnerisches Lösen eines linearen Gleichungssystems

- Forme (falls notwendig) die Gleichungen nach y um.
- Zeichne beide Geraden in ein Koordinatensystem.
- Bestimme (falls vorhanden) den Schnittpunkt der Geraden.

Beispiel:

Wir formen die Gleichungen nach y um.

$\begin{vmatrix} y = -x + 5 \\ y = 2x - 1 \end{vmatrix}$

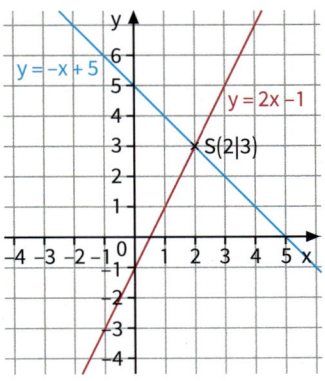

Wir zeichnen die Geraden.

Wir lesen die Lösung (2 | 3) ab.

Die Koordinaten des Schnittpunkts $S(2|3)$ erfüllen *zugleich* beide Gleichungen.

Zur Probe setzen wir $x = 2$ und $y = 3$ in beide Gleichungen ein:

1. Gleichung: $2 + 3 = 5$ (wahr)
2. Gleichung: $3 = 2 \cdot 2 - 1$ (wahr)

FESTIGEN UND WEITERARBEITEN

2. Rechts findest du die Graphen der beiden Gleichungen $\begin{vmatrix} y = -3x + 6 \\ y = x + 2 \end{vmatrix}$.

a) Gib zwei Zahlenpaare an, die die Gleichung $y = -3x + 6$ erfüllen, nicht aber die Gleichung $y = x + 2$, und weise dies rechnerisch nach.

b) Lies die Koordinaten des Schnittpunktes S der beiden Geraden ab und zeige, dass beide Gleichungen *zugleich* erfüllt sind.

3. Ermittle grafisch die Lösung des Gleichungssystems und prüfe rechnerisch.

(1) $\begin{vmatrix} y = 2x - 5 \\ y = 4x - 11 \end{vmatrix}$ (2) $\begin{vmatrix} 2x - y = 8 \\ x + y = 1 \end{vmatrix}$ (3) $\begin{vmatrix} -x + 2y = 1 \\ 2x - y = 4 \end{vmatrix}$

> Löse ggf. die Gleichungen nach y auf.

4. a) Gib jeweils das Gleichungssystem und seine Lösung an.

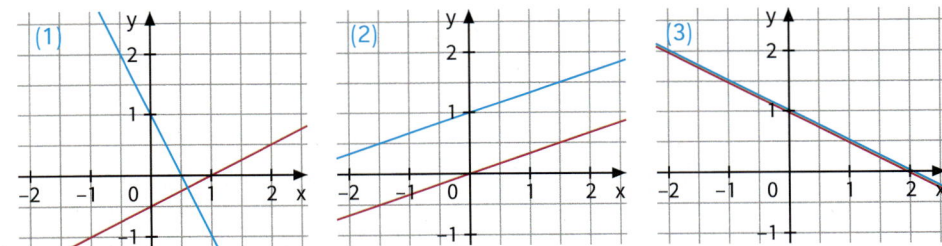

b) Wie viele Lösungen kann ein lineares Gleichungssystem haben? Begründe.

5. Ermittle zeichnerisch die Lösung des Gleichungssystems. Mache eine Probe.

a) $\begin{vmatrix} y = -x + 5 \\ y = 2x - 1 \end{vmatrix}$ **b)** $\begin{vmatrix} 2x + y = 7 \\ 6x - 2y = 6 \end{vmatrix}$ **c)** $\begin{vmatrix} 6r = 2s - 8 \\ 8s - 12 = 4r \end{vmatrix}$

6. Welche Zahlenpaare $(1\,|\,2)$, $(3\,|\,5)$, $(0\,|\,1)$, $(2\,|\,2)$, $(4\,|\,0)$, $(-1\,|\,1)$ sind sowohl Lösung der Gleichung $2x + y = 6$ als auch der Gleichung $3x - y = 4$?

7. Kontrolliere Stefans Hausaufgaben. Korrigiere die gefundenen Fehler.

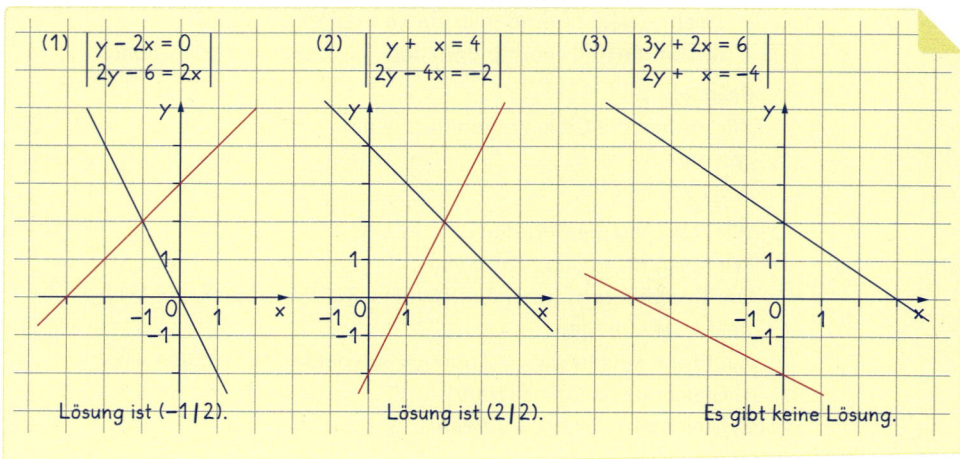

8. Bestimme die Lösung des Gleichungssystems. Entscheide möglichst früh, ob das Gleichungssystem genau eine oder keine Lösung hat, oder ob jeder Punkt auf den Geraden Lösung ist.

a) $\begin{vmatrix} 2x + y = 6 \\ 3x + 2y = 8 \end{vmatrix}$ **b)** $\begin{vmatrix} 4x + 2y = 5 \\ -2x - y = -\frac{5}{2} \end{vmatrix}$ **c)** $\begin{vmatrix} 2r + 3s = 6 \\ 2r - 3s = 6 \end{vmatrix}$ **d)** $\begin{vmatrix} 3x - 6y = 9 \\ 4x - 8y = 12 \end{vmatrix}$

9. Im Jugendherbergsverzeichnis ist angegeben, dass in der Jugendherberge in Eulenburg 145 Jugendliche in 35 Zimmern übernachten können. Es gibt nur Dreibett- und Fünfbettzimmer. Wie viele Dreibettzimmer und wie viele Fünfbettzimmer hat diese Jugendherberge?

10. Mit Computerprogrammen kannst du dir die Graphen linearer Gleichungen einfach anzeigen lassen.
Gib dazu die Gleichungen in der Eingabezeile unten ein, beschrifte die Graphen und lies den Schnittpunkt ab. Löse mit der Software:

a) $\begin{vmatrix} y = -0{,}5x + 3 \\ y = 1{,}5x - 5 \end{vmatrix}$ **c)** $\begin{vmatrix} -x + 2y = 4 \\ 2x - 4y = 6 \end{vmatrix}$

b) $\begin{vmatrix} 2x - 4y = -2 \\ 3x + y = 11 \end{vmatrix}$ **d)** $\begin{vmatrix} 2x + y = -4 \\ -6x - 3y = 12 \end{vmatrix}$

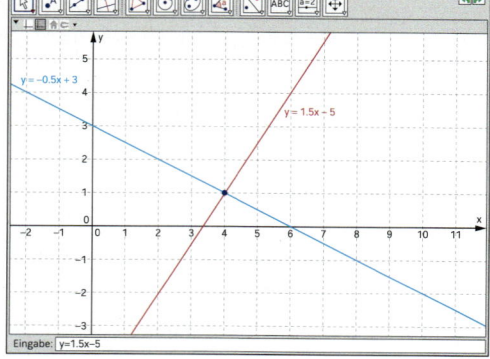

LINEARE GLEICHUNGSSYSTEME – RECHNERISCHES LÖSEN

Gleichsetzungsverfahren

EINSTIEG

Laura und Sarah haben sich jeweils ein Eis mit Sahne gekauft. Laura hat für 3 Kugeln mit Sahne 3,10 €, Sarah für 5 Kugeln mit Sahne 4,70 € bezahlt.

» Wie viel kostet eine Portion Sahne, wie viel eine Kugel Eis?
» Beschreibe, wie du die Preise bestimmt hast.

AUFGABE

1.

$$\left| \begin{array}{l} y = 4x - 1 \\ y = -x + 1 \end{array} \right|$$

a) Löse das Gleichungssystem zeichnerisch. Prüfe. Welche Schwierigkeiten stellst du fest?
b) Löse das Gleichungssystem rechnerisch. Vergleiche dazu zunächst die rechten Seiten der beiden Gleichungen miteinander.

Lösung

a) Aus dem Koordinatensystem lesen wir den Schnittpunkt $S(0,5 | 0,5)$ ab.
Wir setzen $x = 0,5$ und $y = 0,5$ in die beiden Gleichungen ein:

1. Gleichung: $0,5 = 4 \cdot 0,5 - 1$ (falsch)
2. Gleichung: $0,5 = -0,5 + 1$ (wahr)

Da nicht beide Gleichungen *zugleich* erfüllt sind, kann $(0,5 | 0,5)$ keine Lösung des Gleichungssystems sein.

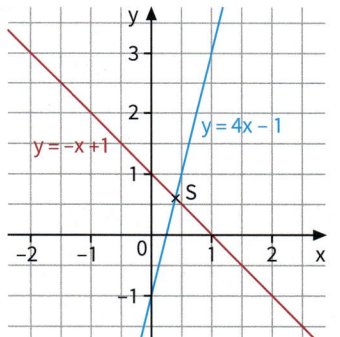

b) Wir vergleichen die beiden rechten Seiten der Gleichungen. Beide Seiten müssen denselben Wert, nämlich y ergeben. Also muss gelten:

$$\underbrace{4x - 1}_{y} = \underbrace{-x + 1}_{y}$$

Durch *Gleichsetzen* kann man aus den beiden Ausgangsgleichungen eine Gleichung mit nur einer Variablen erhalten.

Löse das Gleichungssystem schrittweise:

1. Schritt: Setze die beiden rechten Seiten gleich und löse die Gleichung:
$$\begin{aligned} 4x - 1 &= -x + 1 \quad |+x \ |+1 \\ 5x &= 2 \qquad |:5 \\ x &= 0,4 \end{aligned}$$

2. Schritt: Setze $x = 0,4$ in eine der Ausgangsgleichungen ein:
$$\begin{aligned} y &= 4 \cdot 0,4 + 1 \\ y &= 0,6 \end{aligned}$$

3. Schritt: Mache die Probe:
1. Gleichung: $0,6 = 4 \cdot 0,4 - 1$ (wahr)
2. Gleichung: $0,6 = -0,4 + 1$ (wahr)

4. Schritt: Notiere die Lösung:
Die Lösung ist $(0,4 | 0,6)$.

INFORMATION

Gleichsetzungsverfahren

(1) Forme beide Gleichungen so um, dass du gleichsetzen kannst.

(2) Nach dem Gleichsetzen erhältst du eine Gleichung mit nur einer Variablen.
    Berechne aus der Gleichung den Wert für diese Variable.

(3) Setze diesen Wert in eine der beiden Gleichungen ein und berechne den zweiten Wert.

(4) Führe zur Kontrolle die Probe durch und notiere die Lösung.

FESTIGEN UND WEITERARBEITEN

2. Löse das Gleichungssystem; stelle, falls nötig, die Gleichungen zunächst um.

a) $\begin{vmatrix} y = -3x + 16 \\ y = 2x - 4 \end{vmatrix}$
b) $\begin{vmatrix} x = 4y - 8 \\ x = -y + 12 \end{vmatrix}$
c) $\begin{vmatrix} 6x + 3y = 15 \\ y = 2x - 7 \end{vmatrix}$
d) $\begin{vmatrix} 6y - x = 2 \\ x - 2y = -1 \end{vmatrix}$

3. a)

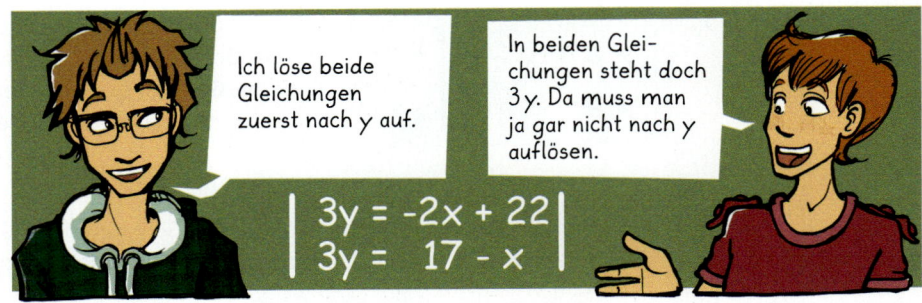

b) Löse möglichst günstig. Führe auch die Probe durch.

(1) $\begin{vmatrix} 5y = 10x + 15 \\ 5y = 15x + 5 \end{vmatrix}$
(2) $\begin{vmatrix} 4y = x - 4 \\ 20 - x = 4y \end{vmatrix}$
(3) $\begin{vmatrix} 2x - y = 1 \\ 2x = 3y - 21 \end{vmatrix}$

ÜBEN

4. Löse das Gleichungssystem. Verfahre zweckmäßig. Führe zuletzt die Probe durch.

a) $\begin{vmatrix} y = 2x + 2 \\ y = 3x - 2 \end{vmatrix}$
c) $\begin{vmatrix} x = y - 8 \\ x = 3y - 48 \end{vmatrix}$
e) $\begin{vmatrix} y + 3x = 18 \\ 2x + y = 11 \end{vmatrix}$
g) $\begin{vmatrix} 4x + y = 46 \\ y - x = 4 \end{vmatrix}$

b) $\begin{vmatrix} y - 2x = 5 \\ y = x + 10 \end{vmatrix}$
d) $\begin{vmatrix} y = x - 24 \\ 144 + y = 4x \end{vmatrix}$
f) $\begin{vmatrix} x + y = 16 \\ x = 2y + 10 \end{vmatrix}$
h) $\begin{vmatrix} x - 8y = 9 \\ 3y + x = 31 \end{vmatrix}$

Beachte: Die Variablen müssen nicht immer x und y heißen.

5. Löse möglichst günstig.

a) $\begin{vmatrix} 2y = x + 2 \\ 2y = 5x - 22 \end{vmatrix}$
b) $\begin{vmatrix} 4p = 3q - 4 \\ 4p = 5q - 20 \end{vmatrix}$
c) $\begin{vmatrix} 79 - u = 6v \\ 6v = 51 + 3u \end{vmatrix}$
d) $\begin{vmatrix} y = 12 - x \\ 3y = 2x + 11 \end{vmatrix}$

6. Kontrolliere Maries Hausaufgaben. Beschreibe und korrigiere die Fehler.

a) $\begin{vmatrix} 2x + 3 = 4y \\ 2x = 5y - 1 \end{vmatrix}$

$4y + 3 = 5y - 1$
$-y = -4$
$y = 4$
$2x = 5 \cdot 4 - 1$
$x = 8,5$

Lösung: $(8,5 \mid 4)$

b) $\begin{vmatrix} x = 0,2y - 2,1 \\ x = 0,5y - 3,45 \end{vmatrix}$

$0,2y - 2,1 = 0,5y - 3,45$
$-0,3y = -1,35$
$y = 4,5$
$x = 0,2 \cdot 4,5 - 2,1$
$x = -1,2$

Lösung: $(4,5 \mid -1,2)$

c) $\begin{vmatrix} 26x - 75y = 29 \\ 50y = 154 - 26x \end{vmatrix}$

$29 + 75y = 154 - 50y$
$125y = 125$
$y = 1$
$26x - 75 \cdot 1 = 29$
$x = 4$

Lösung: $(4 \mid 1)$

Einsetzungsverfahren

AUFGABE

1. $\begin{vmatrix} 4x + 3y = 18 \\ y = 2x - 4 \end{vmatrix}$

Löse das Gleichungssystem rechnerisch. Suche ein Verfahren, mit dem du möglichst schnell zu einer Gleichung kommst, in der nur noch eine Variable auftaucht.

Lösung

Die zweite Gleichung besagt:
y ist so groß wie 2 x – 4.
Man kann daher in der ersten Gleichung anstelle von y den Term 2 x – 4 *einsetzen*.
Durch dieses *Einsetzen* erhält man eine Gleichung mit nur noch einer Variablen.
Löse das Gleichungssystem schrittweise:

1. Gleichung:	$4x + 3y = 18$
2. Gleichung:	$y = \boxed{2x - 4}$
Einsetzen:	$4x + 3 \cdot (2x - 4) = 18$

$\begin{vmatrix} 4x + 3y = 18 \\ y = 2x - 4 \end{vmatrix}$

$\begin{vmatrix} x = 3 \\ y = 2x - 4 \end{vmatrix}$

$\begin{vmatrix} x = 3 \\ y = 6 \end{vmatrix}$

1. Schritt: Setze 2 x – 4 anstelle von y in die erste Gleichung ein und löse die Gleichung:

$$4x + 3 \cdot (2x - 4) = 18$$
$$4x + 6x - 12 = 18 \qquad |+12$$
$$10x = 30 \qquad |:10$$
$$x = 3$$

2. Schritt: Setze x = 3 in eine der Ausgangsgleichungen ein:

$$y = 2 \cdot 3 - 4$$
$$y = 2$$

3. Schritt: Mache die Probe: 1. Gleichung: $4 \cdot 3 + 3 \cdot 2 = 18$ (wahr)
2. Gleichung: $2 = 2 \cdot 3 - 4$ (wahr)

4. Schritt: Notiere die Lösung: Die Lösung ist (3 | 2).

FESTIGEN UND
WEITERARBEITEN

2. Löse das Gleichungssystem mit dem Einsetzungsverfahren.

a) $\begin{vmatrix} 2x + 5y = 9 \\ y = 3x + 12 \end{vmatrix}$
b) $\begin{vmatrix} 4y + x = 39 \\ y = 3x \end{vmatrix}$
c) $\begin{vmatrix} 2y - 6 = x \\ -4x - 7y = 9 \end{vmatrix}$
d) $\begin{vmatrix} x + 3y = 25 \\ 2x + y = 20 \end{vmatrix}$

> 1. Gleichung nach x auflösen

3. *Vielfache von y (oder von x) einsetzen – Vorteilhaft rechnen*
Bei einigen Gleichungssystemen ist eine vorteilhafte Anwendung des Einsetzungsverfahrens auch dann möglich, wenn keine der beiden Gleichungen in x- oder y-Form vorliegt. Bei Teilaufgabe a) z. B. empfiehlt sich das Einsetzen von 5 x – 1 für 2 y.

a) $\begin{vmatrix} 2y + 3 = 4x \\ 2y = 5x - 1 \end{vmatrix}$
b) $\begin{vmatrix} 7y - 3x = 9 \\ 3x = -6y + 30 \end{vmatrix}$
c) $\begin{vmatrix} 8x - 9y = 10 \\ 2x + 9y = 25 \end{vmatrix}$
d) $\begin{vmatrix} 3y + 2x = \frac{5}{3} \\ 2x = -4y - 3 \end{vmatrix}$

4. a)

Ich löse die obere Gleichung nach x auf.

$\begin{vmatrix} 3x - 6y = 39 \\ 6x - 3y = 33 \end{vmatrix}$

Beachte: $6x = 2 \cdot 3x$

Ich löse die obere Gleichung nach 3 x auf.

b) Löse möglichst günstig. Führe auch die Probe durch.

(1) $\begin{vmatrix} 6y + 30x = 102 \\ 2x + 3y = 12 \end{vmatrix}$
(2) $\begin{vmatrix} 3x - 10y = 14 \\ 5y + x = 13 \end{vmatrix}$
(3) $\begin{vmatrix} 8y - 4x = 48 \\ 2x + 10y = 74 \end{vmatrix}$

INFORMATION

Einsetzungsverfahren

(1) Forme eine der Gleichungen so um, dass du einsetzen kannst.
(2) Nach dem Einsetzen erhältst du eine Gleichung mit nur einer Variablen.
    Berechne aus der Gleichung den Wert für diese Variable.
(3) Setze diesen Wert in eine der beiden Gleichungen des Gleichungssystems ein und berechne den Wert der zweiten Variablen.
(4) Führe zur Kontrolle die Probe durch und notiere die Lösung.

ÜBEN

5. Bestimme die Lösung mit dem Einsetzungsverfahren. Führe die Probe durch.

a) $\left|\begin{array}{l} 5x + 2y = 13 \\ y = 5 - x \end{array}\right.$
b) $\left|\begin{array}{l} 6x + 3y = 42 \\ y = 3x - 1 \end{array}\right.$
c) $\left|\begin{array}{l} 2x + 4y = 22 \\ y = x - 5 \end{array}\right.$
d) $\left|\begin{array}{l} a = b + 4 \\ 7b - a = 2 \end{array}\right.$

6. Bilde drei Gleichungssysteme und löse sie.

$$y = 2x \qquad y = x - 3$$
$$y = -2x + 5$$

$$2x + y = 12 \qquad 3x - y = -1$$
$$-x - 7y = 4$$

7. Löse.

a) $\left|\begin{array}{l} 9x - y = 41 \\ y = 3x - 11 \end{array}\right.$
c) $\left|\begin{array}{l} 5b - a = 38 \\ a = b + 2 \end{array}\right.$
e) $\left|\begin{array}{l} 11x - 3y = -7 \\ y = \frac{7}{2}x + 4 \end{array}\right.$

b) $\left|\begin{array}{l} 3x - 5y = 20 \\ x = -5y \end{array}\right.$
d) $\left|\begin{array}{l} p = 2q - 2 \\ 6p + 2q = 11 \end{array}\right.$
f) $\left|\begin{array}{l} 3x - 4y = 49 \\ y = -5(x - 1) \end{array}\right.$

8. Löse eine der beiden Gleichungen nach y oder x auf. Wende dann das Einsetzungsverfahren an.

a) $\left|\begin{array}{l} 4x - 4 = 2y \\ x + y = 7 \end{array}\right.$
b) $\left|\begin{array}{l} 4x + 5y = -1 \\ y - x = -11 \end{array}\right.$
c) $\left|\begin{array}{l} 8x + 4y = 64 \\ 6x + y = 40 \end{array}\right.$
d) $\left|\begin{array}{l} 9x - 2y = 19 \\ 3x + y = 2 \end{array}\right.$

9. Bestimme die Lösung. Setze dazu sinnvoll ein. Führe die Probe durch.

a) $\left|\begin{array}{l} 6x + 11y = 34 \\ 6x = 5y + 2 \end{array}\right.$
b) $\left|\begin{array}{l} 45u - 17v = 73 \\ 45u - 25v = 65 \end{array}\right.$
c) $\left|\begin{array}{l} 10x - 7y = 44 \\ 7y = 3x - 23 \end{array}\right.$

10. Kontrolliere Pauls Hausaufgaben. Berichtige, falls nötig.

a) $\left|\begin{array}{l} x + 4y = -3 \\ x - 5y = 24 \end{array}\right.$

$(24 + 5y) + 4y = -3$
$9y = -27$
$y = -3$
$x + 4 \cdot (-3) = -3$
$x = 9$

Lösung: $(9 \,|\, -3)$

b) $\left|\begin{array}{l} 10x - 7y = 44 \\ 7y = 3x - 19 \end{array}\right.$

$10x - 3x - 19 = 44$
$7x = 63$
$x = 9$
$7y = 3 \cdot 9 - 19$
$7y = 8$
$y = \frac{8}{7}$

Lösung: $\left(9 \,\middle|\, \frac{8}{7}\right)$

c) $\left|\begin{array}{l} 2y + 3 = 4x \\ 2y = 5x - 1 \end{array}\right.$

$(5x - 1) + 3 = 4x$
$2 = -x$
$x = -2$
$2y = 5 \cdot 2 - 1$
$2y = 9$
$y = 4,5$

Lösung: $(2 \,|\, 4,5)$

Additionsverfahren – Subtraktionsverfahren

EINSTIEG

Auf der Klassenfahrt hat Hanna Fotos mit ihrer Digitalkamera gemacht. Für 41 Farbabzüge hat sie einschließlich einer Bearbeitungspauschale 7,50 € bezahlt.
Ihr Freund Jonas hat bei demselben Anbieter für 36 Farbabzüge 6,95 € bezahlt.

>> Wie viel Euro kostet ein Farbabzug, wie hoch ist die Bearbeitungspauschale?
>> Stelle deinen Lösungsweg übersichtlich dar.

AUFGABE

1. Für den Besuch eines Schaubergwerks müssen 2 Erwachsene mit 3 Kindern 26 Euro Eintritt zahlen. Für 2 Erwachsene mit einem Kind werden 18 Euro verlangt.
Berechne den Eintrittspreis für einen Erwachsenen und für ein Kind.

Lösung

Wir überlegen:

Eintrittspreis für einen Erwachsenen: x (€)
Eintrittspreis für ein Kind: y (€)

2 Erwachsene und 3 Kinder zahlen 26 €.
2 Erwachsene und 1 Kind zahlen 18 €.

$$\left| \begin{array}{l} 2\,x + 3\,y = 26 \\ 2\,x + y = 18 \end{array} \right| \ominus$$

Die Preisdifferenz gibt an, wie viel Eintritt für 2 Kinder gezahlt werden muss:
2 Kinder zahlen 8 €.

$$2\,y = 8 \quad | : 2$$

Der Eintritt für 1 Kind beträgt 4 €.

$$y = 4$$

$$2\,x + 4 = 18 \quad | -4$$
$$2\,x = 14 \quad | : 2$$

2 Erwachsene zahlen 18 € − 4 € = 14 €
Der Eintritt für 1 Erwachsenen beträgt 7 €.

$$x = 7$$

Ergebnis: Für ein Kind werden 4 €, für einen Erwachsenen 7 € Eintritt verlangt.

AUFGABE

2. $$\left| \begin{array}{l} 7x + 2y = 40 \\ 4x - 2y = 4 \end{array} \right|$$

Löse das Gleichungssystem rechnerisch. Achte zunächst auf Besonderheiten bei den beiden Gleichungen.

Lösung

Bei dem Gleichungssystem fällt auf, dass in einer Gleichung der Term $2\,y$ steht, in der zweiten Gleichung steht $-2\,y$.
Wenn man $2\,y$ und $-2\,y$ addiert, ergibt das 0 und die Variable y fällt weg.

Durch geschicktes Addieren der beiden gelb markierten Terme auf der linken Seite und der beiden grün markierten Terme auf der rechten Seite erhalten wir eine Gleichung, die nur noch eine Variable enthält.

$$\left. \begin{array}{l} 7\,x + 2\,y = 40 \\ 4\,x - 2\,y = 4 \end{array} \right\} \oplus$$

$$7\,x + 2\,y + 4\,x - 2\,y = 40 + 4$$
$$11\,x = 44$$

Löse das Gleichungssystem schrittweise:

1. Schritt: Addiere die beiden linken und rechten Terme der Gleichung und löse die Gleichung:
$$7x + 2y + (4x - 2y) = 40 + 4$$
$$11x = 44 \qquad |:11$$
$$x = 4$$

2. Schritt: Setze $x = 4$ in eine der Ausgangsgleichungen ein:
$$4 \cdot 4 - 2y = 4$$
$$16 - 2y = 4 \qquad |+2y - 4$$
$$12 = 2y \qquad |:2$$
$$y = 6$$

3. Schritt: Mache die Probe:
1. Gleichung: $7 \cdot 4 + 2 \cdot 6 = 40$ (wahr)
2. Gleichung: $4 \cdot 4 - 2 \cdot 6 = 4$ (wahr)

4. Schritt: Notiere die Lösung:
Die Lösung ist $(4 \,|\, 6)$.

$$\left| \begin{array}{l} 7x + 2y = 40 \\ 4x - 2y = 4 \end{array} \right|$$

$$\left| \begin{array}{l} 11x = 44 \\ 4x - 2y = 4 \end{array} \right| \,|:11$$

$$\left| \begin{array}{l} x = 4 \\ 4x - 2y = 4 \end{array} \right|$$

$$\left| \begin{array}{l} x = 4 \\ y = 6 \end{array} \right|$$

FESTIGEN UND
WEITERARBEITEN

3. Löse das Gleichungssystem durch Addieren oder Subtrahieren. Führe auch die Probe durch.

a) $\left| \begin{array}{l} -7x + 4y = 1 \\ 2x - 4y = 14 \end{array} \right|$
b) $\left| \begin{array}{l} 2x + 5y = 11 \\ -2x - 7y = 21 \end{array} \right|$
c) $\left| \begin{array}{l} 4x + y = 8 \\ -3x + y = -6 \end{array} \right|$
d) $\left| \begin{array}{l} 7x + 2y = 34 \\ x + 2y = 22 \end{array} \right|$

4. In vielen Fällen muss man ein lineares Gleichungssystem zunächst umformen, um das Additions- oder Subtraktionsverfahren anzuwenden.

a) Erkläre das Beispiel rechts. Löse das Gleichungssystem.

b) Verfahre entsprechend:

(1) $\left| \begin{array}{l} 2x - 3y = 11 \\ 5x + 6y = 68 \end{array} \right|$
(2) $\left| \begin{array}{l} 7x + 2y = 48 \\ 6x + 3y = 63 \end{array} \right| \begin{array}{l} |\cdot 3 \\ |\cdot(-2) \end{array}$

$$\left| \begin{array}{l} 4x + 2y = 28 \\ 3x + 4y = 36 \end{array} \right| \,|\cdot 2$$

$$\left| \begin{array}{l} 8x + 4y = 56 \\ 3x + 4y = 36 \end{array} \right|$$

5. a) Bei folgenden Gleichungssystemen muss man zunächst beide Gleichungen umformen, bevor man addiert oder subtrahiert. Rechne zu Ende.

(1) $\left| \begin{array}{l} 3x + 5y = 11 \\ 4x - 2y = -4 \end{array} \right| \begin{array}{l} |\cdot 2 \\ |\cdot 5 \end{array}$
(2) $\left| \begin{array}{l} 7x + 2y = 48 \\ 6x + 3y = 63 \end{array} \right| \begin{array}{l} |\cdot 3 \\ |\cdot 2 \end{array}$

b) Löse das Gleichungssystem. Forme zunächst geeignet um.

(1) $\left| \begin{array}{l} 5x + 2y = 9 \\ 2x - 3y = -4 \end{array} \right|$
(2) $\left| \begin{array}{l} 9x + 5y = 28 \\ 4x + 7y = 22 \end{array} \right|$

INFORMATION

Additionsverfahren – Subtraktionsverfahren

(1) Forme das Gleichungssystem so um, dass beim Addieren oder Subtrahieren der rechten und linken Seiten beider Gleichungen eine der Variablen wegfällt, und führe die Addition oder Subtraktion durch.

(2) Du erhältst *eine* Gleichung mit nur *einer* Variablen.
Berechne aus der Gleichung den Wert für diese Variable.

(3) Setze diesen Wert in eine der beiden Gleichungen des Gleichungssystems ein und berechne den Wert der zweiten Variablen.

(4) Führe zur Kontrolle die Probe durch und notiere die Lösung.

ÜBEN

6. Bestimme die Lösung. Führe die Probe durch.

a) $\begin{vmatrix} 2x + 5y = 23 \\ -2x + 3y = 1 \end{vmatrix}$

c) $\begin{vmatrix} -5x + 6y = 16 \\ 5x - y = 14 \end{vmatrix}$

e) $\begin{vmatrix} -4x - 5y = 37 \\ 4x + y = -7 \end{vmatrix}$

b) $\begin{vmatrix} 4x + 3y = 11 \\ -3x - 3y = -9 \end{vmatrix}$

d) $\begin{vmatrix} -5x + 8y = -21 \\ -9x + 8y = -25 \end{vmatrix} |\cdot(-1)$

f) $\begin{vmatrix} 2,5x + 1,5y = 34 \\ 3,5x + 1,5y = 44 \end{vmatrix}$

7. Löse das Gleichungssystem. Forme zunächst geeignet um.

a) $\begin{vmatrix} 2r + 3s = 20 \\ 5r - s = 33 \end{vmatrix}$

c) $\begin{vmatrix} 3x + 5y = 11 \\ 4x - 2y = -4 \end{vmatrix}$

e) $\begin{vmatrix} 7x + 4y = 29 \\ 8x - 3y = 18 \end{vmatrix}$

b) $\begin{vmatrix} 4x + 2y = 46 \\ 5x + 4y = 74 \end{vmatrix}$

d) $\begin{vmatrix} 9x + 5y = 28 \\ 4x + 7y = 22 \end{vmatrix}$

f) $\begin{vmatrix} 10s + 7t = 26 \\ 4s + 3t = 26 \end{vmatrix}$

8. Kontrolliere Leas Hausaufgaben.

a) $\begin{vmatrix} 8e + 3f = 18 \\ 4e + 2f = 4 \end{vmatrix} \begin{matrix} \\ |\cdot(-2) \end{matrix} \Big\} \oplus$

$$f = 10$$
$$4e + 2 \cdot 10 = 4$$
$$4e = -16$$
$$e = -4$$

Lösung: (-4 | 10)

b) $\begin{vmatrix} 8r - 11s = 26 \\ 8r - 5s = 38 \end{vmatrix} \begin{matrix} |\cdot(-1) \\ \\ \end{matrix} \Big\} \oplus$

$$6s = 12$$
$$s = 2$$
$$8r - 11 = 26$$
$$8r = 48$$
$$r = 6$$

Lösung: (6 | 2)

c) $\begin{vmatrix} 10x + 7y + 4 = 0 \\ 6x + 5y + 2 = 0 \end{vmatrix} \begin{matrix} |\cdot(-3) \\ |\cdot 5 \end{matrix}$

$\begin{vmatrix} -30x - 21y - 12 = 0 \\ 30x + 25y + 10 = 0 \end{vmatrix} \Big\} \oplus$

$$4y - 2 = 0$$
$$y = 0,5$$
$$6x + 5 \cdot 0,5 + 2 = 0$$
$$6x = -4,5$$
$$x = -0,75$$

Lösung: (0,5 | 0,75)

9. Jonas sagt: „Addiere ich zum Doppelten meiner Lieblingszahl die Lieblingszahl meiner Freundin, so erhalte ich 29. Subtrahiere ich vom Dreifachen meiner Lieblingszahl die Lieblingszahl meiner Freundin, so erhalte ich 33."

10. Das Gleichungssystem $\begin{vmatrix} y + 2x = a + b \\ y - x = a - b \end{vmatrix}$ hat die Lösung $(3|-2)$.

Bestimme a und b.
Führe die Probe durch.

11. Die Lösung eines linearen Gleichungssystems ist $(-2|-5)$.
Wie könnte das Gleichungssystem ausgesehen haben?

12. Bei der Anwendung des Subtraktionsverfahrens gibt es zwei Möglichkeiten.
a) Erkläre anhand der Beispiele.

$\begin{vmatrix} 4x + 6y = 24 \\ 9x + 6y = 9 \end{vmatrix} \Big\} \ominus$

$$-5x = 15 \ |:(-5)$$
$$x = -3$$

$\begin{vmatrix} 4x + 6y = 24 \\ 9x + 6y = 9 \end{vmatrix} \Big\} \ominus$

$$5x = -15 \ |:5$$
$$x = -3$$

b) Überlege zunächst, welches Verfahren aus Teilaufgabe a) du verwenden möchtest.
Löse dann das Gleichungssystem.

(1) $\begin{vmatrix} 7x + 6y = 10 \\ 7x + 9y = 22 \end{vmatrix}$

(2) $\begin{vmatrix} 6a + 6b = 24 \\ 4a + 2b = 13 \end{vmatrix}$

(3) $\begin{vmatrix} 4s - 2r = 10 \\ 8s - r = 23 \end{vmatrix}$

Sonderfälle beim rechnerischen Lösen

AUFGABE

1. Ermittle die Lösung des Gleichungssystems. Erkläre die Besonderheiten.

a) $\begin{vmatrix} x + y = 5 \\ x + y = 4 \end{vmatrix}$
b) $\begin{vmatrix} x + y = 5 \\ 2x + 2y = 10 \end{vmatrix}$

Lösung

a) Man erkennt, dass das Gleichungssystem keine Lösung haben kann: Die Summe zweier Zahlen x und y kann nicht gleichzeitig 5 und 4 sein.
Man erhält eine nicht erfüllbare Gleichung:

$$\left.\begin{matrix} x + y = 5 \\ x + y = 4 \end{matrix}\right\} \ominus$$

$$0 = 1$$

Wir erhalten die falsche Aussage $0 = 1$. Das Gleichungssystem hat keine Lösung.

b) Multipliziert man die erste Gleichung mit 2, so wird sie identisch mit der zweiten Gleichung.
Man erhält eine Gleichung, die immer richtig ist:

$$\begin{vmatrix} x + y = 5 \\ 2x + 2y = 10 \end{vmatrix} \,\big|\cdot 2$$

$$\left.\begin{matrix} 2x + 2y = 10 \\ 2x + 2y = 10 \end{matrix}\right\} \ominus$$

$$0 = 0$$

Wir erhalten die wahre Aussage $0 = 0$. Das Gleichungssystem hat *unendlich viele Lösungen*, nämlich alle Zahlenpaare $(x|y)$, für die gilt $x + y = 5$.
Zum Beispiel: $(1|4)$; $(2|3)$; $(-2|7)$

ÜBEN

2. Bestimme die Lösung des Gleichungssystems.
Zeichne zur Probe auch die zugehörigen Geraden.

a) $\begin{vmatrix} x - y = -1 \\ x + y = -4 \end{vmatrix}$
b) $\begin{vmatrix} 2y - 3x = 4 \\ -6y + 9x = 15 \end{vmatrix}$
c) $\begin{vmatrix} 2x - 4y = 6 \\ -3x + 6y = -9 \end{vmatrix}$

3. Die Gleichungssysteme haben nicht genau eine Lösung.
Löse rechnerisch.

a) $\begin{vmatrix} 2x - 4y = -1 \\ -4x + 8y = 2 \end{vmatrix}$
b) $\begin{vmatrix} 2x + 3y = 7 \\ -6x - 9y = 20 \end{vmatrix}$
c) $\begin{vmatrix} 4x - 6y = 5 \\ -3x + 4{,}5y = 2{,}5 \end{vmatrix}$

4. Bestimme die Lösung.
Gib nach möglichst wenigen Umformungsschritten an, ob das System eine, keine oder unendlich viele Lösungen hat.

a) $\begin{vmatrix} 2x - 3y = 15 \\ 3x - 2y = 15 \end{vmatrix}$
b) $\begin{vmatrix} 2x + 3y = 5 \\ 6x + 9y = 17 \end{vmatrix}$
c) $\begin{vmatrix} u + 2v = 3 \\ 5u + 10v = 15 \end{vmatrix}$
d) $\begin{vmatrix} 7x + 10y = 25 \\ 2x + 5y = 5 \end{vmatrix}$

5. Pascal hat Gleichungssysteme gelöst. Kontrolliere seine Aufgaben.

a) $\begin{vmatrix} 2x + y = 3 \\ 2x + y = 2 \end{vmatrix}$

$0 = 1$

Lösung: $(0 \,|\, 1)$

b) $\begin{vmatrix} 10x - 2y = 4 \\ 5x - y = -2 \end{vmatrix} |+2$

$\begin{vmatrix} 0 = 0 \\ y = 5x + 2 \end{vmatrix}$

Es gibt unendlich viele Lösungen, z. B. $(0 \,|\, 2)$ oder $(1 \,|\, 7)$.

c) $\begin{vmatrix} u + 2y = 0 \\ u - 3y = 0 \end{vmatrix}$

$u + 2y = u - 3v$

Es gibt keine Lösung.

Vermischte Übungen zu den Lösungsverfahren

1.

Denke an die Probe!

$3x + 4y = 36$
$-2x + 3y = 10$

$12y - 8x = 24$
$y = \frac{5}{6}x + \frac{3}{2}$

$y = \frac{3}{4}x + 1$
$y = \frac{3}{4}x - 2$

$3y = x + 3$
$3y = -2x + 12$

Welches Verfahren?

Zeichnen   Einsetzen

Gleichsetzen   Addieren/Subtrahieren

Gib zu jedem Gleichungssystem ein günstiges Verfahren an und führe es aus.
Begründe jeweils, warum du das Verfahren ausgewählt hast.

2. Gib je ein Gleichungssystem an, das sich besonders geschickt mit dem Gleichsetzungsverfahren, dem Einsetzungsverfahren und dem Additions- bzw. Subtraktionsverfahren lösen lässt. Dein Partner löst die Gleichungssysteme.
Hat er das Verfahren gewählt, an das du gedacht hast?

3. Ermittle die Lösung mit einem möglichst günstigen Verfahren.

a) $3x + 5y = 38$
$y = 6x + 1$

b) $2x + 5y = 14$
$2x - 6y = -30$

c) $x = 3y - 4$
$3x - 5y = -4$

d) $5x - 10y = 20$
$-3x + 6y = -10$

e) $y = 2x - 0{,}75$
$y = 7x - 3{,}25$

f) $x + 7y = -17$
$4x + y = 13$

(2|2); (4|−3);
(−3|4);
(0,5|0,25); (1|7);
(3|4);
keine Lösung

zu 3.

4. Löse günstig.

a) $9x - y = 41$
$y = 4x - 11$

b) $3x + 2y = 2$
$2y = 3x + 2$

c) $4x + 2y = 26$
$3x - y = 7$

d) $2x - y = 2$
$y - x = 14$

e) $x + 6y = 47$
$x + 5y = 40$

f) $x + 6y = -16$
$-4 - 2y = 2x$

g) $y - 10x = 2$
$10x + y = 22$

h) $13f + 12i = 28{,}7$
$12f + 13i = 28{,}8$

i) $5u + 9v - 42 = 0$
$10u + 3v - 39 = 0$

5. Kontrolliere die Hausaufgaben.

a) $x + 3y = 1$
$x - 4y = 6$ ⊖

$-y = -5$
$y = 5$

$x + 3 \cdot 5 = 1$
$x = -14$

Lösung: $(-14|5)$

b) $3x = 4 - 2y$
$2y = 2x + 6$

$3x = 4 - 2x + 6$
$5x = 10$

$x = 2$
$2y = 2 \cdot 2 + 6$
$y = 5$

Lösung: $(2|5)$

c) $x = 2y - 1$
$2x = 4y + 2$ $|:2$

$x = 2y - 1$
$x = 2y + 2$

$2y - 1 = 2y + 2$
$-1 = 2$

keine Lösung

6. Die drei Geraden im Bild rechts schneiden sich in drei Punkten außerhalb des Zeichenblattes.
Berechne die Koordinaten der drei Schnittpunkte.

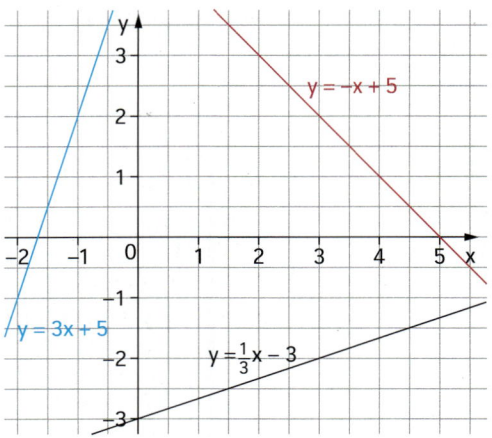

7. Berechne die Koordinaten des Geradenschnittpunktes. Führe die Probe zeichnerisch durch.

a) $y = 2x - 10$
$y = x + 5$

b) $y = 2x + 5$
$y + 5 = 3x$

c) $3x - y + 1 = 0$
$y - 5x = -5$

d) $2x - y = 8$
$x = y - 2$

8. Forme die Gleichung so um, dass die Brüche verschwinden. Löse dann mit einem günstigen Verfahren.

a) $\left|\begin{array}{l} 2x + 3y = 9 \\ \frac{1}{3}x - \frac{1}{5}y = 12 \end{array}\right|$

b) $\left|\begin{array}{l} \frac{8}{11}x + \frac{3}{4}y = 14 \\ \frac{6}{11}x - \frac{1}{2}y = 2 \end{array}\right|$

c) $\left|\begin{array}{l} \frac{3}{2}u - 2v = 9 \\ \frac{2}{5}u + \frac{1}{3}v = 5 \end{array}\right|$

d) $\left|\begin{array}{l} \frac{3}{2}x + \frac{6}{7}y = 108 \\ \frac{1}{5}x - \frac{1}{8}y = 1 \end{array}\right|$

e) $\left|\begin{array}{l} \frac{2}{3}w + \frac{1}{6}z = \frac{5}{8} \\ 5w + z = 3 \end{array}\right|$

f) $\left|\begin{array}{l} \frac{2}{3}p - \frac{5}{7}q = \frac{2}{3} \\ p + q = 10\frac{2}{3} \end{array}\right|$

$\left|\begin{array}{l} \frac{1}{4}x + \frac{1}{3}y = 3 \\ \frac{1}{8}x + \frac{1}{6}y = \frac{1}{2} \end{array}\right|$

Multipliziere die erste Gleichung mit dem Hauptnenner 12 und die zweite Gleichung mit dem Hauptnenner 24.

$\left|\begin{array}{l} 3x + 4y = 36 \\ 3x + 4y = 12 \end{array}\right|$

(7|2); (1|4); (2|−7); (8|−4,5); (−8|1); (−9|2); unendlich viele Lösungen

zu 9.

9. a) $\left|\begin{array}{l} 0,6x + 3y = 10,2 \\ 3x - 10y = 1 \end{array}\right|$

c) $\left|\begin{array}{l} 2x + 1,8y = 9,2 \\ 5x - 0,9y = 1,4 \end{array}\right|$

e) $\left|\begin{array}{l} 2,5x - 2y = 29 \\ 4,5x + 8y = 0 \end{array}\right|$

b) $\left|\begin{array}{l} 2x + 3y = 1 \\ 3x + 4,5y = 1,5 \end{array}\right|$

d) $\left|\begin{array}{l} 0,2x + 3y = 1,4 \\ 0,3x + 4y = 1,6 \end{array}\right|$

f) $\left|\begin{array}{l} 0,2x + 2y - 2,2 = 0 \\ x + 0,7y + 7,6 = 0 \end{array}\right|$

10. Bestimme den Schnittpunkt mit einer geeigneten Computersoftware. Kontrolliere rechnerisch.

(1) $\left|\begin{array}{l} y = 2x - 2 \\ y = -2x + 8 \end{array}\right|$

(2) $\left|\begin{array}{l} y = 3x - 4 \\ y = -2x + 11 \end{array}\right|$

(3) $\left|\begin{array}{l} y = 1,5x - 3 \\ y = -2,5x + 3 \end{array}\right|$

11. a) Löse grafisch:

(1) $\left|\begin{array}{l} 2x - 4y = -2 \\ 3x + y = 11 \end{array}\right|$

(2) $\left|\begin{array}{l} -x + 2y = 4 \\ 2x - 4y = 4 \end{array}\right|$

(3) $\left|\begin{array}{l} 2x + y = -4 \\ -6x - 3y = 12 \end{array}\right|$

b) Ändere in den Gleichungssystemen die Faktoren bei x und y so ab, dass es bei (2) nur ein Zahlenpaar als Lösung gibt, bei (3) keine Lösung gibt.

c) Ändere die Zahlen auf der rechten Seite bei den Gleichungen von (2) und (3) so ab, dass das System (2) unendlich viele Lösungen und das System (3) keine Lösungen hat.

12. Linda hat sich ein Zahlenrätsel ausgedacht.
Löse das Zahlenrätsel mithilfe eines linearen Gleichungssystems.

Ich denke mir zwei Zahlen. Wenn ich das Doppelte der ersten Zahl zur zweiten Zahl addiere, so erhalte ich 17. Wenn ich das Dreifache der ersten Zahl zum Doppelten der zweiten Zahl addiere, so erhalte ich 29.

LÖSEN VON SACHAUFGABEN

EINSTIEG

Ein Erlebnisbad hat unterschiedliche Preise für Kinder und Erwachsene.
2 Erwachsene und 3 Kinder müssen insgesamt 31 € Eintritt zahlen.
Für einen Erwachsenen und 2 Kinder kostet der Eintritt insgesamt 18 €.

>> Wie teuer sind die Einzelpreise für Erwachsene bzw. Kinder?

AUFGABE

1. Schlosser Weller hat den Auftrag, aus einem 180 cm langen Flachstahl einen rechteckigen Rahmen anzufertigen. Benachbarte Seiten des Rahmens sollen sich in der Länge um 20 cm unterscheiden.
Welche Seitenlängen für den Rahmen muss der Schlosser wählen?

Lösung

(1) *Fertige eine Skizze an, lege die Variablen fest und stelle das Gleichungssystem auf.*
Länge der kürzeren Seite (in cm):   x
Länge der anderen Seite (in cm):   y
Der Flachstahl ist 180 cm lang.
$$2x + 2y = 180$$
Die Längen benachbarter Seiten unterscheiden sich um 20 cm. $y - x = 20$
Gleichungssystem: $\begin{vmatrix} 2x + 2y = 180 \\ y - x = 20 \end{vmatrix}$

(2) *Löse das Gleichungssystem.*
Das Gleichungssystem hat die Lösung (35|55).

(3) *Führe die Probe am Aufgabentext durch.*
Die Gesamtlänge des Flachstahls beträgt $2 \cdot 55\,cm + 2 \cdot 35\,cm = 180\,cm$.
Die Längen benachbarter Seiten unterscheiden sich um $55\,cm - 35\,cm = 20\,cm$.

(4) *Formuliere ein Ergebnis.*
Der Rahmen hat die Seitenlängen 35 cm und 55 cm.

Lösungsstrategie:
(1) ...
(2) ...
(3) ...
(4) ...

ÜBEN

2. Ein Rechteck hat den Umfang 75 cm. Eine Seite ist 13 cm länger als die benachbarte Seite.
a) Berechne die Seitenlängen.
b) Gib auch den Flächeninhalt des Rechtecks an.

3. Bei einem Rechteck beträgt der Umfang 60 cm. Eine Seite ist
a) doppelt so lang,   **b)** dreimal so lang,   **c)** viermal so lang
wie die benachbarte Seite. Berechne die Seitenlängen des Rechtecks.

4. Ein gleichschenkliges Dreieck hat den Umfang 40 cm.
a) Jeder Schenkel ist 5 cm länger als die Basis.
b) Jeder Schenkel ist 6 cm kürzer als die Basis.
c) Jeder Schenkel ist doppelt so lang wie die Basis.
Berechne die Länge der Basis und die eines Schenkels.

5.

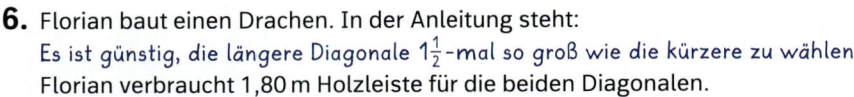

Beachte die Winkelsumme im Dreieck.

a) In einem gleichschenkligen Dreieck ist jeder Basiswinkel α um 24° größer als der Winkel γ.
Wie groß ist jeder Winkel in dem Dreieck?

b) Wie groß ist jeder Winkel in dem gleichschenkligen Dreieck, wenn der Winkel γ halb so groß ist wie α?

6. Florian baut einen Drachen. In der Anleitung steht:
Es ist günstig, die längere Diagonale $1\frac{1}{2}$-mal so groß wie die kürzere zu wählen.
Florian verbraucht 1,80 m Holzleiste für die beiden Diagonalen.
a) Wie lang hat er die beiden Leisten gemacht?
b) Wie viel dm² Papier benötigt er für die Bespannung?

7. Carmen hat das Kantenmodell einer Pyramide mit quadratischer Grundfläche gebaut. Die Kantenlänge x ist 10 cm kürzer als die Kantenlänge y. Carmen hat 200 cm Bambusstab verbraucht.

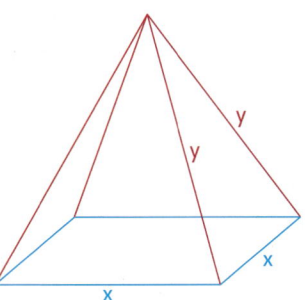

8. Bei einem Fußballspiel wurden insgesamt 12 426 Karten verkauft. Neben dem normalen Eintrittspreis von 21 € gibt es noch einen ermäßigten Preis von 15 €. Es wurden insgesamt 241 260 € eingenommen.
Wie viele Karten wurden zum normalen Eintrittspreis und wie viele zum ermäßigten Preis verkauft?

9.

Internetnutzer, die sich nicht für einen Pauschalpreis (Flatrate) entschieden haben, zahlen eine monatliche Grundgebühr und die genutzten Onlineminuten.
Herr Neuhaus erhält für 1 405 Onlineminuten eine Rechnung über 11,63 €. Seine Nachbarin hat denselben Tarif gewählt. Sie hat 960 Minuten gesurft und muss 8,96 € zahlen.
Wie hoch sind Grundgebühr und Minutentarif des Anbieters?

10. Frau Sontheimer finanziert den Kauf einer Eigentumswohnung mit einem Bauspardarlehen und einem Bankdarlehen. Beide zusammen betragen 240 000 €. Das Bauspardarlehen ist mit 6 %, das Bankdarlehen mit 8 % zu verzinsen. Die Zinsen in einem Jahr betragen zusammen 16 000 €.
Wie hoch ist das Bauspardarlehen? Wie hoch ist das Bankdarlehen?

11. Paul fährt mit der Jugendgruppe in den Skiurlaub. Er überlegt: Gebe ich jeden Tag 12 € aus, dann habe ich 5 € zu wenig dabei. Wenn ich jeden Tag 11 € ausgebe, habe ich am Ende 2 € übrig.
Wie lange dauert der Skiurlaub von Paul?
Wie viel Euro hat Paul dabei?

Löse die Gleichungssysteme. Wähle ein möglichst günstiges Verfahren.

★★

a) $\begin{vmatrix} y = -4x + 23 \\ y = 3x - 12 \end{vmatrix}$

b) $\begin{vmatrix} 11y - 15x = 4 \\ 3y - 15 = x \end{vmatrix}$

c) $\begin{vmatrix} 3x - 5y = -14 \\ x + y = 6 \end{vmatrix}$

★★★

a) $\begin{vmatrix} 7r = 71 + 2s \\ 59 - s = 7r \end{vmatrix}$

b) $\begin{vmatrix} 6,9x = 9,9 - 1,5y \\ 4,5y = -2,1 + 6,9x \end{vmatrix}$

c) $\begin{vmatrix} 4a + 2b = 22 \\ 9a - 3b = 12 \end{vmatrix}$

★★★★

a) $\begin{vmatrix} 0,2x + 2y - 2,2 = 0 \\ x + 0,7y + 7,6 = 0 \end{vmatrix}$

b) $\begin{vmatrix} 15y = 33 - 9x \\ 2x = 14y - 10 \end{vmatrix}$

c) $\begin{vmatrix} 2(x+3) + 3(x-2y) = 12 \\ 6(2y-x) - 4(x+3) = 12 \end{vmatrix}$

Zeichnen

Einsetzen

Addieren

Subtrahieren

Gleichsetzen

Stelle zunächst ein Gleichungssystem auf und berechne dann.

★★

Leon verwaltet die Kasse seines Sportvereins. Er muss zwei Rechnungen bezahlen. Zusammen beträgt die Rechnungssumme 340 €. Eine Rechnung ist um 60 € höher als die andere Rechnung. Wie hoch sind beide Rechnungen?

★★★

Bei einer Sportveranstaltung hat Leon in seiner Kasse 20-€-Scheine und 50-€-Scheine im Wert von insgesamt 600 €.
Es sind doppelt so viele 50-€-Scheine wie 20-€-Scheine.

★★★★

Leon hat für den Verein zwei Sparkonten eingerichtet. Auf dem ersten hat er 2 700 €, auf dem zweiten Konto 1 500 €. Nach einem Jahr belaufen sich die Zinsen für beide Konten zusammen auf 156 €.
Der Zinssatz auf dem zweiten Konto ist um 2 % höher als der auf dem ersten Konto.

VERMISCHTE UND KOMPLEXE ÜBUNGEN

1. Ergänze die Koordinaten der Punkte $P_1(0\,|\,\blacksquare)$, $P_2(\blacksquare\,|\,0)$, $P_3(1\,|\,\blacksquare)$, $P_4(\blacksquare\,|\,6)$, $P_5(-0,2\,|\,\blacksquare)$ und $P_6(\blacksquare\,|\,-0,6)$ so, dass diese zum Graphen der angegebenen linearen Gleichung gehören.

    a) $x + y = 1$ **b)** $2x - 5y = 0$ **c)** $\dfrac{x}{2} + \dfrac{y}{3} = 2$ **d)** $-1,2x + 0,4y = 4,8$

2. Lies am Graphen drei Lösungen der zugehörigen Gleichung ab.
Kontrolliere rechnerisch.

    a) 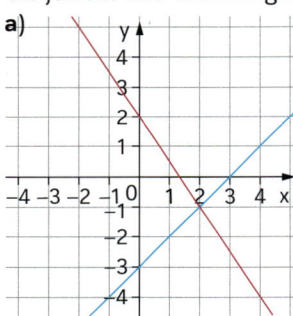   **b)** 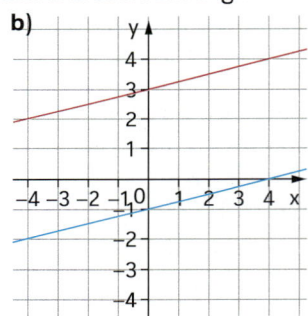   **c)**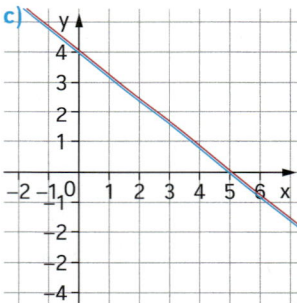

3. Gib jeweils das Gleichungssystem und seine Lösung an.

    a)   **b)**   **c)**

4. Eine Autoverleihfirma berechnet die Kosten für einen Leihwagen aus einer Grundgebühr pro Tag und den Kosten für die gefahrenen Kilometer.
Herr Albert hat bei derselben Firma für drei Tage mit 650 km insgesamt 338 € gezahlt, Frau Baumann für nur zwei Tage, aber 850 km, insgesamt 392 €.
Wie hoch sind die Tagesgebühren und die Kosten für 1 km?

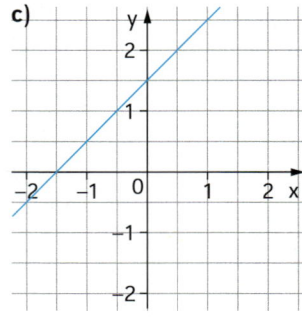

5. Maria und Lisa wollen ihre Blumenkästen neu bepflanzen.
Maria kauft 6 Dahlien und 4 Sonnenblumen und zahlt dafür 31 €.
Lisa zahlt für 3 Dahlien und 5 Sonnenblumen in derselben Gärtnerei 28,40 €.
Wie teuer ist eine Dahlie?
Wie teuer ist eine Sonnenblume?

6. Johanna überlegt, ihren Freunden einen Fotomagnet mit einem Digitalfoto von ihrer Geburtstagsfeier zu schenken. Im Internet hat sie einen Anbieter gefunden. Für 6 Fotomagnete verlangt er einschließlich einer Bearbeitungsgebühr für Verpackung und Versand 31,93 €, für 8 Fotomagnete einschließlich Bearbeitungsgebühr 40,91 €.
Wie viel kostet ein Fotomagnet, wie hoch ist die Bearbeitungsgebühr?

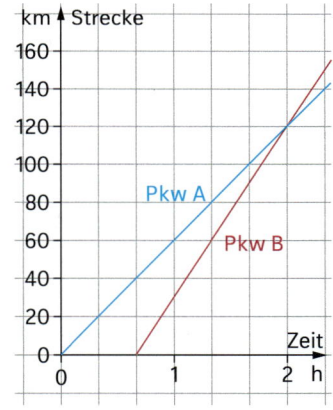

7. Ein Bauunternehmer stellt auf einer Baustelle drei Schutt-Container auf, den ersten 3 Tage, den zweiten 4 Tage und den dritten 6 Tage lang. Dafür zahlt er (Transportkosten sowie Tageskosten) insgesamt 270 €. Auf einer anderen Baustelle steht ein Container 6 Tage lang und verursacht Kosten von 115 €.
Wie hoch sind die Transportkosten, wie hoch die Tageskosten für jeweils einen Container?

8. a) Der Schnittpunkt zweier Geraden eines linearen Gleichungssystems hat die Koordinaten $(0\,|\,3)$.
Denkt euch eine Aufgabe aus, die zu dieser Lösung passt.

b) Gebt euch gegenseitig Schnittpunkte vor und erfindet dazu passende Aufgaben. Prüft, ob die Aufgaben stimmen.

9. Erfinde Rechengeschichten.

a) Welche Geschichte passt zu der Abbildung rechts?

b) $\begin{vmatrix} 3\,x + \;\;y = 7{,}40\,€ \\ \;\;x + 2\,y = 5{,}80\,€ \end{vmatrix}$

c) $\begin{vmatrix} \;\;x + \;\;y = 46 \\ 2\,x + 3\,y = 108 \end{vmatrix}$

d) $\begin{vmatrix} 2\,a + 2\,b = 84\,\text{cm} \\ a = b + 6\,\text{cm} \end{vmatrix}$

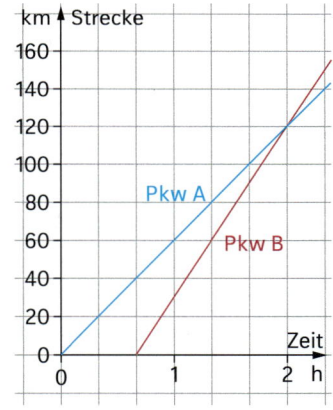

km ▲ Strecke
Pkw A
Pkw B
Zeit h

10. Ein Rechteck hat den Umfang 40 cm. Verdoppelt man die beiden längeren Seiten, so entsteht ein neues Rechteck mit dem Umfang 64 cm.
Berechne die Seitenlängen des alten Rechtecks. Du kannst eine Skizze anlegen.

11. Tina hat das Kantenmodell eines Quaders angefertigt. Dafür hat sie 300 cm Draht gebraucht. Der Quader ist 15 cm hoch, seine Länge beträgt das Dreifache der Breite.
Berechne das Volumen des Quaders.

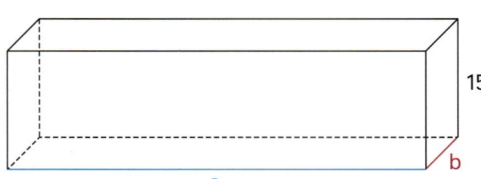

15
a
b

12.

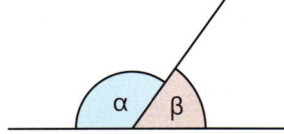

α   β

In der Zeichnung ist der Winkel α Nebenwinkel zu β. Wie groß ist α, wie groß ist β?

a) α ist um 15° größer als β.

b) α ist dreimal so groß wie β.

Berechne die Höhe einer Stufe und die Länge der Auftrittsbreite nach den beiden Regeln. Stelle zunächst ein lineares Gleichungssystem auf.

Eine Treppe soll mit 20 Stufen eine Gesamthöhe von 3,40 m erreichen. Können beide Regeln eingehalten werden? Begründe.

13. Ein Architekt plant Treppen, die angenehm begehbar sind, nach zwei Regeln:
Stufenmaßregel: Die doppelte Stufenhöhe und die Auftrittsbreite ergeben zusammen 63 cm.
Bequemlichkeitsregel: Die Auftrittsbreite ist 12 cm länger als eine Stufenhöhe.

Prüfe, welche der Angaben nur eine der beiden Regeln und welche beide Regeln erfüllen.

h (in cm)	b (in cm)
12	24
20	23
15	33
17	29
21	21

Untersucht drei verschiedene Treppen und messt jeweils die Stufenhöhe und die Auftrittsbreite und notiert die Messwerte in einer Tabelle. Werden die beiden Regeln immer eingehalten? Welche Gründe könnte es für Abweichungen geben?

14. Julia möchte für den Winter 6 kg Vogelfutter besorgen. Die Mitarbeiterin der Zoohandlung sagt: „Wenn wir 5 kg Körnermischung und 1 kg Sonnenblumenkerne mischen, musst du 16 € zahlen. Wenn wir von beiden 3 kg nehmen, macht das 12 €."
Was kostet jeweils 1 kg Körnermischung und 1 kg Sonnenblumenkerne?

15. Für verschiedene Zweitaktmotoren muss Öl mit Benzin in unterschiedlichen Verhältnissen gemischt werden. Für 0,2 *l* Öl und 8 *l* Benzin muss man 16,08 € bezahlen. 0,1 *l* Öl und 5 *l* Benzin kosten 9,75 €.
Wie teuer ist 1 *l* Öl, wie teuer 1 *l* Benzin?

16. Griechisches Epigramm:

Schwer bepackt ein Eselchen ging und des Eseleins Mutter;
Und die Eselin seufzte sehr; da sagte das Söhnlein:
Mutter, was klagst du wie ein jammerndes Magdlein?
Gib ein Pfund mir ab, so trag ich doppelte Bürde;
Nimmst du es aber von mir, gleich viel dann haben wir beide.
Rechne mir aus, wenn du kannst, mein Bester, wie viel sie getragen.

17. Wie alt ist der Vater, wie alt ist der Sohn?

Vor 5 Jahren war ich dreimal so alt wie mein Sohn.

Heute sind mein Vater und ich zusammen 70 Jahre alt.

18. Löse das Zahlenrätsel. Stelle zunächst ein Gleichungssystem auf.

a) Die Summe zweier Zahlen ist 46. Addiert man zum Doppelten der ersten Zahl das Dreifache der zweiten Zahl, so erhält man 106.

b) Addiert man zum Fünffachen einer Zahl eine zweite Zahl, so erhält man 25. Addiert man zum Dreifachen der ersten Zahl das Doppelte der zweiten Zahl, so erhält man 29.

c) Das Dreifache einer Zahl und das Sechsfache einer zweiten Zahl ergeben zusammen 27. Subtrahiert man vom Vierfachen der ersten Zahl das Doppelte der zweiten Zahl, so erhält man 16.

d) Die Differenz zweier Zahlen ist 20. Multipliziert man die erste Zahl mit 5 und die zweite Zahl mit 4, so erhält man zusammen 217.

19.  In einem Käfig befinden sich insgesamt 35 Hühner und Kaninchen. Zusammen haben sie 94 Beine.
Wie viele Kaninchen, wie viele Hühner sind im Käfig?
Erkläre dein Vorgehen.

20. Stelle zu dem Rätsel zunächst ein Gleichungssystem auf. Löse dieses und prüfe deine Antwort am Aufgabentext.

Maureen ist 24 Jahre älter als Jasmin. Sie ist 2,5-mal so alt wie Jasmin.
Wie alt ist Maureen, wie alt ist Jasmin?

21. a) Ein Vater und ein Sohn sind zusammen 62 Jahre alt. Vor sechs Jahren war der Vater viermal so alt wie der Sohn.
Wie alt ist jeder?

b) Anne ist 4 Jahre jünger als Julia. In 9 Jahren werden beide zusammen 50 Jahre alt sein.
Wie alt ist Anne, wie alt ist Julia?

22. Die Lösung eines linearen Gleichungssystems ist $(-2\,|\,-5)$.
Wie könnte das Gleichungssystem ausgesehen haben?
Versuche, mehrere Möglichkeiten zu finden.

23. Das Gleichungssystem $\begin{vmatrix} y + 2x = a + b \\ y - x = a - b \end{vmatrix}$ hat die Lösung $(3\,|\,-2)$.
Bestimme a und b. Führe die Probe durch.

24. Eine Gerade verläuft durch die Punkte $A(-2\,|\,0)$ und $B(2\,|\,2)$.
Bestimme ihre Funktionsgleichung
(1) grafisch;
(2) rechnerisch.

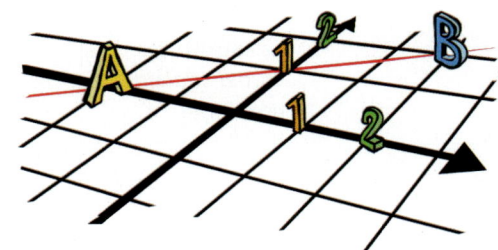

WAS DU GELERNT HAST

Lineare Gleichungen

Lineare Gleichungen haben unendlich viele Zahlenpaare als Lösungen. Stellt man diese grafisch dar, erhält man eine Gerade.

Die lineare Gleichung $y = 0,5\,x + 2$ wird z.B. durch $(-4\,|\,0)$ erfüllt:
$0 = 0,5 \cdot (-4) + 2$ (wahr)
Auch $(0\,|\,2)$ und $(2\,|\,3)$ erfüllen die Gleichung.

Grafisches Lösen eines linearen Gleichungssystems

Das Gleichungssystem
$$\left|\begin{array}{l} y = -2\,x - 3 \\ y = 0,5\,x + 2 \end{array}\right.$$
hat die Lösung $(-2\,|\,1)$. Das Zahlenpaar beschreibt den Schnittpunkt der Geraden.
Die Koordinaten $x = -2$ und $y = 1$ *erfüllen zugleich beide* Gleichungen.

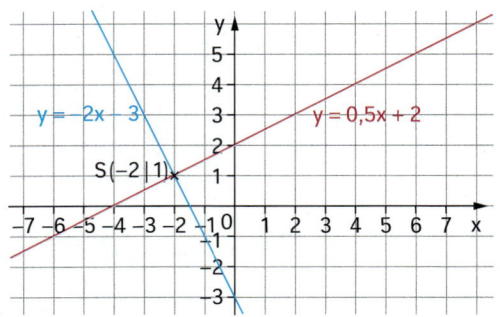

Gleichsetzungsverfahren

Sind beide Gleichungen in der Form $y = \ldots$ ($2\,x = \ldots$) gegeben oder lassen sie sich schnell in diese Form bringen, so entsteht die neue Gleichung durch Gleichsetzen.

$$\left|\begin{array}{l} y = 4\,x - 9 \\ y = -x + 1 \end{array}\right.$$

Gleichsetzen:

$4\,x - 9 = -x + 1 \quad |+x+9$
$\ 5\,x = 10 \quad |:5$
$\ x = 2$

Berechnen von y:

$y = 4 \cdot 2 - 9$
$y = -1$

Für die Probe setzt man die berechneten Zahlen in die Ausgangsgleichungen ein.

Probe: 1. Gleichung $-1 = 4 \cdot 2 - 9$ (wahr)
2. Gleichung $-1 = -2 + 1$ (wahr)

Einsetzungsverfahren

Ist eine der Gleichungen in der Form $y = \ldots$ ($x = \ldots$) gegeben oder lässt sie sich schnell in diese Form bringen, so entsteht die neue Gleichung durch Einsetzen.

$$\left|\begin{array}{l} 2\,y - 3\,x = 7 \\ y = x + 1 \end{array}\right.$$

Einsetzen:

$2\,(x + 1) - 3\,x = 7 \quad |\,\text{T}$
$-x + 2 = 7 \quad |-2$
$-x = 5 \quad |:(-1)$
$x = -5$

Additionsverfahren – Subtraktionsverfahren

Die beiden Seiten können addiert oder subtrahiert werden.

Es ist oftmals notwendig, die Gleichungen vorher mit einem geeigneten Faktor zu multiplizieren.

$$\left|\begin{array}{l} -3\,x + 2\,y = 1 \\ 4\,x + 3\,y = 10 \end{array}\right|\left|\begin{array}{l} \cdot 4 \\ \cdot 3 \end{array}\right.$$

$$\left|\begin{array}{l} 2\,x + 3\,y = 14 \\ 3\,x + 4\,y = 20 \end{array}\right|\left|\begin{array}{l} \cdot 3 \\ \cdot 2 \end{array}\right.$$

$$\left|\begin{array}{l} -12\,x + 8\,y = 4 \\ 12\,x + 9\,y = 30 \end{array}\right|\hspace{-2pt}\Big\}\,\oplus$$

$17\,y = 34$
$y = 2$

$$\left|\begin{array}{l} 6\,x + 9\,y = 42 \\ 6\,x + 8\,y = 40 \end{array}\right|\hspace{-2pt}\Big\}\,\ominus$$

$y = 2$

BIST DU FIT?

1. Bestimme zeichnerisch die Lösungen des Gleichungssystems.

a) $\begin{vmatrix} y = -2x + 7 \\ y = 3x - 3 \end{vmatrix}$
b) $\begin{vmatrix} 4x + 2y = 5 \\ -2x - y = -2,5 \end{vmatrix}$
c) $\begin{vmatrix} x + \frac{1}{2}y = 3 \\ y = 8 - 2x \end{vmatrix}$

2. Bestimme die Lösung mit dem angegebenen Verfahren. Denke an die Probe.

a) *Gleichsetzungsverfahren*

(1) $\begin{vmatrix} y = -x + 8 \\ y = x - 2 \end{vmatrix}$ (2) $\begin{vmatrix} 2v + 2u = 11 \\ 2v - 3u = 0 \end{vmatrix}$

b) *Einsetzungsverfahren*

(1) $\begin{vmatrix} 9x - y = 41 \\ y = 4x - 11 \end{vmatrix}$ (2) $\begin{vmatrix} 3x + 2y = 2 \\ 2y = 3x + 2 \end{vmatrix}$

c) *Additionsverfahren*

(1) $\begin{vmatrix} 15x + 7y = 2 \\ 3x - 21y = 90 \end{vmatrix}$ (2) $\begin{vmatrix} 4a + 2b = 22 \\ 9a - 3b = 12 \end{vmatrix}$

d) *Subtraktionsverfahren*

(1) $\begin{vmatrix} 4x + 3y = 10 \\ 5x + 2y = 2 \end{vmatrix}$ (2) $\begin{vmatrix} 6a + 5b = 37 \\ 3a + 9b = 12 \end{vmatrix}$

3. Löse rechnerisch mit einem möglichst günstigen Verfahren. Mache die Probe.

a) $\begin{vmatrix} 9x + 4y = 37 \\ y = 6x + 1 \end{vmatrix}$
d) $\begin{vmatrix} 3r + 2s = 2 \\ 6r - 8s = -2 \end{vmatrix}$
g) $\begin{vmatrix} 3x + 4,5y = 1,5 \\ -2x - 3y = -1 \end{vmatrix}$

b) $\begin{vmatrix} 6x + 4y = 9 \\ 6x - 5y = -18 \end{vmatrix}$
e) $\begin{vmatrix} y = 3x - 2 \\ 2y - 6x = -4 \end{vmatrix}$
h) $\begin{vmatrix} \frac{1}{2}m + 2n = -\frac{3}{2} \\ \frac{1}{3}m - \frac{5}{3}n = 8 \end{vmatrix}$

c) $\begin{vmatrix} x = 2y - 4 \\ 4x + 7y = -1 \end{vmatrix}$
f) $\begin{vmatrix} 2p = 2q - 4 \\ 3p - 3q = -5 \end{vmatrix}$
i) $\begin{vmatrix} 5(x - 1) + 4(y + 1) = 15 \\ 3(x + 3) + (y - 12) = 8 \end{vmatrix}$

4. Ein Energieversorger bietet seinen Kunden zwei Tarife für Gas an. Der Gaspreis setzt sich aus dem *Grundpreis* und dem *Arbeitspreis* für das verbrauchte Gas zusammen. Vergleiche beide Tarife.

Tarif	basis	spezial
Monatlicher Grundpreis	5,50 €	11,00 €
Arbeitspreis (je m³)	0,70 €	0,60 €

5. Leon kauft vier Flaschen Limonade und drei Flaschen Orangensaft für zusammen 7,20 €. In demselben Geschäft zahlt Lena 5,10 € für drei Flaschen Limonade und zwei Flaschen Orangensaft.
Wie viel kostet eine Flasche Orangensaft, wie viel eine Flasche Limonade?

6. Nina ist 5 Jahre älter als Eva. Zusammen sind sie 39 Jahre alt.
Wie alt ist Nina, wie alt ist Eva?

7. Wenn man zum Doppelten der ersten Zahl die zweite addiert, dann erhält man 22. Wenn man vom Vierfachen der ersten Zahl die zweite Zahl subtrahiert, so erhält man 14.
Wie heißen die beiden Zahlen?

8. Aus einem 2 m langen Flachstahl soll ein rechteckiger Rahmen hergestellt werden. Benachbarte Seiten des Rahmens sollen sich in der Länge um 30 cm unterscheiden.
Wie lang und wie breit wird der Rahmen?

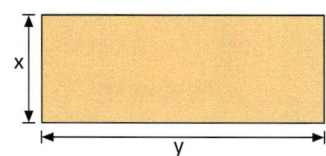

9. Spediteur Seibold hat zur Finanzierung seiner Fahrzeuge zwei Darlehen im Abstand von 2 Jahren aufgenommen. Sie betragen zusammen 150 000 €.
Das erste Darlehen ist mit 6 %, das zweite mit 7 % zu verzinsen. Die Zinsen belaufen sich in einem Jahr auf 9 500 €. Wie hoch ist jedes Darlehen?

LÖSEN LINEARER GLEICHUNGSSYSTEME MIT TABELLENKALKULATION

Ein lineares Gleichungssystem kannst du auch mit einem Kalkulationsprogramm lösen.
Dazu erstellen wir ein Tabellenblatt, mit dem wir dann eine ganze Gruppe von Aufgaben lösen können.
Wir verwenden hier das bereits bekannte Subtraktionsverfahren.

Die Abbildung zeigt das fertige Tabellenblatt.

Beachte folgende Hinweise:

Durch Multiplikation wird das Gleichungssystem so umgeformt, dass vor der Variable y derselbe Faktor steht.

Multipliziere dazu
» die erste Gleichung mit der Zahl aus Zelle D4.
   Schreibe in H3 die Formel: **=D4**
» die zweite Gleichung mit der Zahl aus Zelle D3.
   Schreibe in H4 die Formel: **=D3**

In den Zeilen 6 und 7 werden die umgeformten Gleichungen berechnet.

Durch Subtraktion der Gleichungen erhältst du in der Zeile 10 eine Gleichung mit nur einer Variablen.

	A	B	C	D	E	F	G	H
1	Lösen eines linearen Gleichungssystems							
2								
3	I	5	x +	3	y	=	19	| ·	2
4	II	2	x +	2	y	=	10	| ·	3
5								
6	I′	10	x +	6	y	=	38	
7	II′	6	x +	6	y	=	30	
8								
9	Subtraktion I′ - II′ :							
10		4	x			=	8	| :	4
11					x	=	2	
12								
13	Einsetzen in Gleichung I:							
14		10	+	3	y	=	19	| -	10
15				3	y	=	9	| :	3
16					y	=	3	
17								
18	Die Lösung ist:		(	2	;	3	)	

In den Zeilen 6 und 7 werden die umgeformten Gleichungen berechnet.

In der Zelle B10 gibst du dazu die Formel **=B6-B7** ein.

Den Wert für x berechnest du in der Zelle F11 mithilfe der Formel **=F10/H10**.

Den berechneten Wert für x setzt du in der Zeile 14 in die erste Gleichung ein. Schreibe in B14 die Formel **=B3*F11**.

Sicherlich findest du die Formeln, um in den Zeile 14 bis 16 den Wert für y zu berechnen.

Die Abbildung zeigt die verwendeten Formeln noch einmal in der Übersicht.

	A	B	C	D	E	F	G	H
1	Lösen eines linearen Gleichungssystems							
2								
3	I	5	x +	3	y	=	19	| ·	=D4
4	II	2	x +	2	y	=	10	| ·	=D3
5								
6	I′	=B3*H3	x +	=D3*H3	y	=	=F3*H3	
7	II′	=B4*H4	x +	=D4*H4	y	=	=F4*H4	
8								
9	Subtraktion I′ - II′ :							
10		=B6-B7	x			=	=F6-F7	| :	=B10
11					x	=	=F10/H10	
12								
13	Einsetzen in Gleichung I:							
14		=B3*F11	+	=D3	y	=	=F3	| -	=B14
15				=D3	y	=	=F14-H14	| :	=D15
16					y	=	=F15/H15	
17								
18	Die Lösung ist:		(	=F11	;	=F16	)	

1. Erstelle mit deinem Kalkulationsprogramm ein Tabellenblatt zur Lösung linearer Gleichungssysteme.
Kontrolliere deine Tabelle mithilfe des obigen Gleichungssystems.

2. Löse mit deinem Tabellenblatt folgende Gleichungssysteme:

a) $\begin{vmatrix} -3\,x + 3\,y = 23 \\ x - 5\,y = -25 \end{vmatrix}$ b) $\begin{vmatrix} 0{,}2\,x + 1{,}2\,y = 4{,}68 \\ -2{,}4\,x + 1{,}8\,y = 2{,}16 \end{vmatrix}$ c) $\begin{vmatrix} 2{,}7\,x - 4{,}2\,y = -20{,}778 \\ -3{,}6\,x + 1{,}2\,y = 9{,}84 \end{vmatrix}$

3. Gib die Daten folgender Gleichungssysteme in dein Tabellenblatt ein.

a) $\begin{vmatrix} 2\,x - y = 2 \\ y - x = 14 \end{vmatrix}$ b) $\begin{vmatrix} 3\,y = 6 \\ 2\,x + 6\,y = 8 \end{vmatrix}$ c) $\begin{vmatrix} 3\,x = 6 \\ 6\,x + 2\,y = 8 \end{vmatrix}$

Untersuche, warum das Gleichungssystem zu Teilaufgabe c) mit dem Tabellenblatt nicht lösbar ist.

Erstelle ein Tabellenblatt, das Gleichungssysteme wie in Teilaufgabe c) lösen kann.

13	Einsetzen in Gleichung I:						
14	6	+	0	y	=	6	I - 6
15			0	y	=	0	I : 0
16				y	=	####	
17							
18	Die Lösung ist:		(	2	;	#####	)

4. Die folgenden Gleichungssysteme haben besondere Lösungen.
Untersuche, warum du mit deinem Tabellenblatt auch diese Sonderfälle nicht lösen kannst.

a) $\begin{vmatrix} 2\,x + 6\,y = 6 \\ -3\,x - 9\,y = -9 \end{vmatrix}$ b) $\begin{vmatrix} 1{,}5\,x + 0{,}5\,y = 4 \\ 4{,}5\,x + 1{,}5\,y = 10 \end{vmatrix}$

5. Herr Ketter und Frau Ose haben in einer Gärtnerei Pflanzen für ihre Gärten gekauft. Herr Ketter hat für zwei Johanniskrautpflanzen und eine Kletterrose 35,05 €, Frau Ose für eine Johanniskrautpflanze und zwei Kletterrosen derselben Sorte 38,45 € bezahlt.

6. Löse die folgenden Gleichungssysteme mit deinem Tabellenblatt.

a) $\begin{vmatrix} 2\,x + 3\,y = 0 \\ 2\,x + y = 4 \end{vmatrix}$ b) $\begin{vmatrix} 3\,x + 4\,y = 1 \\ 2\,x + y = 4 \end{vmatrix}$ c) $\begin{vmatrix} 4\,x + 5\,y = 2 \\ 2\,x + y = 4 \end{vmatrix}$

Du erhältst jeweils die Lösung $(3|-2)$. Beschreibe, wie du die erste Gleichung verändern kannst, damit sich die Lösung des Gleichungssystems nicht ändert.
Überprüfe mit deinem Tabellenblatt.

7. Ein lineares Gleichungssystem kannst du auch mit dem Additionsverfahren lösen. Erstelle ein Tabellenblatt zum Additionsverfahren.
Als Grundlage kannst du das Blatt zum Subtraktionsverfahren nutzen.
Beschreibe, welche Änderungen du in den einzelnen Zellen vornehmen musst.

8. Julia und Florian haben in einer Formelsammlung eine Lösungsformel für lineare Gleichungssysteme gefunden:

> Ein lineares Gleichungssystem der Form $\begin{vmatrix} a\,x + b\,y = e \\ c\,x + d\,y = f \end{vmatrix}$
>
> hat die Lösung $x = \dfrac{e \cdot d - b \cdot f}{a \cdot d - b \cdot c}$ und $y = \dfrac{a \cdot f - c \cdot e}{a \cdot d - b \cdot c}$

a) Erstelle unter Benutzung dieser Formeln ein Tabellenblatt zur Lösung linearer Gleichungssysteme.

b) Gib die Beispiele für die zwei Sonderfälle aus Aufgabe 4 in das Tabellenblatt ein.

c) Benutze die Hilfe deines Kalkulationsprogramms.
Suche Informationen über die Verwendung und Schreibweise der **wenn( )-Funktion**.
Mithilfe dieser Funktion kannst du dein Tabellenblatt so gestalten, dass auch die Lösungen für die Sonderfälle berechnet werden können.

KAPITEL 2

WURZELN

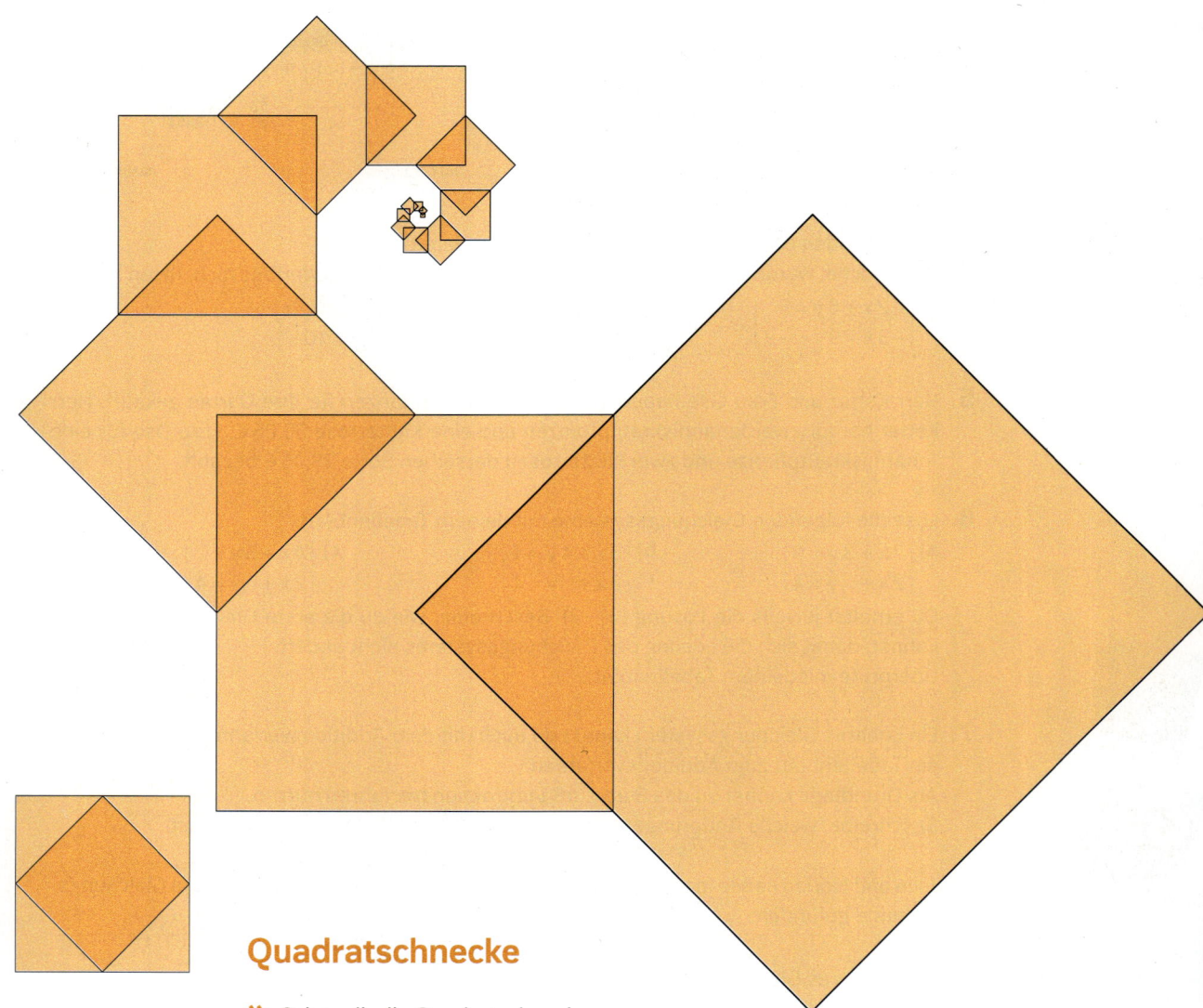

Quadratschnecke

» Schau dir die Quadratschnecke an.
  Wie ist sie aufgebaut?
» Der Flächeninhalt des großen Quadrates beträgt 64 cm^2.
  Wie groß ist der Flächeninhalt des zweiten Quadrates, des dritten Quadrates usw.?
» Wie groß ist die Seitenlänge des ersten Quadrates, des zweiten Quadrates und der weiteren
  Quadrate?
» Welche Seitenlängen lassen sich leicht ermitteln, welche nicht?

Welches Berechnungsverfahren ist gerecht?

In manchen Gemeinden werden die Straßenreinigungsgebühren danach abgerechnet, wie
lang die Seite des Grundstücks ist, das an die
Straße grenzt. Dieses Berechnungsverfahren
heißt *Straßenfront-Maßstab*.

Viele Gemeinden verwenden ein anderes Verfahren: Man denkt sich jedes Grundstück in
ein Quadrat verwandelt, wobei der Flächeninhalt unverändert bleiben soll. Die Straßenreinigungsgebühren werden dann nach der Seitenlänge dieses Quadrates berechnet. Dieses
Berechnungsverfahren heißt *Quadratwurzel-
Maßstab*.

» Welches Berechnungsverfahren ist für Familie Müller bzw. Familie Jess günstiger?
» Welches der beiden Verfahren findest du
gerechter?

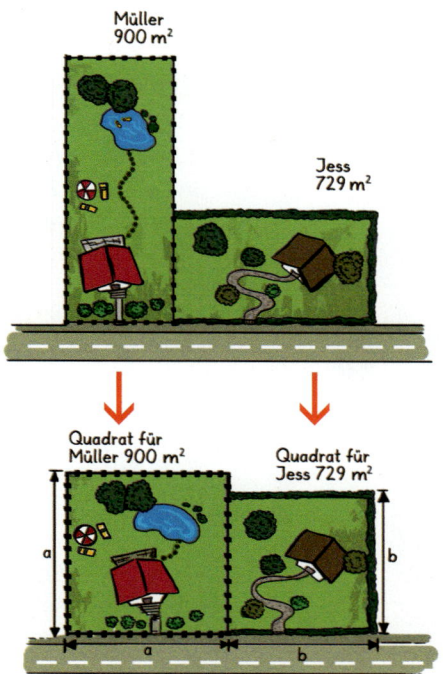

Rückgängigmachen des Quadrierens

Mit der Formel $A = a^2$ wurden die Flächeninhal-
te verschiedener Quadrate berechnet, ohne die
Seitenlänge jeweils aufzuschreiben.
» Bei welchen Ergebnissen lässt sich die Sei-
tenlänge a leicht im Kopf bestimmen?
» Bestimme in den anderen Fällen die Seiten-
länge a mit dem Taschenrechner.
Prüfe, mit welcher Tastenfolge dies bei dei-
nem Rechner geht.
» Vergleiche die Ergebnisse. Was fällt dir auf?

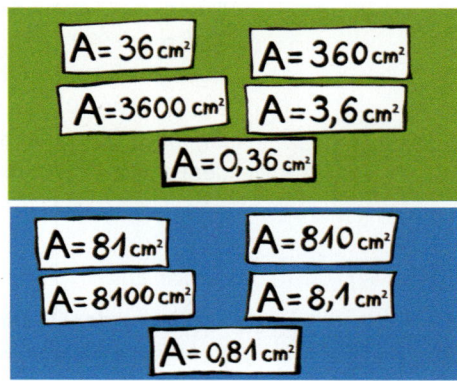

**IN DIESEM KAPITEL
LERNST DU ...**

... *was Quadratwurzeln und Kubikwurzeln sind und wie man sie
bestimmen kann.*
... *wie man mit Wurzeln rechnet.*
... *neue Arten von Zahlen kennen, die irrationalen Zahlen und die
reellen Zahlen.*

QUADRATWURZELN

Bestimmen von Quadratwurzeln

Der USA-Staat Wyoming hat eine Größe von ca. $250\,000\,km^2$. Seine Fläche kann näherungsweise als Quadrat betrachtet werden.

» Versucht, die Länge der Grenze von Wyoming möglichst genau zu bestimmen.
» Berichtet, wie ihr vorgegangen seid.

1. Bestimme die Seitenlänge a des quadratischen Grundstücks der Familie Müller aus dem Einführungsbeispiel auf Seite 39. Berechne anschließend auch die Seitenlänge b des entsprechenden quadratischen Grundstücks der Familie Jess.

Lösung

Wir rechnen nur mit Maßzahlen. Man erhält den Flächeninhalt eines Quadrates, indem man die Seitenlänge mit sich selbst multipliziert. Für die quadratischen Grundstücke der Familien Müller und Jess muss gelten:

Grundstück Familie Müller
$A_M = a \cdot a = 900$
Durch Probieren finden wir:
$a = 30$, denn $30 \cdot 30 = 900$

Grundstück Familie Jess
$A_J = b \cdot b = 729$
Durch Probieren finden wir:
$b = 27$, denn $27 \cdot 27 = 729$

Ergebnis: Das quadratische Grundstück von Familie Müller hat die Seitenlänge $30\,m$, das der Familie Jess $27\,m$.

INFORMATION

(1) Erklärung der Quadratwurzel

In Aufgabe 1 haben wir zu dem Flächeninhalt A eine Quadratseite x gesucht, für die gilt:
$$x \cdot x = x^2 = A.$$
Bei $x^2 = 900$ war $x = 30$. Die Zahl 30 nennt man Quadratwurzel aus 900.
Bei $x^2 = 729$ war $x = 27$. Die Zahl 27 nennt man Quadratwurzel aus 729.

Die Quadratwurzel aus 25, geschrieben $\sqrt{25}$, ist die positive Zahl, die mit sich selbst multipliziert 25 ergibt:
$$\sqrt{25} = 5, \text{ denn } 5 \cdot 5 = 25$$

Allgemein gilt:
Die *Quadratwurzel* aus a, geschrieben $\sqrt{a}$, ist *die positive Zahl*, die mit sich selbst multipliziert a ergibt:
$$\sqrt{a} \cdot \sqrt{a} = a$$

$\sqrt{a}$ wird gelesen: *Quadratwurzel aus a* oder kurz *Wurzel aus a*.
Für den Sonderfall 0 gilt: $\sqrt{0} = 0$, denn $0 \cdot 0 = 0$
Das Bestimmen von Wurzeln nennt man **Wurzelziehen**.

(2) Beispiele für Quadratwurzeln

$\sqrt{625} = 25$, denn $25^2 = 25 \cdot 25 = 625$; $\quad\sqrt{0{,}64} = 0{,}8$, denn $0{,}8^2 = 0{,}8 \cdot 0{,}8 = 0{,}64$;

$\sqrt{\frac{1}{100}} = \frac{1}{10}$, denn $\left(\frac{1}{10}\right)^2 = \frac{1}{10} \cdot \frac{1}{10} = \frac{1}{100}$; $\quad\sqrt{\frac{49}{9}} = \frac{7}{3}$, denn $\left(\frac{7}{3}\right)^2 = \frac{7}{3} \cdot \frac{7}{3} = \frac{49}{9}$;

$\sqrt{1} = 1$, denn $1^2 = 1 \cdot 1 = 1$.

FESTIGEN UND WEITERARBEITEN

√289? Welche positive Zahl ergibt mit sich selbst multipliziert 289?

2. Bestimme die zugehörige Quadratzahl. 7; 15; 25; 40; $\frac{1}{2}$; $\frac{2}{3}$; 0,5; 2,1.

3. Bestimme die Quadratwurzel im Kopf. $\sqrt{25}$; $\sqrt{36}$; $\sqrt{121}$; $\sqrt{144}$; $\sqrt{400}$; $\sqrt{625}$.

4. a) Bestimme im Kopf.

(1) $\sqrt{3600}$ (2) $\sqrt{1{,}96}$ (3) $\sqrt{0{,}04}$ (4) $\sqrt{\frac{4}{25}}$ (5) $\sqrt{\frac{625}{441}}$

b) Schreibe als Quadratwurzel aus einer Zahl. Rechne ohne Taschenrechner.

(1) 7 (2) 12 (3) 0,3 (4) 0,11 (5) $\frac{3}{4}$

$9 = \sqrt{9 \cdot 9} = \sqrt{81}$

5. Bestimme die Seitenlänge eines Quadrates mit dem Flächeninhalt (1) $576\,\text{m}^2$; (2) $2{,}25\,\text{m}^2$.

ÜBEN

6. Bestimme die zugehörige Quadratzahl.

a) 13 **b)** 21 **c)** 800 **d)** $\frac{1}{3}$ **e)** $\frac{9}{10}$ **f)** 0,1 **g)** 0,05 **h)** 0,15

7. Ziehe die Quadratwurzel im Kopf.

a) $\sqrt{225}$ **b)** $\sqrt{196}$ **c)** $\sqrt{169}$ **d)** $\sqrt{1600}$ **e)** $\sqrt{14400}$ **f)** $\sqrt{1000000}$

8. a) $\sqrt{\frac{1}{9}}$ **b)** $\sqrt{\frac{16}{100}}$ **c)** $\sqrt{\frac{25}{144}}$ **d)** $\sqrt{\frac{169}{196}}$ **e)** $\sqrt{\frac{361}{324}}$ **f)** $\sqrt{\frac{324}{121}}$ **g)** $\sqrt{\frac{484}{64}}$

9. a) $\sqrt{0{,}16}$ **b)** $\sqrt{0{,}01}$ **c)** $\sqrt{6{,}25}$ **d)** $\sqrt{3{,}24}$ **e)** $\sqrt{0{,}0049}$ **f)** $\sqrt{0{,}0289}$

10. a) $\sqrt{144}$; $\sqrt{14400}$; $\sqrt{1{,}44}$; $\sqrt{0{,}0144}$ **b)** $\sqrt{324}$; $\sqrt{3{,}24}$; $\sqrt{32400}$; $\sqrt{0{,}0324}$

11. Schreibe wie in Aufgabe 4 b) als Quadratwurzel aus einer Zahl.

a) 12 **b)** 17 **c)** 300 **d)** 0,7 **e)** 3,5 **f)** 0,17 **g)** $\frac{5}{7}$ **h)** $\frac{1}{18}$

12. Kontrolliere die Lösung der Hausaufgaben:

a) $\sqrt{256} = 16$ b) $\sqrt{-49} = -7$ c) $\sqrt{0{,}9} = 0{,}3$ d) $\sqrt{1024} = 32$ e) $\sqrt{0{,}04} = 0{,}02$

13. Ein quadratischer Bauplatz ist $961\,\text{m}^2$ groß. Er soll mit einem Bauzaun umgeben werden. Für die Einfahrt sollen 4 m frei bleiben. Wie viel m Zaun benötigt man?

14. Die Oberfläche eines Würfels ist (1) $54\,\text{dm}^2$; (2) $294\,\text{cm}^2$ groß. Wie lang sind seine Kanten?

15. Rechne im Kopf. **a)** $4 + \sqrt{49}$ **b)** $11 - 2 \cdot \sqrt{9}$ **c)** $\sqrt{121} - \frac{3}{5} \cdot \sqrt{25}$

16. Berechne ohne Taschenrechner. **a)** $\sqrt{\sqrt{256}}$ **b)** $\sqrt{\sqrt{1}}$ **c)** $\sqrt{\sqrt{\frac{1}{16}}}$

Zusammenhang von Wurzelziehen und Quadrieren

EINSTIEG

Marina hat einen längeren Term mit dem Taschenrechner berechnet. Nachdem das Ergebnis schon in der Anzeige erschienen war, ist sie versehentlich auf die x^2-Taste gekommen.

» Muss sie den ganzen Term noch einmal neu berechnen? Begründe.

AUFGABE

1. a) Führe mit den positiven Zahlen 9; 1,21; $\frac{1}{4}$ und mit 0 folgende Rechenanweisungen durch, sofern möglich.

(1) Ziehe zuerst die Wurzel aus der Zahl und quadriere dann das Ergebnis.

$$9 \xrightarrow{\ \sqrt{\ }\ } \blacksquare \xrightarrow{\ \text{hoch } 2\ } \blacksquare$$

(2) Quadriere zuerst die Zahl und ziehe dann die Wurzel aus dem Ergebnis.

$$9 \xrightarrow{\ \text{hoch } 2\ } \blacksquare \xrightarrow{\ \sqrt{\ }\ } \blacksquare$$

Notiere deine Ergebnisse jeweils in Form einer Tabelle.
Was fällt auf?

b) Verfahre wie bei Teilaufgabe a) mit negativen Zahlen. Nimm -1; -4 und $-\frac{25}{4}$ als Startzahl.
Was fällt auf?

Lösung

a) (1)

a	$\sqrt{a}$	$(\sqrt{a})^2$
9	3	9
1,21	1,1	1,21
$\frac{1}{4}$	$\frac{1}{2}$	$\frac{1}{4}$
0	0	0

(2)

a	a^2	$\sqrt{a^2}$
9	81	9
1,21	1,4641	1,21
$\frac{1}{4}$	$\frac{1}{16}$	$\frac{1}{4}$
0	0	0

Die Rechenanweisungen sind für positive Zahlen und für die Zahl 0 durchführbar. Sie liefern als Endergebnis wieder die Ausgangszahl.

b) (1)

a	$\sqrt{a}$	$(\sqrt{a})^2$
-1	nicht möglich	–
-4	nicht möglich	–
$-\frac{25}{4}$	nicht möglich	–

(2)

a	a^2	$\sqrt{a^2}$
-1	1	1
-4	16	4
$-\frac{25}{4}$	$\frac{625}{16}$	$\frac{25}{4}$

Für negative Zahlen sind die Rechenanweisungen nicht möglich, da man aus negativen Zahlen keine Wurzeln ziehen kann.

Wenn wir eine negative Zahl quadrieren und dann die Wurzel ziehen, erhalten wir nicht die Ausgangszahl, sondern die Gegenzahl.

INFORMATION

> Für Zahlen a, die größer oder gleich null sind, schreiben wir kurz: $a \geq 0$

Zusammenhang zwischen Quadrieren und Wurzelziehen

Für alle Zahlen $a \geq 0$ gilt:

(1) Das Ziehen der Quadratwurzel wird durch das Quadrieren rückgängig gemacht.

Beispiel:

$$16 \xleftarrow[\text{hoch 2}]{\sqrt{}} 4 \qquad a \xleftarrow[\text{hoch 2}]{\sqrt{}} \sqrt{a}$$

(2) Das Quadrieren wird durch das Ziehen der Quadratwurzel rückgängig gemacht.

Beispiel:

$$4 \xleftarrow[\sqrt{}]{\text{hoch 2}} 16 \qquad a \xleftarrow[\sqrt{}]{\text{hoch 2}} a^2$$

FESTIGEN UND WEITERARBEITEN

2. Übertrage in dein Heft und fülle – falls möglich – die Lücke aus. Prüfe, ob es auch mehrere Möglichkeiten gibt. Rechne im Kopf.

a) $14 \xrightarrow{\text{hoch 2}} \blacksquare$ c) $\blacksquare \xrightarrow{\text{hoch 2}} 36$ e) $-0,2 \xrightarrow{\text{hoch 2}} \blacksquare$ g) $\blacksquare \xrightarrow{\text{hoch 2}} -196$

b) $25 \xrightarrow{\sqrt{}} \blacksquare$ d) $\blacksquare \xrightarrow{\sqrt{}} 10$ f) $-\frac{1}{4} \xrightarrow{\sqrt{}} \blacksquare$ h) $\blacksquare \xrightarrow{\sqrt{}} -5$

ÜBEN

3. Übertrage die Tabelle in dein Heft und fülle sie – falls möglich – aus. Vergleiche jeweils die Zahl in der ersten Spalte mit der Zahl in der dritten Spalte.

a)
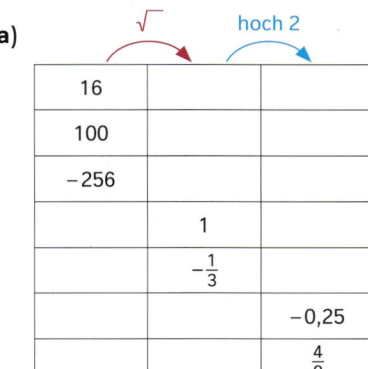

$\sqrt{}$ →	hoch 2 →	
16		
100		
−256		
	1	
	$-\frac{1}{3}$	
		−0,25
		$\frac{4}{9}$

b)
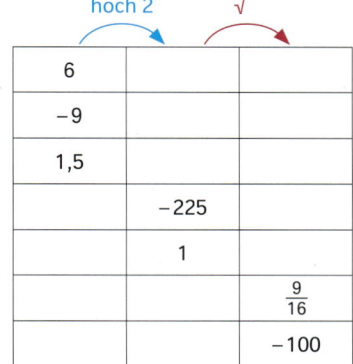

hoch 2 →	$\sqrt{}$ →	
6		
−9		
1,5		
	−225	
	1	
		$\frac{9}{16}$
		−100

4.

> Beim Quadrieren werden alle Zahlen vergrößert, beim Wurzelziehen verkleinert, oder?

> Das stimmt aber nicht für alle Zahlen …

5. Übertrage in dein Heft und fülle – falls möglich – die Lücke aus. Prüfe, ob es auch mehrere Möglichkeiten gibt. Rechne im Kopf.

a) $13 \xrightarrow{\text{hoch 2}} \blacksquare$ b) $\blacksquare \xrightarrow{\text{hoch 2}} 81$ c) $\blacksquare \xrightarrow{\sqrt{}} 14$ d) $-121 \xrightarrow{\sqrt{}} \blacksquare$

Näherungsweises Ermitteln von Quadratwurzeln – Reelle Zahlen

EINSTIEG

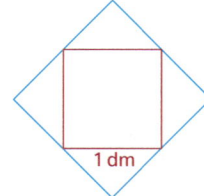

Markus hat ein Quadrat mit der Seitenlänge 1 dm gezeichnet und um dieses Quadrat ein zweites Quadrat wie in der Abbildung links.

» Was kann man über den Flächeninhalt des großen Quadrats sagen?
» Gib einen Näherungswert für die Seitenlänge des großen Quadrats an?
» Wie kann man diese Länge möglichst genau bestimmen?

AUFGABE

1. Die Straßenreinigungsgebühren eines 660 m² großen Grundstücks sollen nach dem Quadratwurzel-Maßstab berechnet werden (vgl. Seite 39).
Welche Seitenlänge hat ein 660 m² großes Quadrat?

Lösung

Wir suchen die Zahl a = $\sqrt{660}$, es muss also gelten: a · a = 660.
Durch Probieren finden wir: Die gesuchte Länge a muss zwischen 25 m und 26 m liegen, denn $25^2 = 625 < 660$ und $26^2 = 676 > 660$.
Wir probieren es nun mit den Maßzahlen 25,1; 25,2; 25,3; 25,4; 25,5; 25,6 usw.:
Da $25,6^2 = 655,36$ und $25,7^2 = 660,49$, liegt die gesuchte Seitenlänge zwischen 25,6 m und 25,7 m.
Dies notieren wir in einer Tabelle und rechnen eine weitere Stelle aus.

Anzahl der Stellen nach dem Komma	untere Näherungs-zahl	hoch 2	Probe	hoch 2	obere Näherungszahl
0	25	625	< 660 < 676		26
1	25,6	655,36	< 660 < 660,49		25,7
2	25,69	659,9761	< 660 < 660,4900		25,70

Die untere Näherungszahl wählen wir so groß wie möglich, die obere so klein wie möglich.

Ergebnis: Das quadratische Grundstück hat eine Seitenlänge von ca. 25,70 m.

FESTIGEN UND
WEITERARBEITEN

2. Fülle die nächste Zeile der Tabelle von Aufgabe 1 aus (drei Stellen nach dem Komma). Überlege vorher: Womit beginnt man am besten beim Ausprobieren?
Beachte: 660 liegt näher an $25,69^2$ als an $25,70^2$.

3. Zwischen welchen natürlichen Zahlen liegt?

a) $\sqrt{10}$ **c)** $\sqrt{60}$ **e)** $\sqrt{200}$
b) $\sqrt{40}$ **d)** $\sqrt{80}$ **f)** $\sqrt{1\,000}$

> $4 < \sqrt{20} < 5$, denn
> $4^2 < 20 < 5^2$

4. Bestimme wie in Aufgabe 1 durch Probieren auf zwei Stellen nach dem Komma.
a) $\sqrt{30}$ **b)** $\sqrt{5}$ **c)** $\sqrt{50}$ **d)** $\sqrt{500}$ **e)** $\sqrt{0,8}$

INFORMATION

(1) Wie genau kann man Wurzeln bestimmen?

Bei $\sqrt{729} = 27$ erhalten wir mit dem Taschenrechner ein genaues Ergebnis.

Bei $\sqrt{2}$ erhalten wir nur einen Näherungswert, nämlich 1,414213562. Dass dies ein Näherungswert ist, kann man nachprüfen, indem man 1,414213562 mit sich selbst multipliziert. Dabei reicht es, die letzte Stelle zu betrachten:

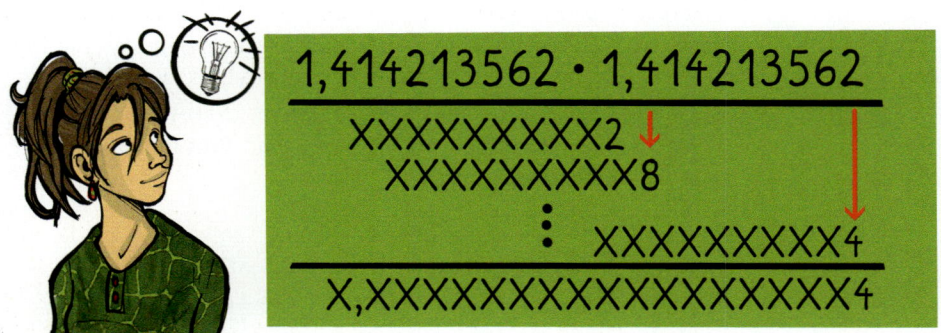

Man erhält einen Dezimalbruch mit 18 Stellen nach dem Komma, der als letzte Stelle eine 4 hat. Daher gilt: $1{,}414213562 \cdot 1{,}414213562 \neq 2$

Bisher haben wir die *rationalen Zahlen* kennengelernt, die man als Brüche schreiben kann. Nun haben wir festgestellt, dass es noch andere Zahlen gibt: $\sqrt{2}$ können wir nicht als abbrechenden Dezimalbruch schreiben. Man kann zeigen, dass man $\sqrt{2}$ auch nicht als periodischen Dezimalbruch schreiben kann. $\sqrt{2}$ ist also keine rationale Zahl.

(2) Irrationale Zahlen – Reelle Zahlen

Zahlen wie $\sqrt{2}$, die sich nicht als Bruch schreiben lassen, nennt man **irrationale Zahlen**. Weitere Beispiele für irrationale Zahlen sind $\sqrt{3}$, $-\sqrt{2}$, $\sqrt{5}$, $-\sqrt{7}$, $\sqrt{50}$.

Rationale Zahlen und irrationale Zahlen fasst man zusammen zu der Menge der **reellen Zahlen**, kurz $\mathbb{R}$. Wenn nichts anderes gesagt ist, wählen wir in Zukunft $\mathbb{R}$ als Zahlenbereich.

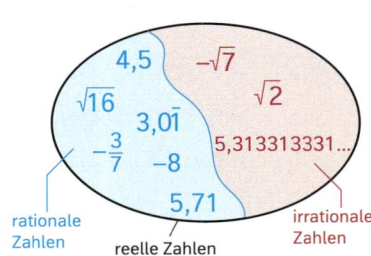

ÜBEN

5. Nenne jeweils vier Beispiele für   (1) rationale Zahlen;   (2) irrationale Zahlen.

6. Welche der Wurzeln $\sqrt{100}$, $\sqrt{200}$, $\sqrt{300}$, ... , $\sqrt{1\,200}$ kannst du sofort angeben?
Grenze die anderen Wurzeln wie im Beispiel zwischen zwei aufeinanderfolgenden natürlichen Zahlen ein.

$$\sqrt{100} = 10$$
$$14 < \sqrt{200} < 15$$

7. Zwischen welchen aufeinanderfolgenden natürlichen Zahlen liegt die Wurzel?
a) $\sqrt{6}$ **b)** $\sqrt{11}$ **c)** $\sqrt{17}$ **d)** $\sqrt{21}$ **e)** $\sqrt{71}$ **f)** $\sqrt{99}$

8. Bestimme mit dem Taschenrechner und runde auf vier Stellen nach dem Komma.
a) $\sqrt{3}$ **b)** $\sqrt{13}$ **c)** $\sqrt{30}$ **d)** $\sqrt{741}$ **e)** $\sqrt{20\,000}$ **f)** $\sqrt{0{,}176}$

UMFORMEN VON QUADRATWURZELN

Wurzelgesetze

AUFGABE

1. Berechne und vergleiche.

(1) $\sqrt{16} + \sqrt{9}$ und $\sqrt{16 + 9}$ (3) $\sqrt{16} \cdot \sqrt{9}$ und $\sqrt{16 \cdot 9}$

(2) $\sqrt{25} - \sqrt{9}$ und $\sqrt{25 - 9}$ (4) $\dfrac{\sqrt{64}}{\sqrt{16}}$ und $\sqrt{\dfrac{64}{16}}$

Beachte die unterschiedlichen Rechenarten. Was fällt dir auf?
Stelle Vermutungen auf.

Lösung

(1) $\sqrt{16} + \sqrt{9} = 4 + 3 = 7$ und $\sqrt{16 + 9} = \sqrt{25} = 5$

(2) $\sqrt{25} - \sqrt{9} = 5 - 3 = 2$ und $\sqrt{25 - 9} = \sqrt{16} = 4$

(3) $\sqrt{16} \cdot \sqrt{9} = 4 \cdot 3 = 12$ und $\sqrt{16 \cdot 9} = \sqrt{144} = 12$

(4) $\dfrac{\sqrt{64}}{\sqrt{16}} = \dfrac{8}{4} = 2$ und $\sqrt{\dfrac{64}{16}} = \sqrt{4} = 2$

Wir stellen fest:
Es ist nicht gleichgültig, ob wir zuerst die Wurzel ziehen und dann addieren bzw. subtrahieren oder ob wir zuerst addieren bzw. subtrahieren und dann die Wurzel ziehen.
Wir vermuten:
Es ist aber gleichgültig, ob wir zuerst die Wurzel ziehen und dann multiplizieren bzw. dividieren oder ob wir zuerst multiplizieren bzw. dividieren und dann die Wurzel ziehen.

INFORMATION

Für Summen und Differenzen gibt es keine entsprechenden Wurzelgesetze.

Es gelten folgende Wurzelgesetze für Produkte und Quotienten:

(W1) Für alle $a \geq 0$, $b \geq 0$ gilt:
$$\sqrt{a} \cdot \sqrt{b} = \sqrt{a \cdot b}$$

Beispiel:
$$\sqrt{18} \cdot \sqrt{2} = \sqrt{18 \cdot 2} = \sqrt{36} = 6$$

(W2) Für alle $a \geq 0$, $b > 0$ gilt:
$$\sqrt{a} : \sqrt{b} = \frac{\sqrt{a}}{\sqrt{b}} = \sqrt{\frac{a}{b}}$$

Beispiel:
$$\sqrt{18} : \sqrt{2} = \frac{\sqrt{18}}{\sqrt{2}} = \sqrt{\frac{18}{2}} = \sqrt{9} = 3$$

FESTIGEN UND WEITERARBEITEN

2. Berechne möglichst einfach ohne Taschenrechner.

a) $\sqrt{2} \cdot \sqrt{8}$ **c)** $\dfrac{\sqrt{12}}{\sqrt{3}}$ **e)** $\sqrt{72} \cdot \sqrt{0{,}5}$

b) $\sqrt{3} \cdot \sqrt{27}$ **d)** $\dfrac{\sqrt{50}}{\sqrt{2}}$ **f)** $\sqrt{32} : \sqrt{0{,}5}$

$$\sqrt{3} \cdot \sqrt{12} = \sqrt{36} = 6$$
$$\frac{\sqrt{8}}{\sqrt{2}} = \sqrt{4} = 2$$

3. Vereinfache. Gib für die Variablen die einschränkenden Bedingungen an.

a) $\sqrt{2a} \cdot \sqrt{8a}$ **d)** $\sqrt{3r^3} : \sqrt{12r}$

b) $\dfrac{\sqrt{x^3}}{\sqrt{x}}$ **e)** $\sqrt{\dfrac{36nk^3}{16nk}}$

c) $\sqrt{\dfrac{m}{2}} \cdot \sqrt{18m}$ **f)** $\sqrt{r^4 s^3} : \sqrt{r^2 s}$

$$\sqrt{3x} \cdot \sqrt{12x} = \sqrt{36x^2}$$
$$= 6x, \text{ für } x \geq 0$$
$$\sqrt{8x^3} : \sqrt{2x} = \sqrt{4x^2}$$
$$= 2x, \text{ für } x > 0$$

ÜBEN

4. Berechne ohne Taschenrechner.

a) $\sqrt{2}\cdot\sqrt{32}$ c) $\sqrt{5}\cdot\sqrt{20}$ e) $\sqrt{40}:\sqrt{10}$ g) $\sqrt{4,5}:\sqrt{2}$

b) $\sqrt{0,5}\cdot\sqrt{50}$ d) $\sqrt{\frac{1}{2}}\cdot\sqrt{\frac{1}{8}}$ f) $\sqrt{48}:\sqrt{3}$ h) $\sqrt{\frac{5}{8}}:\sqrt{\frac{2}{5}}$

5. Schreibe ins Heft und fülle die Lücken aus. Wie heißt das Lösungswort?

a) $\sqrt{12}\cdot\sqrt{\blacksquare}=6$ c) $\sqrt{\blacksquare}\cdot\sqrt{25}=15$ e) $\sqrt{45}\cdot\sqrt{\blacksquare}=15$

b) $\sqrt{\blacksquare}\cdot\sqrt{54}=18$ d) $\sqrt{36}\cdot\sqrt{\blacksquare}=12$ f) $\sqrt{100}\cdot\sqrt{\blacksquare}=50$

6. a) $\sqrt{25\cdot9}$ d) $\sqrt{0,16\cdot49}$ g) $\sqrt{1,44\cdot2,25}$

b) $\sqrt{36\cdot16}$ e) $\sqrt{0,81\cdot121}$ h) $\sqrt{(-4)\cdot(-16)}$

c) $\sqrt{169\cdot144}$ f) $\sqrt{0,09\cdot1,44}$ i) $\sqrt{(-36)\cdot(-81)}$

$$\sqrt{49\cdot81}=\sqrt{49}\cdot\sqrt{81}$$
$$=7\cdot9=63$$

7. Vereinfache. Gib für die Variablen die einschränkenden Bedingungen an.

a) $\sqrt{3x}\cdot\sqrt{27x}$ b) $\dfrac{\sqrt{8x^3}}{\sqrt{2x}}$ c) $\sqrt{\frac{5x}{12}}\cdot\sqrt{\frac{x}{15}}$ d) $\sqrt{98xy^3}:\sqrt{2xy}$

8. Löse das Rechenpuzzle mit den Wurzelkärtchen.

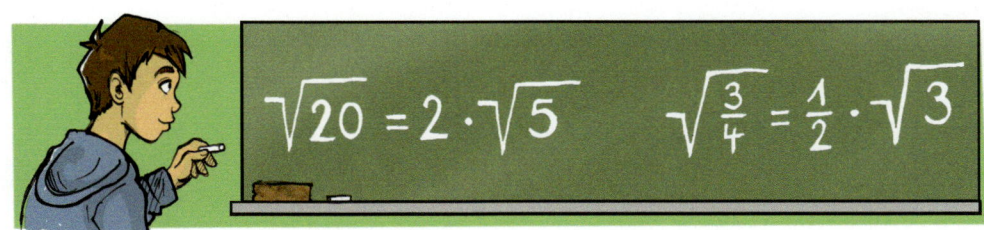

Teilweises Wurzelziehen

EINSTIEG

$$\sqrt{20}=2\cdot\sqrt{5} \qquad \sqrt{\frac{3}{4}}=\frac{1}{2}\cdot\sqrt{3}$$

» Sind die Umformungen richtig oder falsch? Begründe.

AUFGABE

1. Du weißt $\sqrt{2}\approx1,41$. Berechne hieraus einen Näherungswert für

(1) $\sqrt{200}$, (2) $\sqrt{8}$, (3) $\sqrt{\frac{2}{9}}$

Lösung

Wir wenden die Wurzelgesetze an.

(1) $\sqrt{200}=\sqrt{100\cdot2}=\sqrt{100}\cdot\sqrt{2}=10\cdot\sqrt{2}\approx10\cdot1,41=14,1$

(2) $\sqrt{8}=\sqrt{4\cdot2}=\sqrt{4}\cdot\sqrt{2}\approx2\cdot\sqrt{2}\approx2\cdot1,41=2,82$

(3) $\sqrt{\frac{2}{9}}=\frac{\sqrt{2}}{\sqrt{9}}=\frac{\sqrt{2}}{3}\approx\frac{1,41}{3}=0,47$

Regeln für teilweises Wurzelziehen

(1) $\sqrt{a^2\,b} = a \cdot \sqrt{b}$ (für $a \geq 0$; $b \geq 0$)

Beispiel:
$\sqrt{45} = \sqrt{9 \cdot 5} = \sqrt{3^2 \cdot 5} = 3\sqrt{5}$

(2) $\sqrt{\dfrac{a}{b^2}} = \dfrac{\sqrt{a}}{b} = \dfrac{1}{b} \cdot \sqrt{a}$ (für $a \geq 0$; $b \geq 0$)

Beispiel:
$\sqrt{0,23} = \sqrt{\dfrac{23}{100}} = \dfrac{\sqrt{23}}{\sqrt{10^2}} = \dfrac{\sqrt{23}}{10} = \dfrac{1}{10} \cdot \sqrt{23}$

FESTIGEN UND WEITERARBEITEN

Z 2. Forme um durch teilweises Wurzelziehen.
 a) $\sqrt{20}$ b) $\sqrt{40}$ c) $\sqrt{27}$ d) $\sqrt{72}$ e) $\sqrt{108}$ f) $\sqrt{75}$

Z 3. Ziehe teilweise die Wurzel. Schreibe das Ergebnis als Produkt.
 a) $\sqrt{\dfrac{3}{4}}$ b) $\sqrt{\dfrac{5}{9}}$ c) $\sqrt{\dfrac{7}{25}}$ d) $\sqrt{\dfrac{17}{100}}$ e) $\sqrt{0,37}$ f) $\sqrt{2,04}$

Z 4. Gegeben ist $\sqrt{2} \approx 1,4$. Berechne näherungsweise.
 a) $\sqrt{50}$ b) $\sqrt{32}$ c) $\sqrt{18}$ d) $\sqrt{\dfrac{2}{49}}$ e) $\sqrt{0,02}$ f) $\sqrt{\dfrac{8}{25}}$

Z 5. Berechne:
 $\sqrt{4\,000}$; $\sqrt{400\,000}$; $\sqrt{0,4}$; $\sqrt{0,004}$.
 Benutze $\sqrt{10} \approx 3,16$.
 Wende dazu die Regeln über teilweises Wurzelziehen an.

> $\sqrt{25\,000} = \sqrt{25 \cdot 100 \cdot 10}$
> $= 5 \cdot 10 \cdot \sqrt{10}$
> $\approx 50 \cdot 3,16 \approx 158$

Z 6. Vereinfache durch teilweises Wurzelziehen. Gib die einschränkenden Bedingungen an.
 a) $\sqrt{64\,c}$ b) $\sqrt{5\,t^2}$ c) $\sqrt{8\,x^2}$ d) $\sqrt{4\,a^3}$ e) $\sqrt{\dfrac{x^2}{12}}$ f) $\sqrt{18\,b^2\,c}$

ÜBEN

Z 7. Forme um durch teilweises Wurzelziehen.
 a) $\sqrt{12}$ b) $\sqrt{28}$ c) $\sqrt{125}$ d) $\sqrt{300}$ e) $\sqrt{640}$ f) $\sqrt{800}$

Z 8. Ziehe teilweise die Wurzel.
 a) $\sqrt{\dfrac{5}{4}}$ b) $\sqrt{\dfrac{7}{16}}$ c) $\sqrt{\dfrac{8}{25}}$ d) $\sqrt{\dfrac{29}{100}}$ e) $\sqrt{0,05}$ f) $\sqrt{0,99}$

Z 9. Ein Näherungswert für $\sqrt{3}$ ist 1,7. Berechne damit näherungsweise.
 a) $\sqrt{12}$ b) $\sqrt{300}$ c) $\sqrt{27}$ d) $\sqrt{1200}$ e) $\sqrt{\dfrac{3}{100}}$ f) $\sqrt{0,75}$

Z 10. Jeweils zwei Terme gehören zusammen.
 Ein Term bleibt übrig.

Z 11. Ziehe teilweise die Wurzel.
 Gib – falls nötig – auch die einschränkende Bedingung an.
 a) $\sqrt{7\,a^2}$ b) $\sqrt{36\,a}$ c) $\sqrt{x^2\,y}$ d) $\sqrt{3\,a^2\,b^4}$ e) $\sqrt{\dfrac{a}{49}}$ f) $\sqrt{0,81\,x\,z^3}$

KUBIKWURZELN

Ich denke mir eine Zahl, potenziere sie mit 3 und erhalte 64. Wie heißt die Zahl?

AUFGABE

1. Eine würfelförmige Kerze soll aus 125 ml Wachs gegossen werden.
Welche Kantenlänge muss die Fom haben, wenn sie bis zum Rand mit Wachs gefüllt werden soll?

Zahlen wie
$1^3 = 1$
$2^3 = 8$
$3^3 = 27$
...
nennt man Kubikzahlen.

Lösung

Die würfelförmige Kerze hat ein Volumen von 125 cm³ (1 ml = 1 cm³). Man erhält das Volumen V eines Würfels, indem man die Kantenlänge a mit 3 potenziert: $V = a^3$.
Hier ist das Volumen gegeben, gesucht ist die Kantenlänge. Wir suchen also eine Maßzahl x, für die gilt:
$x^3 = x \cdot x \cdot x = 125$
Durch Probieren find wir: x = 5, denn $5^3 = 5 \cdot 5 \cdot 5 = 125$.
Ergebnis: Die gesuchte Kantenlänge beträgt 5 cm.

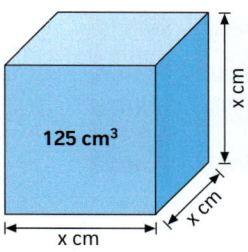

125 cm³

x cm

x cm

x cm

INFORMATION

Erklärung der 3. Wurzel (Kubikwurzel)

Die 3. Wurzel aus 125, geschrieben $\sqrt[3]{125}$, ist die positive Zahl, die mit 3 potenziert 125 ergibt:

$$\sqrt[3]{125} = 5, \text{ denn } 5^3 = 5 \cdot 5 \cdot 5 = 125$$

Allgemein gilt:
Die **3. Wurzel** aus a, geschrieben $\sqrt[3]{a}$, ist die **positive Zahl,** die mit 3 potenziert a ergibt:

$$\sqrt[3]{a} \cdot \sqrt[3]{a} \cdot \sqrt[3]{a} = \left(\sqrt[3]{a}\right)^3 = a$$

Wurzelexponent

$\sqrt[3]{125} = 5$

Radikand   Zahlenwert der 3. Wurzel

Für den Sonderfall 0 gilt: $\sqrt[3]{0} = 0$, denn $0^3 = 0 \cdot 0 \cdot 0 = 0$

Beispiele:
$\sqrt[3]{1\,000} = 10$,   denn $10^3 = 10 \cdot 10 \cdot 10 = 1\,000$
$\sqrt[3]{\frac{8}{27}} = \frac{2}{3}$,   denn $\left(\frac{2}{3}\right)^3 = \frac{2}{3} \cdot \frac{2}{3} \cdot \frac{2}{3} = \frac{8}{27}$
$\sqrt[3]{0{,}008} = 0{,}2$,   denn $(0{,}2)^3 = 0{,}2 \cdot 0{,}2 \cdot 0{,}2 = 0{,}008$
Viele 3. Wurzeln sind wie viele Quadratwurzeln irrational (z. B. $\sqrt[3]{9} \approx 2{,}0800838 \ldots$).

FESTIGEN UND WEITERARBEITEN

2. Bestimme im Kopf.

a) $\sqrt[3]{8}$ **b)** $\sqrt[3]{27}$ **c)** $\sqrt[3]{1\,000}$ **d)** $\sqrt[3]{27\,000}$ **e)** $\sqrt[3]{0{,}001}$

3. Berechne mit dem Taschenrechner; runde auf 4 Stellen nach dem Komma.

    a) $\sqrt[3]{20}$ **b)** $\sqrt[3]{64}$ **c)** $\sqrt[3]{520}$ **d)** $\sqrt[3]{0{,}74}$ **e)** $\sqrt[3]{17{,}4}$ **f)** $\sqrt[3]{\frac{5}{8}}$

4. Vervollständige die Tabelle. Vergleiche die erste mit der letzten Spalte. Was fällt dir auf?

a)

3. Wurzel →	hoch 3 →	
64	4	64
216		
512		
729		

b)

hoch 3 →	3. Wurzel →	
5	125	5
6		
12		
30		

5. Übertrage in dein Heft und fülle – falls möglich – die Lücke aus. Rechne im Kopf.

    a) $4 \xrightarrow{\text{hoch 3}} \blacksquare$ **b)** $\blacksquare \xrightarrow{\sqrt[3]{}} 4$ **c)** $1\,000 \xrightarrow{\sqrt[3]{}} \blacksquare$ **d)** $\blacksquare \xrightarrow{\text{hoch 3}} 0{,}008$

INFORMATION

(1) Das Ziehen der dritten Wurzel wird durch das Potenzieren mit 3 rückgängig gemacht.

$$125 \underset{\text{hoch 3}}{\overset{\text{3. Wurzel aus}}{\rightleftarrows}} 5$$

(2) Das Potenzieren mit 3 wird durch das Ziehen der dritten Wurzel rückgängig gemacht.

$$5 \underset{\text{3. Wurzel aus}}{\overset{\text{hoch 3}}{\rightleftarrows}} 125$$

ÜBEN

6. Bestimme das Volumen eines Würfels mit der angegebenen Kantenlänge.

    a) 11 cm   **b)** 15 cm   **c)** 20 cm   **d)** 4,2 cm   **e)** 42 cm   **f)** 420 cm

7. Bestimme die Kantenlänge eines Würfels mit dem angegebenen Volumen.

    a) 8 cm³   **b)** 27 cm³   **c)** 343 cm³   **d)** 3 375 cm³   **e)** 8 000 cm³   **f)** 74 088 cm³

8. Bestimme ohne Taschenrechner den Wert der dritten Wurzel.

    a) $\sqrt[3]{1\,000}$ **b)** $\sqrt[3]{125}$ **c)** $\sqrt[3]{1\,000\,000}$ **d)** $\sqrt[3]{0{,}027}$ **e)** $\sqrt[3]{\frac{64}{125}}$

9. Prüfe durch Potenzieren, ob die Aussage wahr ist.

    a) $\sqrt[3]{2744} = 14$ **b)** $\sqrt[3]{27{,}44} = 1{,}4$ **c)** $\sqrt[3]{8\,000\,000} = 200$ **d)** $\sqrt[3]{\frac{16}{54}} = \frac{2}{3}$

10. Bestimme ohne Taschenrechner.

    a) $2 \cdot \sqrt[3]{64}$ **b)** $5 + \sqrt[3]{1000}$ **c)** $\sqrt[3]{100 - 36}$ **d)** $5 \cdot \sqrt[3]{8} + 4 \cdot \sqrt[3]{27}$

11. Berechne mit dem Taschenrechner und runde auf Tausendstel.

    a) $\sqrt[3]{100}$ **b)** $\sqrt[3]{0{,}5}$ **c)** $\sqrt[3]{17{,}2}$ **d)** $3 \cdot \sqrt[3]{270}$ **e)** $\sqrt[3]{57} - 4 \cdot \sqrt[3]{18}$

12. Übertrage in dein Heft und fülle die Lücke aus.

    a) $11 \xrightarrow{\text{hoch 3}} \blacksquare$ **b)** $1\,000\,000 \xrightarrow{\sqrt[3]{}} \blacksquare$ **e)** $\blacksquare \xrightarrow{\sqrt[3]{}} 5$ **d)** $\blacksquare \xrightarrow{\text{hoch 3}} 0{,}027$

★★

Ein quadratisches Grundstück ist 1 089 m² groß. Es soll eingezäunt werden. Dabei soll ein Platz für ein 4,20 m breites Tor bleiben. Wie viel m Zaun werden benötigt?

★★★

Ein Würfel hat eine Oberfläche von 1 734 cm². Wie groß ist sein Volumen?

★★★★

Die Grundfläche einer quadratischen Säule hat die Seitenlänge a. Die Höhe h der Säule beträgt das Zehnfache der Seitenlänge a. Die quadratische Säule hat ein Volumen von 1 250 cm³.
Wie groß ist die Seitenlänge a?
Wie groß ist die Höhe h?

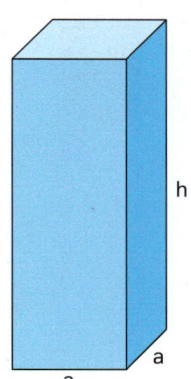

★★

Bestimme ohne Taschenrechner.

a) $\sqrt{121}$ c) $\sqrt{2{,}25}$ e) $\sqrt[3]{8\,000}$

b) $\sqrt{2\,500}$ d) $\sqrt{\dfrac{1}{9}}$ f) $\sqrt[3]{\dfrac{8}{125}}$

★★★

Zwischen welchen aufeinanderfolgenden natürlichen Zahlen liegt die Wurzel?

a) $\sqrt{10}$ c) $\sqrt{0{,}09}$ e) $\sqrt[3]{100}$

b) $\sqrt{500}$ d) $\sqrt[3]{10}$ f) $\sqrt[3]{0{,}001}$

★★★★

Gibt es Zahlen, für die
a) die Quadratwurzel größer als die Kubikwurzel ist?
b) die Kubikwurzel größer als die Quadratwurzel ist?
c) die Quadratwurzel genau so groß wie die Kubikwurzel ist?
Nenne Beispiele falls möglich.

VERMISCHTE UND KOMPLEXE ÜBUNGEN

1. Bestimme ohne Taschenrechner die Quadratwurzel.

a) $\sqrt{196}$ b) $\sqrt{324}$ c) $\sqrt{\dfrac{81}{225}}$ d) $\sqrt{0,25}$ e) $\sqrt{0,0004}$

2. Gib den Wert der dritten Wurzel an.

a) $\sqrt[3]{512}$ b) $\sqrt[3]{64\,000\,000}$ c) $\sqrt[3]{0,000001}$ d) $\sqrt[3]{0,003375}$ e) $\sqrt[3]{\dfrac{1\,000}{4\,096}}$

3. Welche Zahlen sind gleich?

a)

16 2^2 $\sqrt{4}$ 2 $\sqrt[3]{8}$ $\sqrt{16}$ 4^2 $\sqrt[3]{64}$ $\left(\sqrt{16}\right)^2$

b)

$0,1$ $\dfrac{1}{100}$ $\dfrac{1}{10}$ $0,01$ $\sqrt{\dfrac{1}{100}}$ $\left(\dfrac{1}{10}\right)^2$ $\sqrt{0,01}$ $\sqrt[3]{0,001}$ $\sqrt[3]{\left(\dfrac{1}{100}\right)^3}$

4. Bestimme ohne Taschenrechner.

a) $3+\sqrt{25}$ b) $2\cdot\sqrt{49}-7$ c) $3\cdot\sqrt{0,16}+2\cdot\sqrt{0,09}$ d) $7\cdot\sqrt[3]{1000}-\sqrt{100}$

 5. Berechne ohne Taschenrechner.

a) $\sqrt{2}\cdot\sqrt{8}$ b) $\sqrt{32}\cdot\sqrt{2}$ c) $\sqrt{3}\cdot\sqrt{75}$ d) $\sqrt{36\cdot49}$ e) $\sqrt{\dfrac{4}{9}\cdot\dfrac{25}{49}}$

 6. Ziehe teilweise die Wurzel.

a) $\sqrt{18}$ b) $\sqrt{27}$ c) $\sqrt{48}$ d) $\sqrt{98}$ e) $\sqrt{\dfrac{8}{25}}$

7. In einem Neubaugebiet werden verschiedene Baugrundstücke zum Kauf angeboten. Ein rechteckiges Grundstück ist 33 m lang und 22 m breit. Daneben liegt ein quadratischer Bauplatz mit der Seitenlänge 26 m. Vergleiche die Größe beider Bauplätze.

8. a) Gegeben ist ein Quadrat mit der Seitenlänge 7,4 cm. Wie lang sind die Seiten eines Quadrates, dessen Flächeninhalt (1) doppelt; (2) halb so groß ist?

b) Bestimme allgemein: Wie verändert sich die Seitenlänge eines Quadrates, wenn der Flächeninhalt (1) verdoppelt; (2) halbiert wird?

9. a) Die Oberfläche eines Würfels ist 337,50 cm² groß. Berechne das Volumen des Würfels.

b) Das Volumen eines Würfels ist mit 262,144 cm³ angegeben. Berechne die Oberfläche des Würfels.

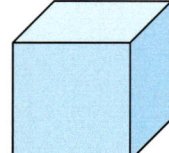

10. a) Ein Würfel hat eine Kantenlänge von 4,5 cm. Wie groß ist die Kantenlänge eines Würfels, dessen Volumen (1) doppelt; (2) halb so groß ist?

b) Berechne auch allgemein.

11. Die Oberfläche eines Würfels ist 922,56 cm² groß. Es sollen zwei weitere Würfel hergestellt werden. Die Oberfläche des ersten Würfels soll doppelt so groß, die Oberfläche des zweiten Würfels halb so groß wie beim gegebenen Würfel sein.
Vergleiche die Kantenlängen der drei Würfel.

WAS DU GELERNT HAST

Quadratwurzel

Die Quadratwurzel $\sqrt{a}$ ist die positive Zahl, die mit sich selbst multipliziert a ergibt:

$$\sqrt{a} \cdot \sqrt{a} = a$$

Für den Sonderfall 0 gilt: $\sqrt{0} = 0$

$\sqrt{81} = 9$, denn $9 \cdot 9 = 81$

$\sqrt{0,64} = 0,8$, denn $0,8 \cdot 0,8 = 0,64$

$\sqrt{\frac{4}{9}} = \frac{2}{3}$, denn $\frac{2}{3} \cdot \frac{2}{3} = \frac{4}{9}$

Kubikwurzel

Die Kubikwurzel $\sqrt[3]{a}$ ist die positive Zahl, die mit 3 potenziert a ergibt.

$$\left(\sqrt[3]{a}\right)^3 = \sqrt[3]{a} \cdot \sqrt[3]{a} \cdot \sqrt[3]{a} = a$$

Für den Sonderfall 0 gilt: $\sqrt[3]{0} = 0$

$\sqrt[3]{64} = 4$, denn $4 \cdot 4 \cdot 4 = 64$

$\sqrt[3]{0,008} = 0,2$, denn $0,2 \cdot 0,2 \cdot 0,2 = 0,008$

$\sqrt[3]{\frac{8}{27}} = \frac{2}{3}$, denn $\frac{2}{3} \cdot \frac{2}{3} \cdot \frac{2}{3} = \frac{8}{27}$

Irrationale Zahlen – Reelle Zahlen

Irrationale Zahlen sind Zahlen, die man nicht als Bruch darstellen kann, z. B. $\sqrt{2}$ oder $-\sqrt[3]{10}$.

Rationale Zahlen (z. B. 2; -4; $\frac{2}{3}$; $-\frac{1}{10}$; 205,75 oder $0,\overline{7}$) und irrationale Zahlen bilden zusammen die reellen Zahlen $\mathbb{R}$.

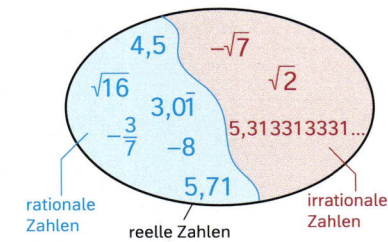

rationale Zahlen   reelle Zahlen   irrationale Zahlen

BIST DU FIT?

1. Bestimme im Kopf.

a) $\sqrt{49}$ **b)** $\sqrt{64}$ **c)** $\sqrt[3]{64}$ **d)** $\sqrt{100}$ **e)** $\sqrt[3]{1000}$ **f)** $\sqrt{2,25}$ **g)** $\sqrt{\frac{9}{25}}$

2. Schreibe als Quadratwurzel aus einer Zahl.

a) 2 **b)** 6 **c)** 11 **d)** 0,7 **e)** 0,3 **f)** $\frac{3}{4}$ **g)** 2,5

3. Ein rechteckiges Grundstück ist 14,5 m breit und 58 m lang.
Wie groß ist der Umfang eines gleich großen quadratischen Grundstücks?

4. Berechne mit dem Taschenrechner und runde auf Tausendstel.

a) $\sqrt{5}$ **b)** $\sqrt{751}$ **c)** $\sqrt{2501}$ **d)** $\sqrt{1,21}$ **e)** $\sqrt[3]{0,135}$ **f)** $\sqrt[3]{84}$ **g)** $\sqrt[3]{4751}$

5. Berechne die Kantenlänge des Würfels.

a) Das Volumen ist 324 cm³ groß. **b)** Die Oberfläche beträgt 672 cm².

6. Die Oberfläche des Quaders ist 171,5 cm² groß.
Berechne das Volumen.

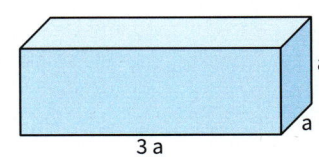

DAS HERON-VERFAHREN – WURZELBERECHNUNG MIT DEM COMPUTER

Um Näherungswerte für Quadratwurzeln zu bestimmen verwenden Taschenrechner und Computer spezielle Rechenverfahren. Ein solches Rechenverfahren lernen wir jetzt kennen: das *Heron-Verfahren*.

Es stammt aus der Zeit, als es noch keine Taschenrechner und Computer gab, und geht auf den griechischen Mathematiker *Heron von Alexandria* (ca. 60 n. Chr.) zurück.

Wir machen uns das Verfahren an einem Beispiel klar:

	rechnerisch	geometrisch	
Problem	Gesucht ist ein Näherungswert für $\sqrt{6}$, also ein Dezimalbruch x, für den gilt: $$x \cdot x = 6$$	Wir suchen ein Quadrat mit dem Flächeninhalt 6 und der Seitenlänge x.	A = 6, Seitenlänge x
Idee	Wir nehmen zunächst zwei verschiedene Zahlen, deren Produkt 6 ergibt. Diese lassen sich leicht finden, z. B. $$3 \cdot 2 = 6.$$ Dann nähern wir die beiden Faktoren einander immer mehr an, bis sie fast gleich groß sind.	Wir nehmen zunächst ein Rechteck mit dem Flächeninhalt 6, z. B. mit den Seitenlängen 3 und 2. Wir verwandeln das Rechteck schrittweise immer mehr in ein Quadrat.	A = 6, 3 und 2

Schritt für Schritt nähern sich die Faktoren immer mehr.

Schritt für Schritt nähern sich die Rechtecke einem Quadrat.

Systematische Durchführung des Verfahrens:

1. Schritt: (a) Wähle einen Startwert als ersten Faktor, z. B. $a_0 = 3$

(b) Berechne den zweiten Faktor:
$$b_0 = \frac{6}{a_0} = \frac{6}{3} = 2$$

2. Schritt: (a) Wähle a_1 als Mittelwert von a_0 und b_0:
$$a_1 = \frac{(a_0 + b_0)}{2} = \frac{3+2}{2} = 2{,}5$$

(b) Berechne den zweiten Faktor:
$$b_1 = \frac{6}{a_1} = \frac{6}{2{,}5} = 2{,}4$$

3. Schritt: (a) Wähle a_2 als Mittelwert von a_1 und b_1:
$$a_2 = \frac{(a_1 + b_1)}{2} = 2{,}45$$

(b) Berechne den zweiten Faktor:
$$b_2 = \frac{6}{a_2} = \frac{6}{2{,}45} \approx 2{,}448$$

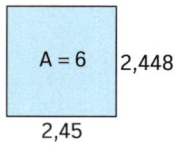

Mit jedem Schritt nähern sich die beiden Faktoren immer mehr einander an, ihre Differenz wird immer kleiner. Setzen wir das Verfahren fort, so erhalten wir immer bessere Näherungswerte für $\sqrt{6}$.

Die Ergebnisse unserer Rechnung fassen wir in einer Tabelle zusammen.

Faktor a	Faktor b $= \frac{6}{a}$	Mittelwert m $= \frac{a+b}{2}$	Kontrolle ($m^2 = 6$?)
3	2	2,5	6,2
2,5	2,4	2,45	6,0025
2,45	2,448979591...	2,449489795	6,00000026
2,449489795	2,449489689...	2,449489742...	6,00000000...

1. Führe die ersten drei Schritte des *Heron-Verfahrens* durch.
Prüfe den Näherungswert durch Quadrieren.

a) $\sqrt{30}$ (Startwert 5) **b)** $\sqrt{13}$ (Startwert 3)

Das *Heron-Verfahren* lässt sich leicht in einem Kalkulationsprogramm umsetzen.
Die Abbildung zeigt ein solches Programm am Beispiel der Berechnung von $\sqrt{10}$.

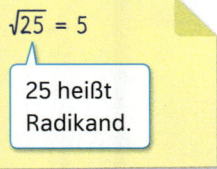

$\sqrt{25} = 5$

25 heißt Radikand.

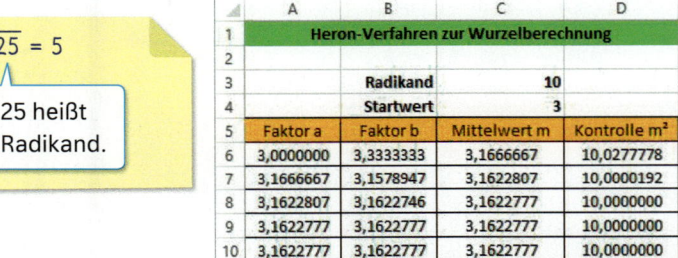

Die Abbildung unten zeigt die Formeln, die in das Tabellenblatt eingegeben wurden.
Vergleiche mit der Berechnung in der Abbildung links.

In wenigen Schritten liefert das Verfahren einen sehr guten Näherungswert für $\sqrt{10}$.

Dividiere die Zahl aus Zelle C3 durch die Zahl aus Zelle A11

Berechne den Mittelwert der Zahlen aus den Zellen A11 und B11

2. a) Erstelle mit dem Kalkulationsprogramm ein Rechenblatt zur Berechnung von $\sqrt{10}$ mit dem Startwert 3.
b) Wähle weitere Startwerte (auch die Zahl 1 und die Zahl 2). Vergleiche.

3. Gib als Radikand 60 ein. Wähle als Startwert 6, dann 7, dann 8. Nach wie vielen Schritten stimmen die Faktoren a und b jeweils bis zur fünften Stelle nach dem Komma überein?

4. Gib verschiedene Radikanden ein. Untersuche, wie sich der Startwert auf die Schnelligkeit des Verfahrens auswirkt. Probiere verschiedene Startzahlen aus.
Wähle auch einen ganzzahligen Wert, der dicht am Wurzelwert liegt.

5. Vergleiche das *Heron-Verfahren* mit dem Näherungsverfahren auf Seite 44. Erstelle hierzu ein entsprechendes Tabellenblatt. Vergleiche beide Verfahren unter denselben Bedingungen.

KAPITEL 3

ÄHNLICHKEIT

Geometrisches Design

Viele Designer verwenden bei der Entwicklung und Herstellung von Alltagsgegenständen geometrische Figuren. Die Laptop-Tasche auf dem Bild oben ist z. B. mit einem Aufdruck versehen, in dem viel Mathematik „versteckt" ist. Mithilfe von speziellen Programmen lassen sich solche geometrischen Muster erzeugen.

» Beschreibe die Muster auf der Laptoptasche mit eigenen Worten.
» Welche Formen kann man erkennen? Wie sind die geometrischen Figuren angeordnet? Welche Gemeinsamkeiten und Unterschiede haben die Figuren?
» Auch in der Natur kann man vergleichbare Phänomene entdecken. Betrachte z. B. den Aufbau eines Farns wie in der Abbildung links.

Bilder abzeichnen

Um eine Figur abzuzeichnen, kann man sie mit einem Quadratgitter „überziehen".

❱❱ Übertrage den Skater mithilfe des Quadratgitters auf ein weißes Blatt Papier.

❱❱ Vergrößere die Figur mithilfe des Gitters, sodass der Skater doppelt so groß ist. Beschreibe dein Vorgehen.

❱❱ Wie geht man vor, wenn das Bild nur noch halb so hoch werden soll?

Bilder „richtig" bearbeiten

Sarah hält im Unterricht ein Referat über Zerlegungen eines Quadrates in Quadrate. Zu diesem Thema hat sie das Bild einer Briefmarke gefunden.

In ihrer Präsentation hat sie ein entsprechendes Bild eingefügt und die Größe verändert:

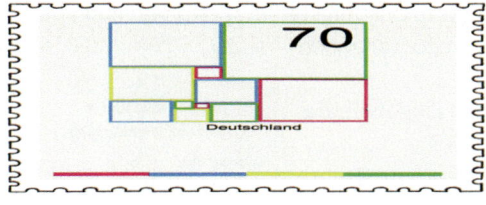

❱❱ Was hat Sarah beim Bearbeiten des Bildes falsch gemacht? Woran kann man dies erkennen?

❱❱ Worauf muss Sarah beim Verkleinern bzw. Vergrößern des Bildes achten?

❱❱ Probiere selbstständig in einem Textverarbeitungs- oder Präsentationsprogramm aus: Verändere die Breite bzw. Höhe eines Bildes. Welche Ergebnisse erhält man? Welche Einstellungen muss man vornehmen, sodass man ein „richtig" vergrößertes bzw. verkleinertes Bild erhält?

**IN DIESEM KAPITEL
LERNST DU ...**

... was man in der Mathematik unter ähnlichen Figuren versteht.
... wie du zueinander ähnliche Figuren zeichnen kannst.
... welche Eigenschaften ähnliche Figuren haben.
*... wie man Längen in verkleinerten und vergrößerten Figuren
    berechnen kann.*

MAßSTÄBLICHES VERGRÖßERN UND VERKLEINERN

EINSTIEG

Digitale Kameras nehmen Bilder mithilfe von Sensoren auf. Ein häufig verwendetes Format ist das sogenannte Kleinbild. Dabei hat der Sensor eine Bildgröße von 36 mm × 24 mm eingestellt.

▶▶ Luis bestellt Fotos im *10er-Format*. Dies bedeutet, dass die Bilder 10 cm hoch sind. Wie breit werden die Fotos?

▶▶ In einem Buch soll ein Bild auf voller Textbreite (140 mm) unverzerrt abgebildet werden. Wie hoch wird das Bild?

▶▶ Präsentiert eure Ergebnisse und begründet eure Überlegungen und Rechnungen.

AUFGABE

1. Digitalkameras liefern digitale Bilder z. B. im Format der Größe 48 mm × 36 mm. Es werden maßstäblich vergrößerte Abzüge hergestellt. Die größere Seite ist 24 cm lang. Wie lang ist dann die andere Seite?

Lösung

Beim maßstäblichen Vergrößern werden beide Seiten des Bildes mit demselben Faktor k vergrößert.

Für die längere Seite des Abzugs gilt: $k \cdot 48\,mm = 240\,mm$

Der Vergrößerungsfaktor ist 5, denn $240\,mm : 48\,mm = 5$.

Für die kürzere Seite des Abzugs gilt dann entsprechend: $5 \cdot 36\,mm = 180\,mm = 18\,cm$

Ergebnis: Die kürzere Seite des Abzugs ist 18 cm lang.

FESTIGEN UND WEITERARBEITEN

2. In einem Textverarbeitungsprogramm wurde eine Grafik mit den Originalmaßen 11,22 cm × 6,32 cm eingefügt. In den meisten Programmen kann man die Größe der eingefügten Bilder mithilfe von Prozentangaben abändern.

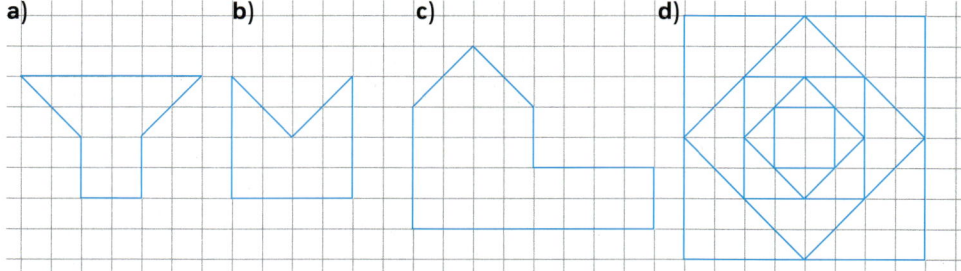

a) Was bedeuten die beiden Eingabefelder *Höhe 75 %* und *Breite 75 %*?

b) Welche Größe hat die geänderte Grafik?

c) Welchen Prozentsatz muss man eingeben, wenn die Grafik (1) 5,61 cm; (2) 3,74 cm   breit erscheinen soll?

3. Übertrage die Figur in dein Heft. Vergrößere die Figur mit dem Faktor 2 durch Verdopplung der Seitenlänge eines Karos. Vergleiche die Seitenlängen und die Innenwinkel der beiden Figuren.

a)   **b)**   **c)**   **d)**

4. Wähle eine Figur aus Aufgabe 3. Verkleinere sie mit dem Faktor $\frac{1}{2}$.

INFORMATION

(1) Maßstäbliches Vergrößern und Verkleinern

Jede Länge wird mit demselben Faktor k multipliziert. Ist k größer als 1, wird die Figur vergrößert. Liegt k zwischen 0 und 1, wird die Figur verkleinert.

Die Größen entsprechender Winkel bleiben gleich.

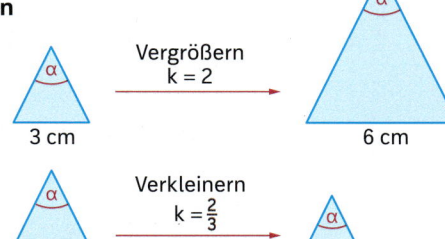

(2) Ähnlichkeitsfaktor

Originalfigur und maßstäblich vergrößerte bzw. verkleinerte Figur sind **ähnlich** zueinander. Den Faktor k nennt man auch **Ähnlichkeitsfaktor**.

ÜBEN

5.

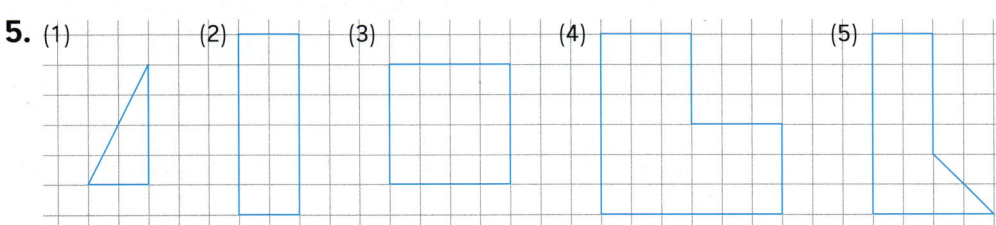

Vergrößere bzw. verkleinere die Figur maßstäblich mit dem angegebenen Faktor:

a) k = 2   **b)** k = 1,5   **c)** k = 0,5   **d)** k = 2,5

6. Konstruiere zunächst die Figur. Vergrößere bzw. verkleinere dann die Figur maßstäblich mit dem Faktor: (1) 2; (2) 0,5; (3) 2,5; (4) $\frac{1}{4}$; (5) 0,8.

Untersuche auch, ob die Symmetrie der Figur erhalten bleibt. Erkläre.

a) Rechteck ABCD mit den Seitenlängen a = 6 cm und b = 4 cm

b) Raute ABCD mit a = 4,4 cm und α = 30°

c) Parallelogramm ABCD mit a = 6 cm, b = 4 cm und β = 125°

d) Gleichseitiges Dreieck ABC mit der Seitenlänge a = 4,8 cm

7. Laura bekommt ein neues Zimmer, das 4,50 m lang und 3,50 m breit ist. Um die Aufstellung der Möbel zu überlegen, erstellt sie einen Plan. Dazu zeichnet sie für den Grundriss des Zimmers ein Rechteck. Für die Länge wählt sie 9 cm.

a) Gebt den Verkleinerungsfaktor an.

b) Erstellt wie Laura einen Plan für den Grundriss des Zimmers. Gestaltet euer Wunschzimmer. Überlegt, wie groß das Bett, der Schreibtisch, Regale usw. im Plan sein müssen. Präsentiert eure Ergebnisse.

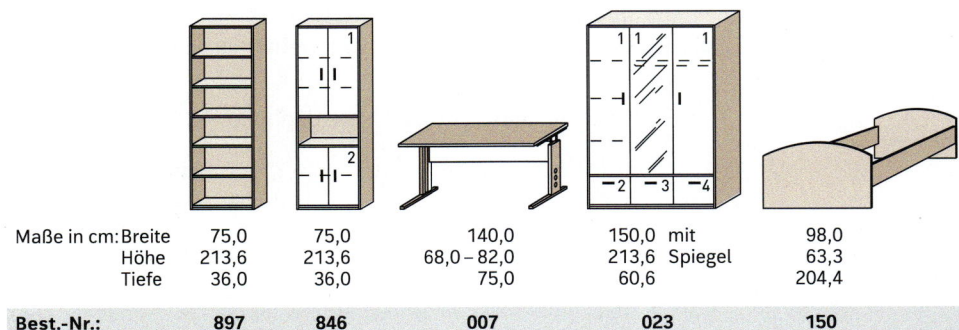

Maße in cm:					
Breite	75,0	75,0	140,0	150,0 mit	98,0
Höhe	213,6	213,6	68,0 – 82,0	213,6 Spiegel	63,3
Tiefe	36,0	36,0	75,0	60,6	204,4
Best.-Nr.:	**897**	**846**	**007**	**023**	**150**

ÄHNLICHE VIELECKE – EIGENSCHAFTEN

Verhältnis – Verhältnisgleichung

EINSTIEG

Fotodienstleister bieten für die Abzüge von Bildern verschiedene Größen an.
Leons digitale Kamera nimmt Fotos mit einem Bildsensor der Größe 36 mm × 24 mm auf.

» Betrachte die Angebote von Sparbild. Ist auf Leons Fotos der vollständige Inhalt des ursprünglichen Bildes enthalten? Begründe.
» Welche Maße haben Leons Bilder bei Fotodirekt? Beschreibe, wie du vorgehst.

Sparbild

FORMAT	PREIS
9 x 13 cm	0,07 €
10 x 15 cm	0,09 €
13 x 18 cm	0,15 €
15 x 21 cm	0,17 €

Fotodirekt

FORMAT*	PREIS
9er	0,08 €
10er	0,11 €
13er	0,16 €
15er	0,17 €

*Höhe des Bildes in cm

AUFGABE

1. Im Klassenzimmer der 9b ist ein Beamer mit dem Bildformat 4 : 3 installiert. Herr Wolf hat ein Foto mit den Originalmaßen 15 cm × 10 cm eingescannt. Er möchte es im Vollbild auf die Leinwand projizieren.

a) Was bedeutet die Angabe 4 : 3?
b) Ist das projizierte Bild maßstabsgetreu, also unverzerrt zum Originalbild? Begründe durch Rechnung.
c) Wie hoch ist die Projektionsfläche des Beamers an der Leinwand, wenn das projizierte Bild 1,20 m breit ist?

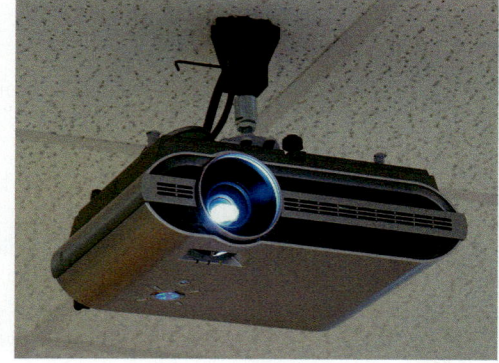

Lösung

a) Das Format gibt das Verhältnis aus Bildbreite und Bildhöhe des Beamers an.
   Beispiel: Ist die Projektion 40 cm breit, so ist die Bildhöhe 30 cm. Es gilt: $\frac{40\,cm}{30\,cm} = \frac{4}{3} = 4:3$.

b) Das Bildverhältnis des Beamers beträgt 4 : 3. Es gilt: 4 : 3 = 1,333...
   Man kann auch das Verhältnis aus Länge und Breite des Fotos berechnen:
   15 cm : 10 cm = 1,5
   Da die Verhältnisse nicht übereinstimmen, ist das projizierte Bild keine maßstabsgetreue Vergrößerung. Die Projektion ist also verzerrt.

c) Für die Projektionsfläche gilt das Verhältnis 4 : 3. Die Bildbreite beträgt 1,20 m. Gesucht ist die Bildhöhe x.

   Teilt man die Bildbreite durch die Bildhöhe, so ergibt sich die Gleichung $\frac{1,20\,m}{x} = \frac{4}{3}$.

   Löse die Gleichung nach x auf:

   1. Schritt: $\frac{1,20\,m}{x} = \frac{4}{3}$ | · x

   2. Schritt: $1,20\,m = \frac{4 \cdot x}{3}$ | · 3

   3. Schritt: $1,20\,m \cdot 3 = 4 \cdot x$ | : 4

   Berechne: $x = \frac{1,20\,m \cdot 3}{4} = 0,90\,m$

Antwort: Die Höhe der Projektionsfläche beträgt 0,90 m.

INFORMATION

(1) Verhältnisse zweier Längen

Sind a und b zwei Längen, so bezeichnet man den Bruch $\frac{a}{b}$ bzw. den Quotienten a : b auch als **Längenverhältnis** oder kurz als **Verhältnis**.

Den Bruch $\frac{a}{b}$ bzw. den Quotienten a : b liest man dann: *a (verhält sich) zu b.*

Beispiel:

$\frac{0,9\,cm}{1,5\,cm} = \frac{9}{15} = \frac{3}{5} = 0,6$ bzw. anders geschrieben:

$0,9\,cm : 1,5\,cm = 9 : 15 = 3 : 5 = 0,6$

Beachte: Das Verhältnis zweier Längen ist eine Zahl.

(2) Verhältnisgleichung

Eine Gleichung der Form $\frac{a}{b} = \frac{c}{d}$ heißt **Verhältnisgleichung**.

Man schreibt auch: a : b = c : d

und liest: a (verhält sich) zu b wie c zu d.

Beispiel:

$\frac{16\,cm}{8\,cm} = \frac{12\,cm}{6\,cm}$

$16\,cm : 8\,cm = 16 : 8 = 2$ und $12\,cm : 6\,cm = 12 : 6 = 2$

FESTIGEN UND WEITERARBEITEN

2. In Merves Kamera ist ein Bildsensor des Formats *Four-Thirds* eingebaut; dieser ist 17,3 mm breit und 13 mm hoch.

Erkläre den Namen *Four-Thirds* für dieses Bildformat.

3. Ergänze, sodass richtige Verhältnisgleichungen entstehen.

a) $\frac{\blacksquare}{25\,dm} = \frac{7}{5}$ b) $\frac{82\,km}{7\,km} = \frac{\blacksquare}{4}$ c) $\frac{12,06\,cm}{16,08\,cm} = \frac{3}{\blacksquare}$ d) $\frac{2,6\,m}{\blacksquare} = \frac{8}{5}$

4. Eine Straße steigt auf 75 m Luftlinie um 5,70 m an. An der Straße steht das abgebildete Schild.

Stimmt die Angabe?

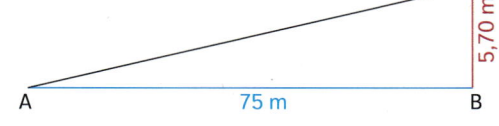

ÜBEN

5. Welche der Verhältnisgleichungen sind richtig? Korrigiere gegebenenfalls die rechte Seite der Gleichung.

(1) $\frac{60\,mm}{80\,mm} = \frac{3}{4}$ (2) $\frac{120\,km}{720\,km} = \frac{1}{6}$ (3) $\frac{2}{7} = \frac{120\,m}{300\,m}$ (4) $\frac{7}{5} = \frac{126}{85}$ (5) $\frac{4}{3} = \frac{5}{4}$

6. Ein Rechteck ist 36 cm lang und 21 cm breit. Gib das Verhältnis aus Länge und Breite an. Notiere auch unterschiedliche Schreibweisen.

7. Kinofilme werden im Format 47 : 20 abgespielt.

a) Wie breit muss die Leinwand sein, wenn in Kinosaal 1 das Projektionsbild 3,90 m hoch ist?

b) Die Breite der Leinwand in Kinosaal 2 beträgt 8,20 m. Wie hoch muss die Leinwand sein?

Zentrische Streckung – Eigenschaften

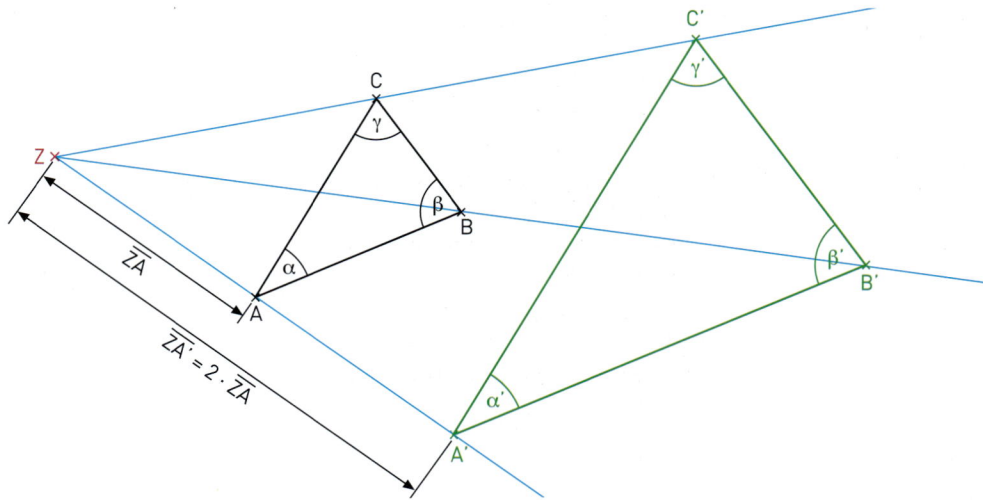

Das Dreieck ABC wurde von Z aus zentrisch mit dem Faktor 2 gestreckt. Dies bedeutet, dass die Strecken $\overline{ZA}$, $\overline{ZB}$ und $\overline{ZC}$ mit dem Faktor 2 vergrößert wurden. Es gilt also: $\overline{ZA'} = 2 \cdot \overline{ZA}$, $\overline{ZB'} = 2 \cdot \overline{ZB}$ und $\overline{ZC'} = 2 \cdot \overline{ZC}$.

» Übertrage das Dreieck ABC und den Punkt Z in dein Heft und strecke das Dreieck wie im Bild oben mit dem Faktor k = 3.

» Untersuche folgende Verhältnisse: $\frac{\overline{A'B'}}{\overline{AB}}$, $\frac{\overline{A'C'}}{\overline{AC}}$ und $\frac{\overline{B'C'}}{\overline{BC}}$

» Vergleiche die Größe der Winkel α, β, γ mit α', β', γ'.

» Wie verlaufen $\overline{AC}$ und $\overline{A'C'}$, $\overline{BC}$ und $\overline{B'C'}$ sowie $\overline{AB}$ und $\overline{A'B'}$ zueinander?

» Zeichne ein großes Dreieck, lege Z fest und strecke das Dreieck mit dem Faktor $k = \frac{1}{2}$.

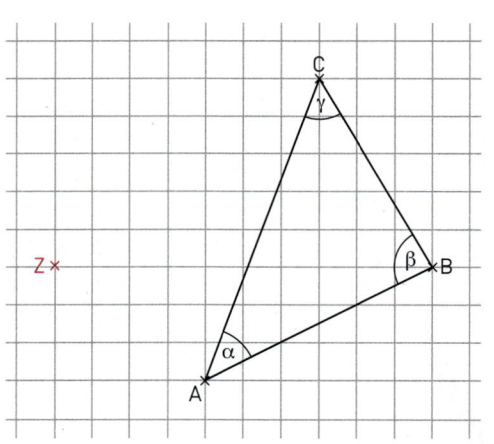

(1) Zentrische Streckung

Eine **zentrische Streckung** wird festgelegt durch das **Streckzentrum Z** und den positiven **Streckfaktor k**.

Dabei konstruiert man den Bildpunkt P′ eines Punktes P so:

(1) Zeichne den Strahl $\overrightarrow{ZP}$.

(2) Zeichne P′ auf dem Strahl so, dass gilt: $\overline{ZP'} = k \cdot \overline{ZP}$.

Fallen Z und P zusammen, so ist Z auch der Bildpunkt P′.

Für k > 1 erhalten wir ein vergrößertes, für 0 < k < 1 ein verkleinertes Bild.

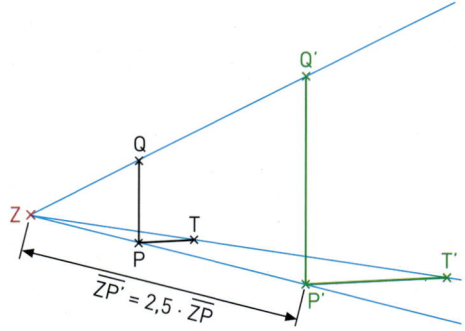

(2) Eigenschaften einer zentrischen Streckung

Eine zentrische Streckung erzeugt maßstäblich vergrößerte bzw. verkleinerte Bilder. Im Einzelnen gilt:

Beispiel: $k = \frac{1}{2}$

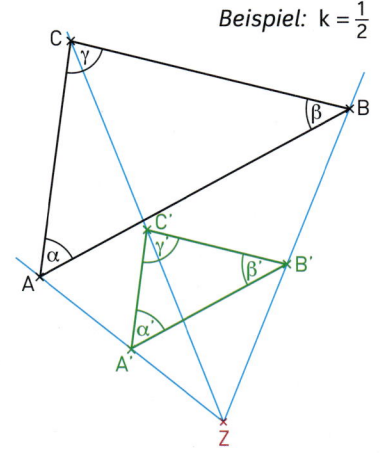

- Gerade und Bildgerade verlaufen zueinander parallel.
  AB ∥ A′B′, AC ∥ A′C′, BC ∥ B′C′
- Winkel und Bildwinkel sind gleich groß.
  α = α′, β = β′, γ = γ′
- Die Bildstrecke $\overline{A'B'}$ ist k-mal so lang wie die Strecke $\overline{AB}$.
  Für die Zeichnung rechts ist $k = \frac{1}{2}$.
  Es gilt:
  $\overline{A'B'} = \frac{1}{2} \cdot \overline{AB}$, $\overline{A'C'} = \frac{1}{2} \cdot \overline{AC}$, $\overline{B'C'} = \frac{1}{2} \cdot \overline{BC}$

FESTIGEN UND WEITERARBEITEN

2. Übertrage die Figur in dein Heft. Konstruiere die Bildfigur bei der zentrischen Streckung mit dem Streckzentrum Z und dem Streckfaktor k = 2. Beschreibe, wie du vorgehst.

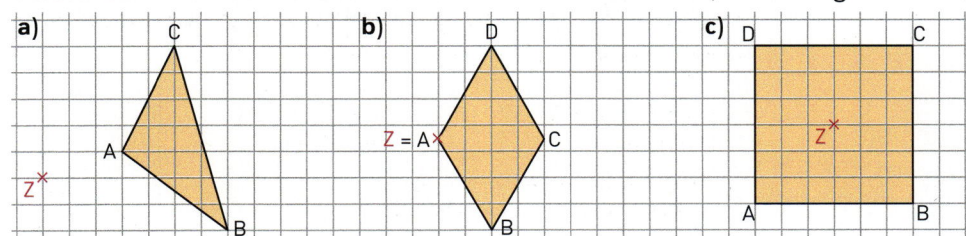

3. Konstruiere die Bildfigur bei der zentrischen Streckung mit dem Streckfaktor $k = \frac{1}{2}$.

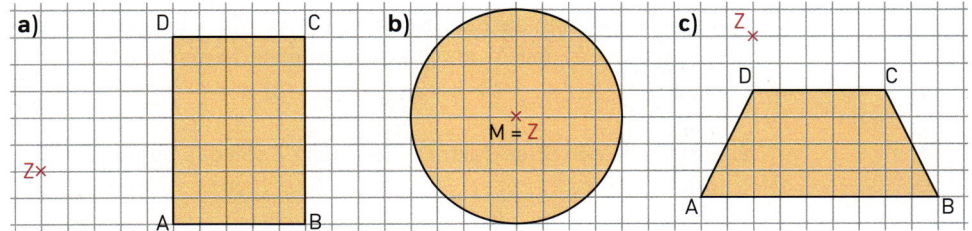

4. Bestimme den Streckfaktor durch Messen und Rechnen.

a)

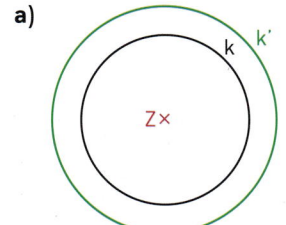

b)

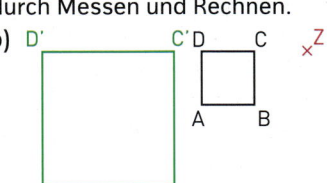

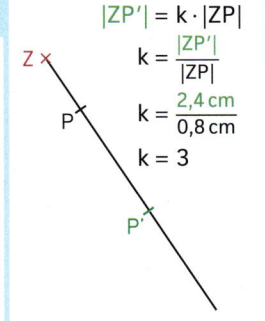

$|ZP'| = k \cdot |ZP|$

$k = \dfrac{|ZP'|}{|ZP|}$

$k = \dfrac{2{,}4\,\text{cm}}{0{,}8\,\text{cm}}$

$k = 3$

c)

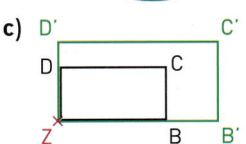

d)

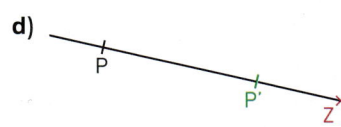

5. Übertrage die Figuren in dein Heft und bestimme Streckzentrum und Streckfaktor.

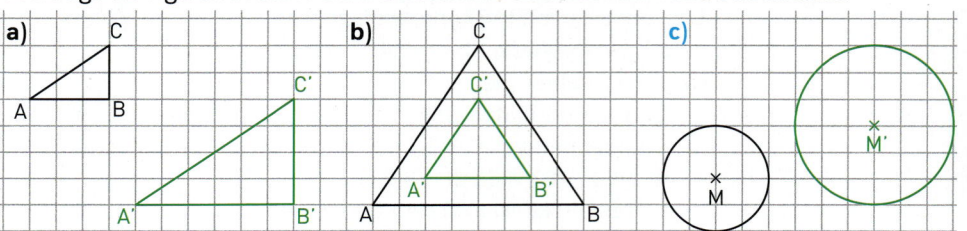

6. Übertrage die Figur in dein Heft und konstruiere, ohne zu messen, die Bildfigur A′B′C′D′.
Beschreibe, wie du vorgegangen bist.

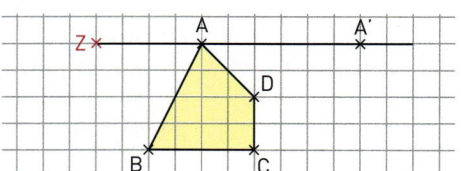

ÜBEN

7. Zeichne die Figur in dein Heft. Konstruiere die Bildfigur bei der zentrischen Streckung mit dem Streckfaktor (1) $k = 2$, (2) $k = \frac{1}{2}$ und dem Streckzentrum Z. Beschreibe die Konstruktion.

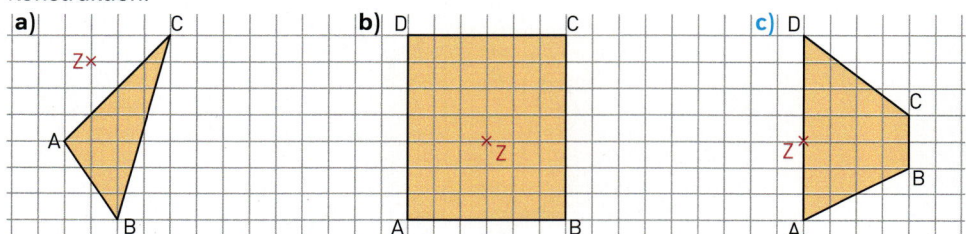

8. Zeichne in ein Koordinatensystem (Einheit 1 cm) das Viereck ABCD mit A (−2|0), B (4|0), C (4|2) und D (0|4). Ferner ist der Punkt Z (0|−2).
Konstruiere dann die Bildfigur des Vierecks ABCD bei der zentrischen Streckung
(1) mit A, (2) mit Z als Streckzentrum und k als Streckfaktor.
a) $k = 2$ **b)** $k = 3$ **c)** $k = \frac{1}{2}$ **d)** $k = \frac{3}{2}$ **e)** $k = \frac{5}{2}$

9. Bestimme den Streckfaktor k. Der Punkt Z soll das Streckzentrum sein.

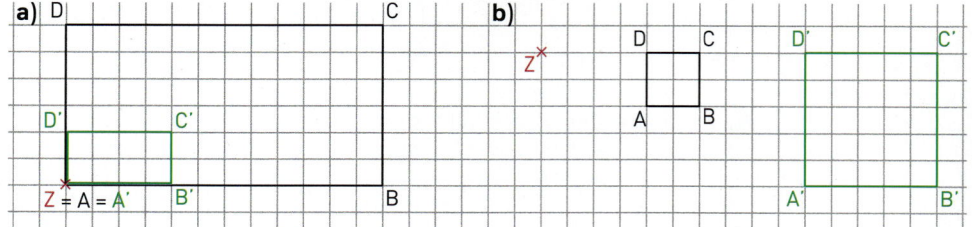

10. Q ist der Bildpunkt von P bei der zentrischen Streckung mit dem Streckzentrum Z.
a) Bestimme jeweils den Streckfaktor k.

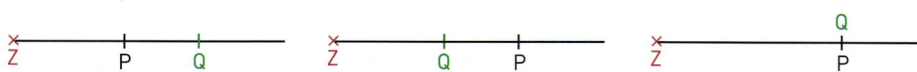

b) Wie ändert sich der Streckfaktor k, wenn der Punkt Q auf P zuwandert?
c) Wie ändert sich der Streckfaktor k, wenn der Punkt Q von P wegwandert?
d) Welche zentrische Streckung mit dem Zentrum Z bildet umgekehrt Q auf P ab?

11. Konstruiere ein Dreieck ABC aus c = 4,4 cm, β = 55° und a = 3,2 cm.
Konstruiere die Bildfigur des Dreiecks ABC bei der zentrischen Streckung mit dem Streckfaktor (1) k = 1,5, (2) k = 0,5 möglichst einfach. Das Zentrum soll
a) der Eckpunkt A,
b) die Mitte der Seite $\overline{BC}$,
c) der Schnittpunkt der Mittelsenkrechten sein.
Konstruiere zunächst das Bild eines Eckpunktes des Dreiecks und benutze dann Eigenschaften der zentrischen Streckung. Beschreibe die Konstruktion.

12. Übertrage die Figur in dein Heft und strecke
sie mit dem Faktor k = 3.
Du kannst dabei auch Eigenschaften der
zentrischen Streckung ausnutzen.

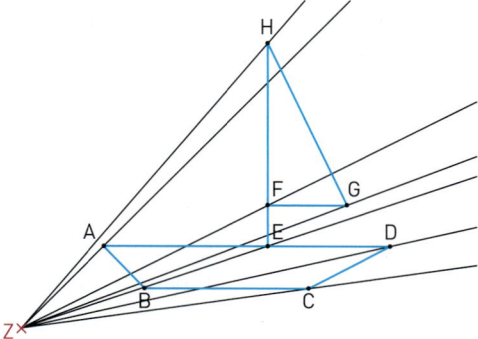

13. Gegeben ist in einem Koordinatensystem (Einheit 1 cm) das Dreieck ABC mit A (−3|−2),
B (2|−1) und C (−1|3).
Konstruiere das Bilddreieck bei der zentrischen Streckung (Zentrum Z) mit:
a) Z (−1,5|−1)   b) Z (1|2)   c) Z (−3|1,5)   d) A′ (−6|−4)   e) B′ (0|−2)
   A′ (−6|−4)   B′ (1,5|0,5)   C′ (3|6)   B′ (4|−2)   C′ (−1,5|0)

14. Auf einem Strahl mit dem Anfangspunkt Z sind zwei Punkte P und Q gegeben (wähle z. B.
$\overline{ZP}$ = 3 cm und $\overline{ZQ}$ = 7 cm). Zeichne ein beliebiges Viereck ABCD.
Konstruiere (ohne zu messen) das Bildviereck bei derjenigen zentrischen Streckung, die Z
als Streckzentrum hat und die P auf Q abbildet.

Verwende bei
Konstruktionen
die Eigenschaften
der zentrischen
Streckung.

15. Es soll M der Mittelpunkt der Strecke $\overline{AB}$ sein. Was kann man über den Bildpunkt M′ von M
bezüglich der Bildstrecke $\overline{A'B'}$ bei einer zentrischen Streckung aussagen? Begründe.

16. Ein Dreieck ABC hat die Seitenlängen a = 9 cm, b = 12 cm und c = 5 cm.
Berechne die Seitenlängen des Bilddreiecks A′B′C′ bei einer zentrischen Streckung mit dem
Streckfaktor k.
Welche Eigenschaften der zentrischen Streckung verwendest du?
a) k = 3   b) k = $\frac{1}{2}$ c) k = $\frac{5}{3}$ d) k = $\frac{4}{5}$ e) k = $\frac{10}{9}$ f) k = $\frac{5}{12}$

17. Im Koordinatensystem (Einheit 1 cm) sind die Dreiecke ABC und PQR gegeben.
Untersuche, ob das Dreieck PQR das Bilddreieck von Dreieck ABC bei einer zentrischen
Streckung ist. Falls ja, gib Streckzentrum und Streckfaktor an.
a) A (−6|0),   B (6|0),   C (−2|8),   P (5|−3),   Q (0|1),   R (−2|−3)
b) A (0|0),   B (8|0),   C (4|8),   P (2|1),   Q (4|5),   R (6|1)
c) A (−2|−2),   B (6|0),   C (0|0),   P (4|−3),   Q (6|−1),   R (0|4)

18. Der Punkt P′ (14|7) ist der Bildpunkt von Punkt P (6|3) bei einer Streckung mit dem Streckfaktor k = 3.
Bestimme die Koordinaten des Streckzentrums.

VERGRÖSSERN UND VERKLEINERN – MIT MAUS UND MONITOR

 Mit dynamischen Geometrieprogrammen kannst du Figuren auch vergrößern und verkleinern. Im Unterschied zur Bleistiftzeichnung im Heft kann man Computerfiguren auch *nach* der Konstruktion noch verändern.

1. Vergrößere ein Rechteck (Seitenlängen a = 3 cm und b = 4 cm) mit dem Ähnlichkeitsfaktor 1,5. Führe dazu folgende Einzelschritte aus.

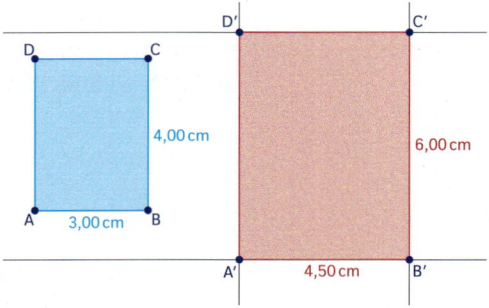

(1) Zeichne das Rechteck mit den angegebenen Seitenlängen.

(2) Zeichne zu jeder Rechteckseite eine Parallele; du erhältst ein neues Rechteck. Benenne dessen Eckpunkte mit A', B', C' und D'.

(3) Verschiebe nun die Punkte A' bis D' so, dass das neu entstandene Rechteck die Seitenlängen a' = 4,5 cm und b' = 6 cm erhält.

Du kannst überprüfen, ob die beiden Rechtecke in Aufgabe 1 ähnlich zueinander sind. Vergleiche dazu die Seitenlängen und Winkelgrößen des blauen Rechtecks mit denen des violetten Rechtecks.

2. Zeichne ein Dreieck ABC und vergrößere es mit dem Streckfaktor 2.

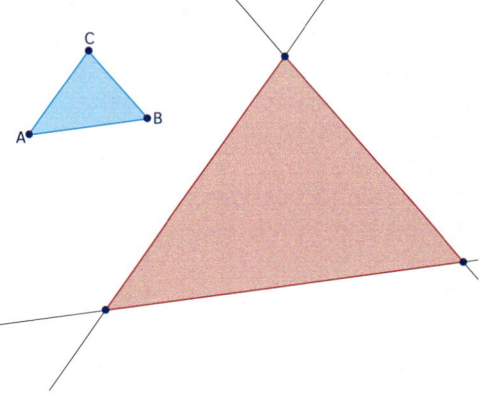

a) Gehe bei der Vergrößerung wie in Aufgabe 1 vor.

Tipp: Zeichne das vergrößerte Dreieck in einer anderen Farbe.

b) Miss die Seitenlängen und die Winkelgrößen des Dreiecks ABC sowie die des Dreiecks A'B'C'.

Vergleiche.

c) Wähle einen anderen Streckfaktor, sodass die neue Figur verkleinert wird. Zeichne das verkleinerte Dreieck und vergleiche entsprechende Seitenlängen und Winkelgrößen.

3. a) Zeichne ein rechtwinkliges Dreieck.

(1) Bestimme die Seitenlängen und die Winkelgrößen.

(2) Vergrößere die Figur mit dem Streckfaktor k = 3.

Wie verändern sich die Winkelgrößen, wie der Umfang und wie der Flächeninhalt? Stelle Vermutungen auf und prüfe sie.

b) Verändere nun die Ausgangsfigur.

Überprüfe deine Vermutungen aus Teilaufgabe a).

c) Stimmen deine Vermutungen auch dann noch, wenn du einen anderen Streckfaktor wählst?

4.

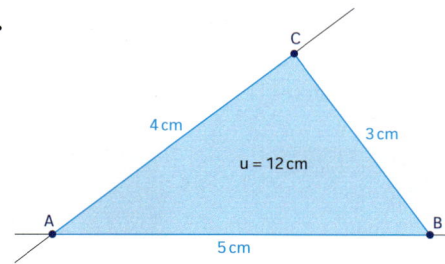

Zeichne ein Dreieck ABC mit den Seitenlängen a = 3 cm, b = 4 cm und c = 5 cm.
Strecke nun das Dreieck von A aus mit einem geeigneten Faktor k, sodass der Umfang des entstandenen Dreiecks A′B′C′ 30 cm beträgt. Wie groß muss k gewählt werden?

5. So erstellst du „dynamisch" vergrößerte oder verkleinerte Figuren.

(1) Zeichne ein beliebiges Viereck ABCD und einen beliebigen Punkt Z.

(2) Erstelle einen Schieberegler k mit folgenden Eigenschaften.

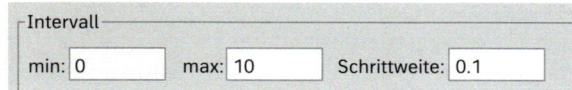

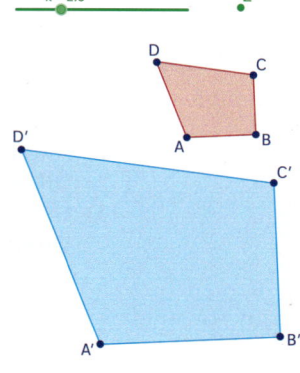

(3) Wähle anstatt der *Spiegelung* ⬚ die *Streckung* ⬚ aus. Klicke zuerst auf das Viereck und dann auf den Punkt Z. Gib beim Faktor den Schieberegler k an.

a) Bewege den Schieberegler k. Beschreibe deine Beobachtungen.

b) Miss entsprechende Streckenlängen und Winkelgrößen. Bewege den Schieberegler k und vergleiche diese Werte.

c) Berechne das Verhältnis der Streckenlängen $\overline{A′B′}$ und $\overline{AB}$ mithilfe der Eingabezeile. Welchen Wert erhältst du? Was ändert sich, wenn du den Schieberegler bewegst?

d) Beschreibe die Lage der Punkte Z, A, A′ bzw. Z, B und B′ usw.

6. a) Teile eine 10 cm lange Strecke in drei gleich große Strecken. Führe dazu die folgenden Schritte aus.

(1) Zeichne die 10 cm lange Strecke und parallel dazu eine Strecke, die leicht in drei gleich große Abschnitte unterteilt werden kann. Dies zeigt die Abbildung rechts.

(2) Zeichne die Gerade AP und bestimme ihren Schnittpunkt Z mit der Geraden BS.

(3) Erstelle die Geraden ZR und ZQ sowie deren Schnittpunkte mit der Strecke $\overline{AB}$.

(4) Kontrolliere dein Verfahren durch Messung.

b) Teile ebenso eine 17 cm lange Strecke in 6 gleich große Teile.

7. a) Zeichne eine 4 cm lange Strecke und markiere die Endpunkte mit A und B. Suche dann einen Punkt T auf $\overline{AB}$, sodass T die Strecke im Verhältnis 2 : 3 teilt.
Tipp: Löse durch Probieren.

b) Entwickle mithilfe von Aufgabe 6 a) ein Verfahren, um den Aufgabenteil a) ohne Probieren zu lösen.
Tipp: Bei einer 5 cm langen Strecke wäre T von A 2 cm und von B 3 cm entfernt.

c) Teile eine 11 cm lange Strecke im Verhältnis 4 : 3.

Zueinander ähnliche Vielecke

Bei dem DIN-A-Papierformat sind die Seitenlängen genau festgelegt.

Name	Format
DIN A2	594 mm × 420 mm
DIN A3	420 mm × 297 mm
DIN A4	297 mm × 210 mm
DIN A5	210 mm × 148 mm
DIN A6	148 mm × 105 mm

>> Ein DIN-A4-Blatt lässt sich maßstabsge-
treu auf ein DIN-A3-Blatt vergrößern. Mit
welchem Faktor müssen die Seitenlängen
des DIN-A4-Blattes vergrößert werden?
Gilt dies auch für die Vergrößerung anderer
DIN-A-Formate?

>> Untersuche die Maße der DIN-A-Reihe.
Berechne dazu das Verhältnis aus Länge und Breite. Was fällt dir auf?

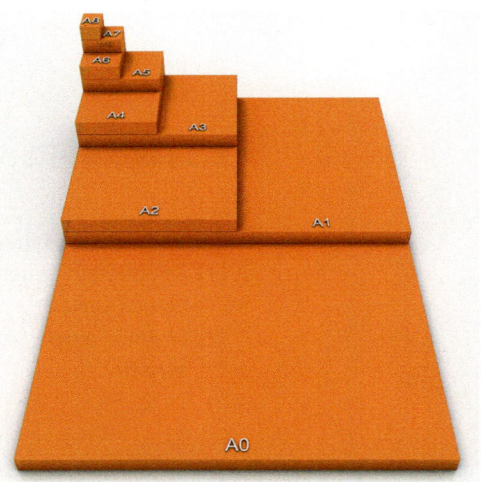

1. Das Bild des Künstlers ist eingerahmt
worden. Ohne Rahmen ist es ein Rechteck,
das 55 cm lang und 40 cm breit ist. Mit dem
Rahmen ist es ein Rechteck mit den Maßen
65 cm und 50 cm.
Vergleiche beide Rechtecke.
Welche Bedingung muss erfüllt sein, damit das eine Rechteck eine maßstäbliche
Vergrößerung des anderen Rechtecks ist?

Lösung

Wenn das Bild zusammen mit dem Rahmen (Rechteck A′B′C′D′) eine maßstäbliche Vergrößerung des Bildes (Rechteck
ABCD) sein soll, so muss sowohl die Sei-
tenlänge $\overline{AB}$ als auch die Seitenlänge $\overline{BC}$
mit *demselben* Faktor vergrößert werden.
Es muss also gelten:
$k \cdot a = a′$ und $k \cdot b = b′$, also:
$k = \frac{a′}{a}$ und $k = \frac{b′}{b}$
Für die Maße der beiden Rechtecke gilt:
$a′ = 65$ cm; $b′ = 50$ cm; $a = 55$ cm; $b = 40$ cm
Damit erhält man:

$\frac{a′}{a} = \frac{65 \text{ cm}}{55 \text{ cm}} = 1\frac{2}{11}$ und $\frac{b′}{b} = \frac{50 \text{ cm}}{40 \text{ cm}} = 1\frac{1}{4}$

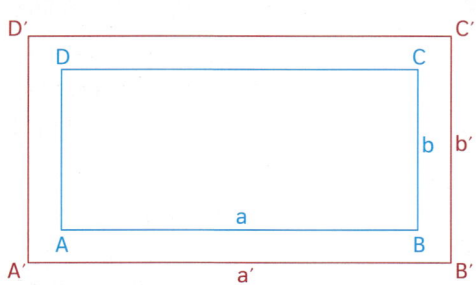

Die beiden Quotienten $1\frac{2}{11}$ und $1\frac{1}{4}$ stimmen nicht überein.

Ergebnis: Das Rechteck A′B′C′D′ ist *keine* maßstäbliche Vergrößerung des Rechtecks ABCD.

A′B′C′D′ ist eine maßstäbliche Vergrößerung von ABCD, falls gilt: $\frac{a′}{a} = \frac{b′}{b}$.

INFORMATION

(1) Originalfigur und maßstäblich vergrößerte bzw. verkleinerte Figur heißen **ähnlich zueinander**. Entsprechende Winkel sind gleich groß, z. B. $\alpha = \alpha'$.

(2) Man kann auf zwei verschiedenen Wegen überprüfen, ob zwei Figuren ähnlich zueinander sind.

   a) Zwei Vielecke F und F′ sind ähnlich zueinander, wenn das Längenverhältnis entsprechender Seiten gleich ist,

    z. B. $\dfrac{a'}{a} = \dfrac{b'}{b} = k$

    Dabei ist k der Ähnlichkeitsfaktor.

   b) Zwei Vielecke F und F′ sind ähnlich zueinander, wenn das Längenverhältnis zweier Seiten der Figur F gleich dem Längenverhältnis der entsprechenden Seiten von F′ ist, z. B. $\dfrac{b}{a} = \dfrac{b'}{a'}$

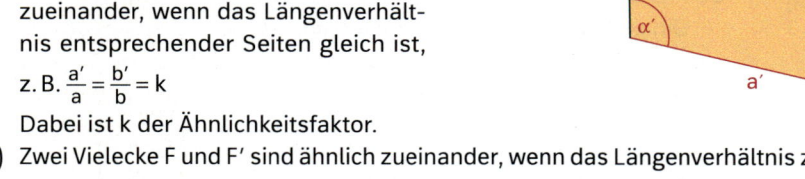

FESTIGEN UND WEITERARBEITEN

2.

   a) Übertrage die Figuren ins Heft. Welche Punkte, welche Winkel, welche Strecken entsprechen einander? Markiere farbig im Heft.
Welche der Figuren sind jeweils ähnlich zueinander? Beschreibe dein Vorgehen.

   b) Betrachte jeweils zwei zueinander ähnliche Figuren aus Teilaufgabe a).
Mit welchem Faktor muss man die Länge einer Seite der (1) kleineren; (2) größeren Figur multiplizieren, um die Länge der entsprechenden Seite der anderen Figur zu erhalten?

3. Der **Maßstab** bei einer Zeichnung oder Landkarte im Atlas gibt das Längenverhältnis einer Strecke in der Zeichnung zu der Strecke in der Wirklichkeit an.

   a) Auf einer Landkarte mit dem Maßstab 1 : 25 000 ist der Wanderweg zwischen zwei Burgen 32 cm lang. Wie lang ist der Wanderweg in der Wirklichkeit?

   b) Auf einer Hinweistafel wird ein Rundwanderweg mit 12,5 km angegeben. Wie lang ist er auf der Wanderkarte mit dem Maßstab 1 : 50 000?

4. Auf dem Foto sieht man eine Mutter mit ihrer Tochter.
Man sagt im Alltag: Beide sehen sich ähnlich.
Vergleiche diesen Begriff „ähnlich" mit dem aus der Mathematik.

5. a) Gib fünf selbstgewählte Streckenpaare an, die im Längenverhältnis 4:5 stehen.
   b) Was besagt die Verhältnisangabe 1:1?

6. Für ein Rechteck ABCD mit den Seitenlängen a und b gilt: a = 6 cm und $\frac{b}{a} = \frac{2}{3}$.
   Zeichne das Rechteck.

7. Viele Fernsehgeräte verfügen über eine Umschaltmöglichkeit von 4:3 auf 16:9. Erkläre.
   Was bedeutet das für das Bild, wenn der Bildschirm ursprünglich für das 4:3-Format ausgelegt ist?

8. Prüfe, ob die beiden Vielecke ähnlich zueinander sind.
   Gib gegebenenfalls den Maßstab an.

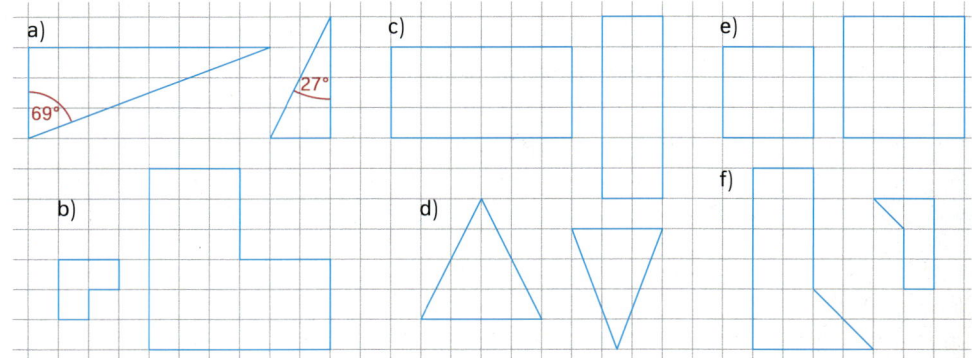

9. Gegeben ist ein Rechteck mit den Seitenlängen 4 cm und 6 cm.
   Zeichne ein dazu ähnliches Rechteck, dessen eine Seitenlänge
   a) 12 cm;   **b)** 2 cm;   **c)** 5 cm;   **d)** 3,6 cm
   beträgt.

Es gibt jeweils zwei Lösungen.

10. Digitalfotos können folgende Auflösungen haben:

160 × 120 Pixel	1 360 × 1 020 Pixel	2 112 × 1 584 Pixel
320 × 240 Pixel	1 783 × 1 314 Pixel	2 670 × 2 346 Pixel
640 × 480 Pixel	2 048 × 1 536 Pixel	4 082 × 2 718 Pixel

   a) Welche dieser Auflösungen können verlustfrei auf Fotopapier mit dem Format
   10 cm × 15 cm belichtet werden?
   b) Wie viele verschiedene Längenverhältnisse kannst du feststellen?
   c) Welche Formate könnten Fotopapiere entsprechender Größe wie die in Teilaufgabe a)
   haben, die für die anderen Längenverhältnisse geeignet sind?
   d) Berechne die Gesamtzahl der Bildpunkte der einzelnen Digitalfotos.
   Überlege: Was bedeutet 160 × 120 Pixel?
   e) Untersuche die linke Spalte bezüglich folgender Fragen:
   (1) Mit welchem Faktor verändern sich die Pixelzahlen von Auflösung zu Auflösung?
   (2) Mit welchem Faktor verändern sich die Gesamtzahlen der Bildpunkte von Auflösung
   zu Auflösung?
   Begründe jeweils deine Antworten.

11. Zeichne   (1) zwei Parallelogramme;   (2) zwei Rauten,   die nicht zueinander ähnlich sind.
   Begründe.

12. ABC und A′B′C′ sind zwei zueinander ähnliche Dreiecke. Bestimme die fehlenden Seitenlängen.

a) a = 3 cm
b = 4 cm
c = 6 cm
a′ = 9 cm

b) a = 4 cm
b = 6 cm
c = 8 cm
c′ = 2 cm

c) a = 5,0 cm
b = 7,0 cm
c = 9,0 cm
a′ = 7,5 cm

d) a = 6,0 cm
a′ = 4,5 cm
b′ = 6,0 cm
c′ = 9,0 cm

13. Fenja hat eine Aufgabe zu zwei zueinander ähnlichen Dreiecken ABC und DEF bearbeitet. Kontrolliere.

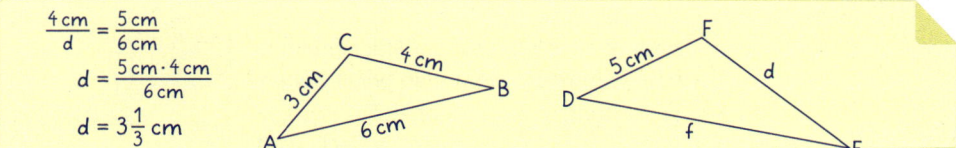

14. Der Kölner Dom ist 157 m hoch, der Eiffelturm in Paris 320 m.
Wähle einen geeigneten Maßstab, damit du diese Gebäude in ein DIN-A5-Heft zeichnen kannst.

15. **a)** Auf einer Wanderkarte mit dem Maßstab 1 : 35 000 beträgt die Entfernung zweier Kirchen 6 cm.
Wie groß ist die wirkliche Entfernung (Luftlinie)?
b) Auf einer Landkarte beträgt die Entfernung zweier Orte 5 cm; in der Wirklichkeit liegen sie 12,5 km voneinander entfernt.
Welchen Maßstab hat die Karte?

16. Der Kartenausschnitt rechts ist im Maßstab 1 : 5 000 000 gezeichnet. Gib die Luftlinienentfernung der beiden Orte an.
a) Hannover – Bremen
b) Hannover – Hamburg
c) Hannover – Göttingen
d) Braunschweig – Göttingen
e) Oldenbureg – Göttingen

17. **a)** Ein rechteckiges Grundstück ist 23,90 m breit und 29,60 m lang.
Zeichne das Grundstück im Maßstab 1 : 300.
b) Ein Verkehrskreisel hat den Durchmesser d = 53 m. Die Straße ist 12 m breit.
Zeichne den Verkehrskreisel im Maßstab 1 : 2000.

18. **a)** Messt euren Schulhof aus und zeichnet den Grundriss des Schulhofs. Wählt einen geeigneten Maßstab. Präsentiert euer Ergebnis.
b) *Erkundigt euch:* In welchen Berufen verwendet man maßstäbliche Vergrößerungen oder Verkleinerungen? Berichtet darüber in einem kleinen Vortrag.

Flächeninhalt bei zueinander ähnlichen Vielecken

» Führt folgende geometrische Überlegung durch.

- Zeichne ein Quadrat mit der Seitenlänge a = 3 cm. Wie ändert sich der Flächeninhalt des Rechtecks, wenn man die Seitenlänge (1) verdoppelt; (2) verdreifacht; (3) halbiert?
- Ein Rechteck ist 9 cm lang und 3 cm breit. Wie ändert sich der Flächeninhalt des Rechtecks, wenn man beide Seiten (1) drittelt; (2) verdoppelt?
- Bei einem gleichseitigen Dreieck wird die Seitenlänge (1) halbiert; (2) verdreifacht.
  Was kann man über die Flächeninhalte der Figuren aussagen?

» Kannst du anhand deiner Zeichnungen eine Gesetzmäßigkeit feststellen? Formuliere eine geeignete Regel.

1. a) Von einem digitalen Bild soll ein Poster hergestellt werden. Ein Fotolabor macht nebenstehendes Angebot. Bei dem größeren Poster benötigt man mehr Material.
Ist der Preis für das größere Poster gegenüber dem kleineren Poster durch den erhöhten Materialverbrauch gerechtfertigt?

b) Gegeben ist ein Rechteck ABCD mit den Seitenlängen a und b. Das Rechteck A'B'C'D' entsteht aus ABCD durch maßstäbliches Vergrößern bzw. Verkleinern mit dem Faktor k.
Welche Beziehung besteht zwischen dem Flächeninhalt des Rechtecks ABCD und dem Flächeninhalt des Rechtecks A'B'C'D'?

Lösung

a) Länge und Breite des größeren Posters sind jeweils doppelt so groß wie beim kleineren. Wir vergleichen zunächst den Materialverbrauch für das Fotopapier.
Das 20 cm × 30 cm große Poster ist 600 cm² groß, das 40 cm × 60 cm große Poster 2 400 cm², d. h. der Materialverbrauch beim größeren Poster ist viermal so groß.

Wir vergleichen nun die Preise der beiden Poster:
Der Preis für das größere Poster ist etwa sechsmal so hoch, genauer: etwa 5,7-mal so hoch.

Ergebnis: Berücksichtigt man nur den Materialverbrauch, so ist der Preis für das größere Poster eher zu hoch.

b) Das Rechteck ABCD besitzt den Flächeninhalt $A_R = a \cdot b$. Es gilt:

$a' = k \cdot a$ und $b' = k \cdot b$

Für den Flächeninhalt des Rechtecks A'B'C'D' gilt dann:

$A_{R'} = a' \cdot b'$

$A_{R'} = k \cdot a \cdot k \cdot b$

$A_{R'} = k^2 \cdot a \cdot b$

$A_{R'} = k^2 \cdot A_R$

Ergebnis: Der Flächeninhalt des Rechtecks A'B'C'D' ist k^2-mal so groß wie der Flächeninhalt des Rechtecks ABCD.

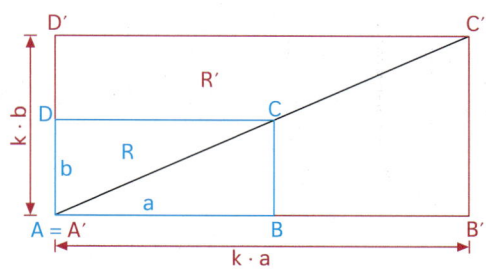

FESTIGEN UND
WEITERARBEITEN

2. Vergleiche in Aufgabe 1 a), Seite 72, den Umfang des größeren Posters mit dem Umfang des kleineren Posters.

3. Hat Lena recht? Begründe.

Wird ein Rechteck mit dem Faktor k vergrößert, so ist der Umfang des neuen Rechtecks k-mal so groß wie der ursprüngliche Umfang.

4. Das rechtwinklige Dreieck A'B'C' soll zum Dreieck ABC ähnlich sein. Der Ähnlichkeitsfaktor soll k sein.

a) Begründe: Der Flächeninhalt des Dreiecks A'B'C' ist k^2-mal so groß wie der des gegebenen Dreiecks ABC.

b) Leite einen entsprechenden Satz über den Umfang beider Dreiecke her.

5. Mit einem Fotokopiergerät kann man von Bildvorlagen verschiedene Vergrößerungen und Verkleinerungen herstellen. Dazu gibt man den gewünschten Vergrößerungs- bzw. Verkleinerungsfaktor k für die Seitenlängen auf dem Tastenfeld in Prozent ein.

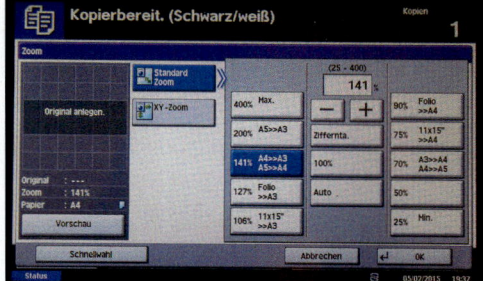

Ein Quadrat mit der Seitenlänge a = 8 cm wird mit dem Faktor (1) 141 %; (2) 64 %; (3) 71 %; (4) 200 % kopiert.

a) Berechne die neue Seitenlänge des Quadrates.

b) Um welchen Faktor wird der Flächeninhalt des Quadrates vergrößert bzw. verkleinert?

c) Eine DIN-A4-Vorlage soll im DIN-A5-Format erscheinen. Welcher Faktor (in %) ist zu wählen?

INFORMATION

Das Vieleck G entsteht durch Vergrößern des Vielecks F mit dem Faktor k = 3.
Dann gilt für den Flächeninhalt:

$A_G = 9 \cdot A_F$, also $A_G = 3^2 \cdot A_F$

Allgemein gilt: $A_G = k^2 \cdot A_F$

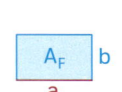

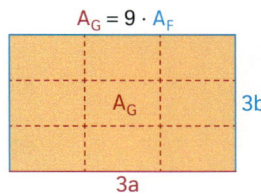

6. Ein Fotogeschäft bietet nebenstehende Vergrößerungen von einem digitalen Bild zu den angegebenen Preisen an. Vergleiche die Aktionspreise.

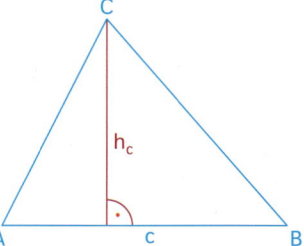

Vergrößerung	Preis
9 x 13	0,07 €
10 x 15	0,08 €
13 x 18	0,14 €

7. Das Rechteck ABCD besitzt die Seitenlängen a = 6,6 cm und b = 3,9 cm. Ein dazu ähnliches Rechteck A'B'C'D' entsteht aus ABCD mit dem Ähnlichkeitsfaktor

a) $k = 4$;　　　　b) $k = \frac{1}{2}$;　　　　c) $k = \frac{2}{3}$;　　　　d) $k = \frac{3}{2}$.

Berechne auf zweierlei Weise
(1) den Flächeninhalt;
(2) den Umfang des Rechtecks A'B'C'D'.

8. In einem Dreieck ABC ist c = 6 cm und die zu $\overline{AB}$ gehörende Höhe $h_c = 4$ cm. Das dazu ähnliche Dreieck A'B'C' entsteht aus ABC durch den Ähnlichkeitsfaktor k.
Berechne auf zweierlei Weise den Flächeninhalt des Dreiecks A'B'C'.

a) $k = 2$　　b) $k = \frac{1}{2}$　　c) $k = \frac{3}{4}$　　d) $k = \frac{5}{2}$

9. Das rechtwinklige Dreieck ABC mit γ = 90° besitzt folgende Seitenlängen: a = 4,5 cm, b = 6 cm.
Von einem ähnlichen Dreieck A'B'C' kennt man a' = 3,6 cm.
Berechne auf zweierlei Weise den Flächeninhalt des Dreiecks A'B'C'.

10. Ein Viereck ABCD hat den Flächeninhalt 60 cm². Berechne den Flächeninhalt eines dazu ähnlichen Vierecks A'B'C'D' mit dem Ähnlichkeitsfaktor k.

a) $k = 3$　　b) $k = \frac{3}{2}$　　c) $k = \frac{4}{5}$　　d) $k = \frac{9}{4}$　　e) $k = 0,5$　　f) $k = 2,5$

11. Ein Quadrat ABCD besitzt den Flächeninhalt 144 cm². Ein dazu ähnliches Quadrat hat den angegebenen Flächeninhalt. Berechne den Ähnlichkeitsfaktor.

a) 81 cm²　　b) 64 cm²　　c) 36 cm²　　d) 576 cm²　　e) 289 cm²　　f) 49 cm²

12. Die Quadrate ABCD und A'B'C'D' sind ähnlich zueinander; der Ähnlichkeitsfaktor beträgt k = 2. Das Quadrat A'B'C'D' besitzt den Flächeninhalt 484 cm².
Welche Seitenlänge besitzt das Quadrat ABCD?

13. a) Stadtpläne sind in „Planquadrate" eingeteilt (Gitternetz). Ein Stadtplan von Hannover ist im Maßstab 1 : 15000 gezeichnet. Auf dem Plan beträgt die Seitenlänge eines solchen Quadrates 5,4 cm.
Wie groß ist die Seitenlänge des Planquadrates in der Wirklichkeit?
b) Nimm einen Plan deiner Heimatgemeinde oder deiner Heimatstadt. Wie groß ist ein Planquadrat?

14. a) Die Seitenlängen eines Rechtecks werden um 20 % verlängert.
Um wie viel Prozent vergrößert sich sein Flächeninhalt?
b) Der Flächeninhalt eines Rechtecks soll (1) verdoppelt; (2) halbiert werden.
Welcher Ähnlichkeitsfaktor ist zu wählen?

VOLUMEN BEI ÄHNLICHEN QUADERN

Nicht nur ebene Figuren, sondern auch Körper kann man maßstäblich vergrößern oder verkleinern. Wir wollen untersuchen, wie sich hierdurch Volumen und Oberfläche eines Quaders verändern.

1. a) Zeichne das Schrägbild des Quaders und bestimme das Volumen.

   b) Verdopple nun die Kantenlängen des Quaders. Zeichne das Schrägbild.
Wievielmal lässt sich der Ausgangsquader in den vergrößerten Quader zeichnen?

   c) Vergleiche das Volumen des Quaders, den du in Teilaufgabe a) dargestellt hast, mit dem Volumen in der Teilaufgabe b).

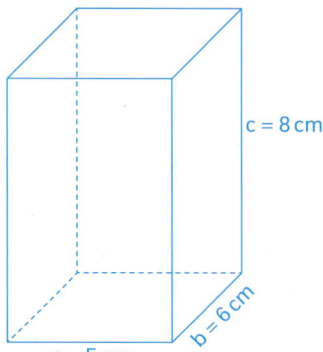

$c = 8\,cm$

$b = 6\,cm$

$a = 5\,cm$

2. Max: „Wenn ich die Kantenlängen verdreifache, dann verdreifacht sich auch das Volumen des Quaders".
Lena: „Das stimmt nicht! Das Volumen wird neunmal so groß."
Nimm Stellung und begründe deine Antwort.

3. Wie ändert sich das Volumen eines Quaders beim maßstäblichen Vergrößern und Verkleinern mit dem Ähnlichkeitsfaktor k? Stelle eine Formel auf.

4.

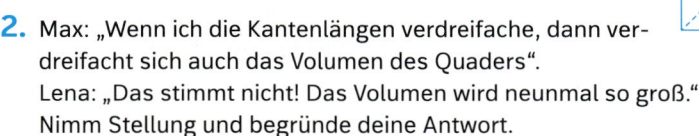

   a) Die Baufirma *Haus hoch* hat im Jahre 2015 den Bau von Häusern im Bungalowstil gegenüber dem Vorjahr verdoppelt. In der Zeitung einer Bausparkasse wird der Zuwachs wie im Bild links dargestellt.
Wird die Verdopplung der gebauten Häuser in der Abbildung richtig dargestellt?

   b) Eine andere Baufirma erzielt beim Bau von Häusern eine Steigerung von 64 %. Erstellt eine Werbeprospektseite, die die Steigerung richtig wiedergibt.

   c) Sucht nach grafischen Darstellungen in Zeitungen oder Prospekten, in denen Größenverhältnisse durch ähnliche Körper dargestellt werden.
Überprüft, ob die Größenverhältnisse „richtig" sind.

5. Ein Getränkekarton der Firma *Glückskuh* fasst 1 Liter Milch. Das Unternehmen möchte eine Kleinpackung auf den Markt bringen. Die Kleinpackung soll 0,5 Liter Milch fassen und dem Literpack ähnlich sehen.
Wie könnten die Abmessungen von Literpack und Kleinpackung gewählt werden?
Diskutiert in der Gruppe über sinnvolle Maße.

ÄHNLICHKEITSSATZ FÜR DREIECKE – STRAHLENSÄTZE

Ähnlichkeitssatz für Dreiecke

EINSTIEG

Will man die Ähnlichkeit zweier Dreiecke ABC und A'B'C' nachweisen, so muss man 6 Bedingungen nachprüfen (s. S. 69):

(1) Entsprechende Winkel sind gleich groß:
$\alpha = \alpha'$, $\beta = \beta'$ und $\gamma = \gamma'$

(2) Die Längenverhältnisse einander entsprechender Seiten sind gleich:
$$\frac{\overline{A'B'}}{\overline{AB}} = \frac{\overline{A'C'}}{\overline{AC}} = \frac{\overline{B'C'}}{\overline{BC}}$$

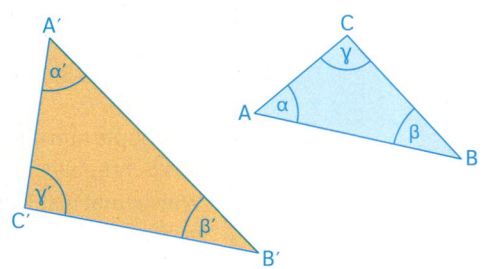

 Untersucht in Gruppen, ob man mit weniger Bedingungen auskommt.

» Jede Gruppe wählt sich zwei beliebige Winkel, deren Summe kleiner als 180° ist. Jeder in der Gruppe zeichnet ein Dreieck mit diesen zwei Winkeln. Prüft, ob eure Dreiecke schon ähnlich zueinander sind.

INFORMATION

Ähnlichkeitssatz für Dreiecke

Zwei Dreiecke sind schon ähnlich zueinander, wenn sie paarweise in zwei entsprechenden Winkeln übereinstimmen.

Dann sind auch die Längenverhältnisse entsprechender Seiten gleich.

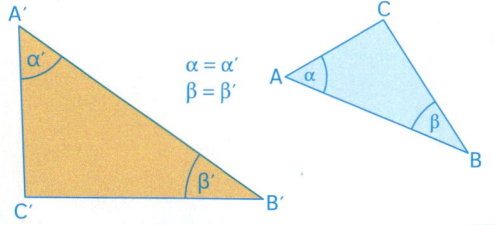

ÜBEN

1. Gegeben sind zwei Dreiecke ABC und A'B'C'.
Entscheide aufgrund der angegebenen Winkelgrößen, ob die Dreiecke zueinander ähnlich sind. Falls das zutrifft, stelle Gleichungen für die Längenverhältnisse entsprechender Seiten auf.

a) $\alpha = 8°$; $\beta = 35°$; $\alpha' = 48°$; $\gamma' = 97°$ **d)** $\alpha = 19°$; $\beta = 107°$; $\beta' = 54°$; $\gamma' = 107°$

b) $\alpha = 37°$; $\beta = 110°$; $\alpha' = 110°$; $\beta' = 33°$ **e)** $\alpha = 91°$; $\gamma = 35°$; $\alpha' = 91°$; $\beta' = 46°$

c) $\alpha = 65°$; $\gamma = 39°$; $\beta' = 41°$; $\gamma' = 74°$ **f)** $\beta = 103°$; $\gamma = 29°$; $\alpha' = 29°$; $\gamma' = 48°$

2. Ein 1,80 m großer Mann wirft einen 1,35 m langen Schatten.
Zu gleicher Zeit wirft ein Baum einen 12,60 m langen Schatten.
Wie hoch ist der Baum?
Löse die Aufgabe zeichnerisch. Wähle dazu einen geeigneten Maßstab.

Strahlensätze

Anne und Tim wollen auf unterschiedliche Weise die Höhe einer Tanne bestimmen. Die Tanne wirft einen Schatten von 12,50 m Länge. Tim ist 1,55 m groß, sein Schatten ist 2,50 m lang. Anne ist 1,60 m groß, ihr Schatten ist 2,60 m lang.

» Wie hoch ist der Baum?
» Beschreibe, wie du vorgegangen bist.

1. Zwischen zwei Balken auf einem Dachboden soll ein Ablagebrett im Abstand von 1,50 m von der Spitze Z angebracht werden. Es steht keine Wasserwaage zur Verfügung.
An welcher Stelle des schrägen Balkens muss das Brett befestigt werden?
Berechne die Länge, die du abmessen musst.
Stelle zunächst eine Gleichung auf.

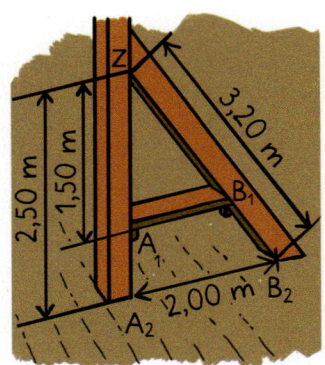

Lösung

Gesucht ist der Auflagepunkt B_1.
In der Figur rechts kannst du die Punkte A_1 und B_1 als Bildpunkte von A_2 bzw. B_2 bei einer zentrischen Streckung mit dem Streckzentrum Z auffassen, denn
(1) die Punkte A_1 und A_2 liegen auf einer Halbgeraden mit dem Anfangspunkt Z, ebenso B_1 und B_2;
(2) die Geraden A_1B_1 und A_2B_2 sollen parallel zueinander sein.
Der positive Streckfaktor ist hier kleiner als 1.
Zur Bestimmung des Auflagepunktes B_1 gibt es zwei Möglichkeiten.

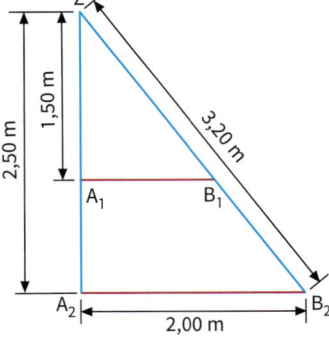

1. Möglichkeit:
Wir bestimmen die Länge $\overline{ZB_1}$. Da A_1 der Bildpunkt von A_2 und B_1 der Bildpunkt von B_2 ist, gilt: $k = \dfrac{\overline{ZA_1}}{\overline{ZA_2}}$ und $k = \dfrac{\overline{ZB_1}}{\overline{ZB_2}}$.

Wir erhalten damit die Gleichung: $\dfrac{\overline{ZB_1}}{\overline{ZB_2}} = \dfrac{\overline{ZA_1}}{\overline{ZA_2}}$

Wir setzen ein: $\dfrac{\overline{ZB_1}}{3{,}20\,\text{m}} = \dfrac{1{,}50\,\text{m}}{2{,}50\,\text{m}} = 0{,}6$

Wir erhalten: $\overline{ZB_1} = 0{,}6 \cdot 3{,}20\,\text{m} = 1{,}92\,\text{m}$

Ergebnis: Der Auflagepunkt B_1 auf dem schrägen Balken ist 1,92 m von der Spitze Z entfernt.

2. Möglichkeit:

Wir bestimmen die Länge B_1B_2. Es gilt offenbar:

(1) $\overline{B_1B_2} = \overline{ZB_2} - \overline{ZB_1}$ und damit $\dfrac{\overline{B_1B_2}}{\overline{ZB_2}} = \dfrac{\overline{ZB_2}}{\overline{ZB_2}} - \dfrac{\overline{ZB_1}}{\overline{ZB_2}} = 1 - k.$

(2) $\overline{A_1A_2} = \overline{ZA_2} - \overline{ZA_1}$ und damit $\dfrac{\overline{A_1A_2}}{\overline{ZA_2}} = \dfrac{\overline{ZA_2}}{\overline{ZA_2}} - \dfrac{\overline{ZA_1}}{\overline{ZA_2}} = 1 - k.$

Wir erhalten damit die Gleichung: $\dfrac{\overline{B_1B_2}}{\overline{ZB_2}} = \dfrac{\overline{A_1A_2}}{\overline{ZA_2}}$,

eingesetzt: $\dfrac{\overline{B_1B_2}}{3,20\,\text{m}} = \dfrac{1,00\,\text{m}}{2,50\,\text{m}} = 0,4,$ also: $\overline{B_1B_2} = 0,4 \cdot 3,20\,\text{m} = 1,28\,\text{m}$

Ergebnis: Der Auflagepunkt B_1 auf dem schrägen Balken ist 1,28 m von B_2 entfernt.

AUFGABE

2. Betrachte noch einmal das Bild der Ablage zwischen zwei Balken in der Aufgabe 1 auf Seite 77.
Berechne nun die Länge des Bretts; stelle dazu zunächst eine Gleichung auf.

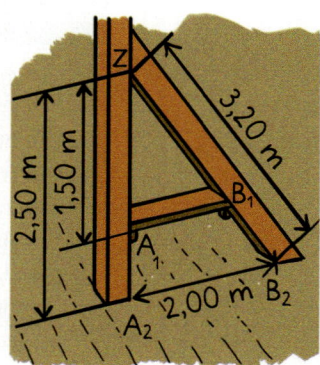

Lösung

Wir fassen die Strecke $\overline{A_1B_1}$ als Bild der Strecke $\overline{A_2B_2}$ bei einer zentrischen Streckung mit dem Streckzentrum Z auf. Für den Streckfaktor gilt:

$\overline{ZA_1} = k \cdot \overline{ZA_2}$, also: $k = \dfrac{\overline{ZA_1}}{\overline{ZA_2}}$

Nach der Eigenschaft (3) der zentrischen Streckung (Seite 63) gilt für die Längen von Strecke $\overline{A_2B_2}$ und Bildstrecke $\overline{A_1B_1}$:

$\overline{A_1B_1} = k \cdot \overline{A_2B_2}$, also: $k = \dfrac{\overline{A_1B_1}}{\overline{A_2B_2}}$

Folglich gilt: $\dfrac{\overline{A_1B_1}}{\overline{A_2B_2}} = \dfrac{\overline{ZA_1}}{\overline{ZA_2}}$

eingesetzt: $\dfrac{\overline{A_1B_1}}{2\,\text{m}} = \dfrac{1,50\,\text{m}}{2,50\,\text{m}} = 0,6,$

also: $\overline{A_1B_1} = 0,6 \cdot 2\,\text{m} = 1,20\,\text{m}$

Ergebnis: Das Brett muss 1,20 m lang sein.

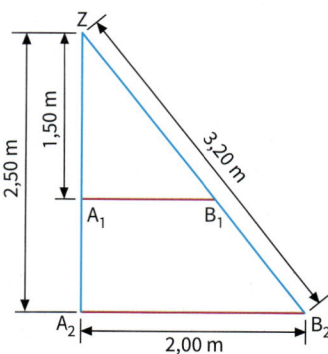

FESTIGEN UND WEITERARBEITEN

3. Lena, Tom und Dirk haben die Länge y der roten Strecke (Maße in cm) unterschiedlich berechnet.
Beschreibe die Lösungswege und vergleiche sie.

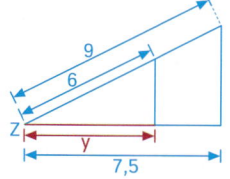

Lena
$\dfrac{y}{7,50} = \dfrac{6}{9}$
$y = \dfrac{2}{3} \cdot 7,5$
$y = 5$
Ergebnis: Die rote Strecke ist 5 cm lang.

Tom
$\dfrac{7,50}{y} = \dfrac{9}{6}$
$7,5 \cdot 6 = 9 \cdot y$
$5 = y$
Ergebnis: Die rote Strecke ist 5 cm lang.

Dirk
$\dfrac{6}{3} = \dfrac{y}{7,5 - y}$
$2(7,5 - y) = y$
$15 - 2y = y$
$15 = 3y$
$5 = y$
Ergebnis: Die rote Strecke ist 5 cm lang.

4. Erstelle mit einem dynamischen Geometrie-System die Zeichnung rechts:
Zeichne zwei Geraden, die sich im Punkt Z schneiden. Erzeuge auf der ersten Geraden zwei beliebige Punkte A und B, auf der zweiten Geraden einen Punkt C. Zeichne zuerst die Gerade AC, dann die Parallele zu AC durch den Punkt B. Du erhältst den Punkt D als Schnittpunkt der Parallelen mit der zweiten Gerade.

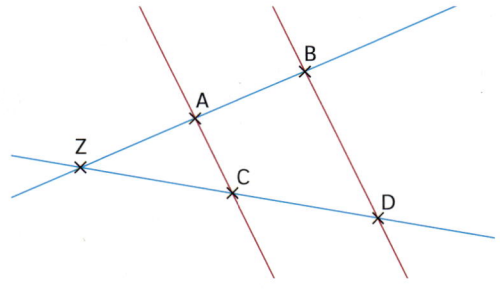

a) Bestimme mithilfe des Programms die Streckenverhältnisse $\frac{\overline{ZB}}{\overline{ZA}}$ und $\frac{\overline{ZD}}{\overline{ZC}}$.
Verändere systematisch die Lage der Punkte A, B, C und Z. Was stellst du fest?

b) Vergleiche wie bei der ersten Teilaufgabe die Streckenverhältnisse $\frac{\overline{ZB}}{\overline{AB}}$ und $\frac{\overline{ZD}}{\overline{CD}}$.

c) Untersuche die Längenverhältnisse $\frac{\overline{ZA}}{\overline{ZB}}$ und $\frac{\overline{AC}}{\overline{BD}}$.

5. Berechne die Länge d der roten Strecke (Maße in m).

(1)   (2)   (3)

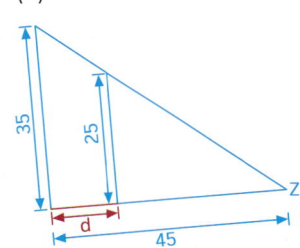

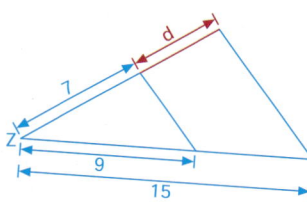

6. Zeige, dass die Dreiecke ABC und AB'C' ähnlich zueinander sind.

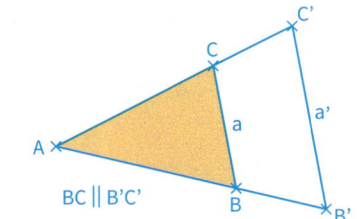

7. Ergänze folgende Verhältnisgleichungen.

a) $\frac{\overline{ZA}}{\overline{AD}} = \frac{\overline{ZB}}{\blacksquare}$ d) $\frac{\overline{DF}}{\overline{AC}} = \frac{\blacksquare}{\overline{ZB}}$

b) $\frac{\overline{ZB}}{\overline{ZE}} = \frac{\blacksquare}{\overline{ZF}}$ e) $\frac{\overline{AB}}{\blacksquare} = \frac{\overline{ZA}}{\blacksquare}$

c) $\frac{\overline{BC}}{\overline{EF}} = \frac{\overline{ZB}}{\blacksquare}$ f) $\frac{\overline{ZF}}{\blacksquare} = \frac{\blacksquare}{\overline{AD}}$

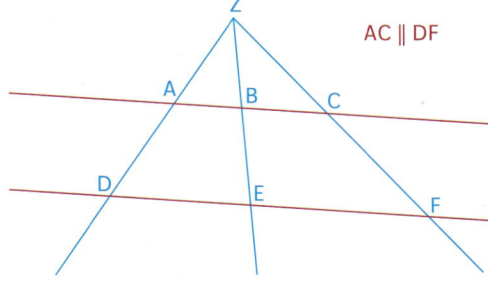

AC ∥ DF

8.

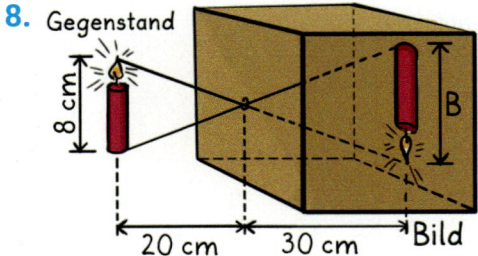

Die Lochkamera ist ein geschlossener Kasten mit einer kleinen Öffnung. Eine Kerze steht vor dem Kasten. Von der Kerze gehen Lichtstrahlen aus und fallen durch die kleine Öffnung in den Kasten. Auf der Rückwand des Kastens wird ein (umgekehrtes) Bild der Kerze erzeugt.
Wie groß ist das Bild der Kerze?

INFORMATION

(1) Strahlensatzfigur

Werden zwei sich schneidende Geraden a und b von zwei parallelen Geraden g und h geschnitten, so bezeichnet man diese Figur als *Strahlensatzfigur*.

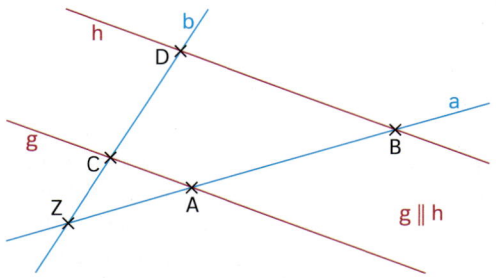

(2) 1. Strahlensatz

Das Längenverhältnis zweier Strecken auf der einen Geraden ist gleich dem Längenverhältnis der entsprechenden Strecken auf der anderen Geraden. Es gelten folgende Verhältnisgleichungen:

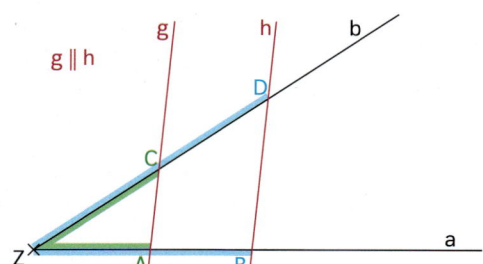

a) $\dfrac{\overline{ZA}}{\overline{ZB}} = \dfrac{\overline{ZC}}{\overline{ZD}}$ **b)** $\dfrac{\overline{ZA}}{\overline{AB}} = \dfrac{\overline{ZC}}{\overline{CD}}$ **c)** $\dfrac{\overline{ZB}}{\overline{AB}} = \dfrac{\overline{ZD}}{\overline{CD}}$

(3) 2. Strahlensatz

Das Längenverhältnis der beiden Strecken auf den parallelen Geraden ist gleich dem Längenverhältnis der von Z ausgehenden zugehörigen Strecken auf den Geraden. Es gelten folgende Verhältnisgleichungen:

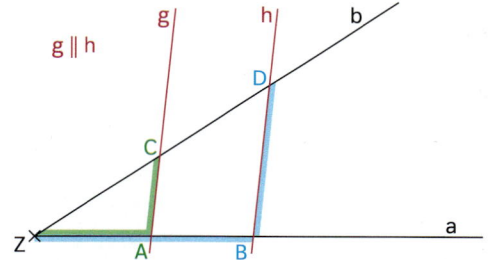

a) $\dfrac{\overline{AC}}{\overline{BD}} = \dfrac{\overline{ZC}}{\overline{ZD}}$ **b)** $\dfrac{\overline{AC}}{\overline{BD}} = \dfrac{\overline{ZA}}{\overline{ZB}}$

ÜBEN

9. Von den Längen s_1, s_2, t_1, t_2, p_1 und p_2 sind vier gegeben. Berechne die übrigen Längen.

a) $s_1 = 7{,}2\,\text{cm}$
  $t_1 = 6{,}8\,\text{cm}$
  $t_2 = 10{,}2\,\text{cm}$
  $p_1 = 5{,}4\,\text{cm}$

b) $s_1 = 4{,}8\,\text{cm}$
  $t_2 = 11{,}0\,\text{cm}$
  $p_1 = 5{,}4\,\text{cm}$
  $p_2 = 9{,}9\,\text{cm}$

c) $s_2 = 6{,}0\,\text{cm}$
  $t_2 = 7{,}2\,\text{cm}$
  $p_1 = 4{,}9\,\text{cm}$
  $p_2 = 8{,}4\,\text{cm}$

d) $s_1 = 7{,}7\,\text{cm}$
  $s_2 = 13{,}1\,\text{cm}$
  $t_1 = 4{,}6\,\text{cm}$
  $p_2 = 8{,}2\,\text{cm}$

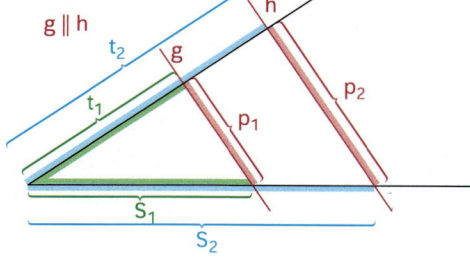

10. Kontrolliere Lennarts Hausaufgabe.

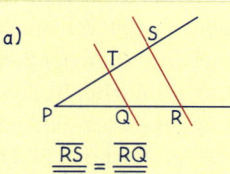

a)

$\dfrac{\overline{RS}}{\overline{QT}} = \dfrac{\overline{RQ}}{\overline{PQ}}$

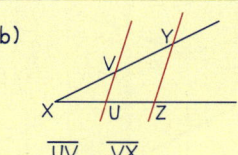

b)

$\dfrac{\overline{UV}}{\overline{YZ}} = \dfrac{\overline{VX}}{\overline{XY}}$

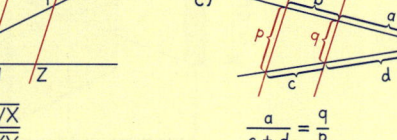

c)

$\dfrac{a}{c+d} = \dfrac{q}{p}$

11. Stelle eine Gleichung auf und berechne x (Maße in cm).

a)
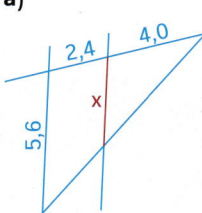

b)
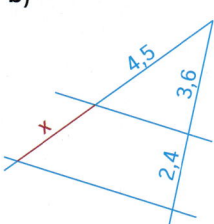

c)
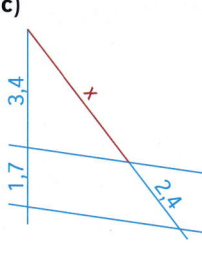

d)
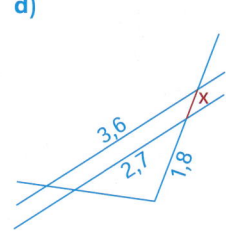

12. a) Bestätige für die Figur mithilfe der Strahlensätze.

(1) $\dfrac{\overline{ZP}}{\overline{QR}} = \dfrac{\overline{ZA}}{\overline{BC}}$ (2) $\dfrac{\overline{PQ}}{\overline{QR}} = \dfrac{\overline{AB}}{\overline{BC}}$

b) Es sollen $\overline{ZP} = 2{,}7\,$cm, $\overline{QR} = 1{,}9\,$cm, $\overline{ZA} = 3{,}5\,$cm, $\overline{PQ} = 2{,}3\,$cm, $\overline{AP} = 1{,}8\,$cm sein.
Berechne die Längen $\overline{BC}$, $\overline{AB}$, $\overline{BQ}$, $\overline{RC}$.

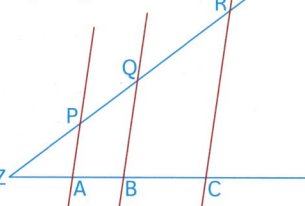

13. Berechne x (Maße in cm).

a)
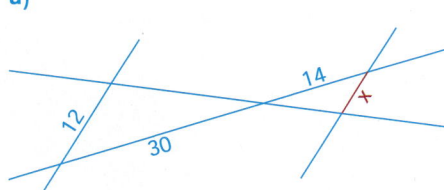

c)
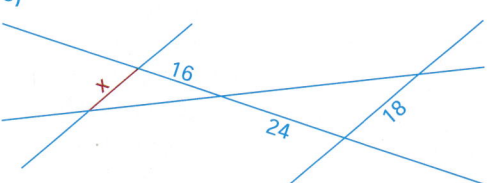

b)
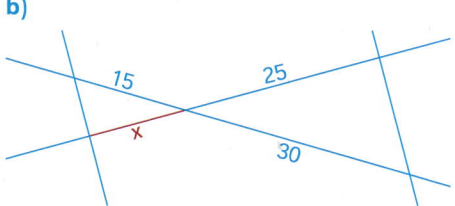

d)
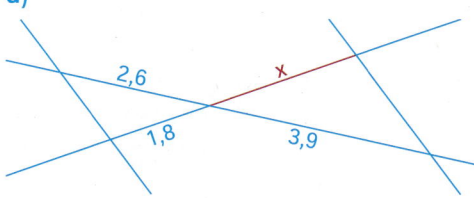

14. In der Figur rechts soll gelten:

(1) AD ∥ HE
(2) HB ∥ GC ∥ FD
(3) $m = \overline{AB} = 4{,}50\,$cm
$n = \overline{BC} = 2{,}75\,$cm
$r = \overline{BH} = 3{,}50\,$cm

Berechne die Länge der roten Strecke $\overline{FD}$.
Findest du verschiedene Wege?
Beschreibe sie.
Hinweis: Du kannst auch mit mehr als einer Gleichung arbeiten. Überlege dir dazu unterschiedliche Strahlensatzfiguren.

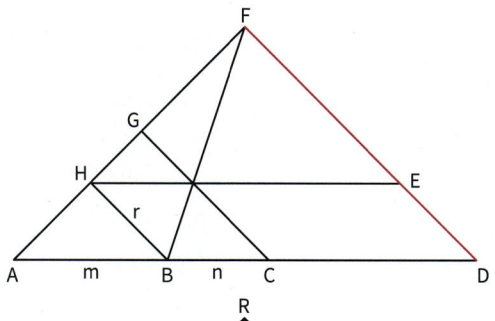

15. Suche in der Figur rechts verschiedene Strahlensatzfiguren. Stelle Gleichungen mithilfe der Strahlensätze auf.

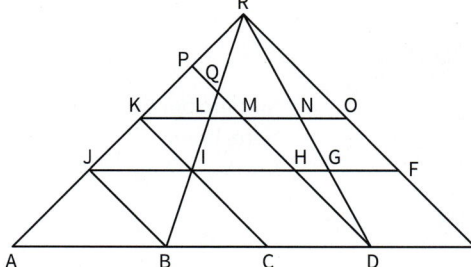

ANWENDEN DER STRAHLENSÄTZE IN EBENEN UND RÄUMLICHEN FIGUREN

EINSTIEG

Es soll der Abstand zwischen den beiden Punkten A und D bestimmt werden. Zwischen ihnen liegt jedoch ein See.

Dazu werden bei den Punkten A, B, C, D und E Fluchtstäbe so aufgestellt, dass $\overline{BC}$ parallel zu $\overline{DE}$ ist. Es wird gemessen:

$\overline{AC} = 63\,\text{m}$; $\overline{CE} = 14\,\text{m}$; $\overline{BD} = 10\,\text{m}$

» Bestimme den Abstand zwischen A und D.

AUFGABE

1. Schon im Altertum hat man die Höhen von Pyramiden durch Messen der Schattenlänge eines Stabes bestimmt.

a) Erläutere die Zeichnung rechts und gib ein Verfahren zur Berechnung der Pyramidenhöhe h an.

b) Berechne die Pyramidenhöhe für folgende Angaben:
Länge der Grundseite: a = 230 m
Entfernung des Stabes von der Pyramide: d = 125 m
Höhe des Stabes: h* = 3 m
Schattenlänge des Stabes: s = 5 m

Lösung

a) Der Stab wird senkrecht so aufgestellt, dass das Ende seines Schattens mit dem Ende des Pyramidenschattens zusammenfällt. Die Längen a, d, h* und s werden gemessen. Nach dem 2. Strahlensatz gilt: $\dfrac{h}{h^*} = \dfrac{s + d + \frac{a}{2}}{s}$

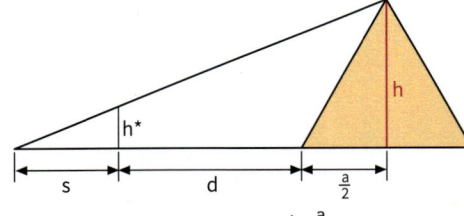

Durch Multiplikation auf beiden Seiten mit h* ergibt sich: $h = h^* \cdot \dfrac{s + d + \frac{a}{2}}{s}$

b) Wir setzen die gegebenen Werte in die Formel für die Höhe ein, die wir in Teilaufgabe a) aufgestellt haben:

$h = 3\,\text{m} \cdot \dfrac{5\,\text{m} + 125\,\text{m} + 115\,\text{m}}{5\,\text{m}} = 3\,\text{m} \cdot \dfrac{245\,\text{m}}{5\,\text{m}} = 3\,\text{m} \cdot 49 = 147\,\text{m}$

Ergebnis: Die Pyramide ist ungefähr 147 m hoch.

INFORMATION

Mithilfe der Strahlensätze kann man in ebenen und räumlichen Figuren die Länge von Strecken berechnen.
Strategie: Man muss eine Strahlensatzfigur auffinden bzw. einzeichnen.

2. Erläutere, wie man bei Sonnenschein mithilfe eines Stabes und eines Maßbandes die Höhe eines freistehenden Turmes bestimmen kann.
Berechne die Turmhöhe für das Beispiel:
$s = 2{,}0\,\text{m}$; $b = 3{,}61\,\text{m}$; $d = 28\,\text{m}$ Beschreibe, wie du vorgegangen bist.

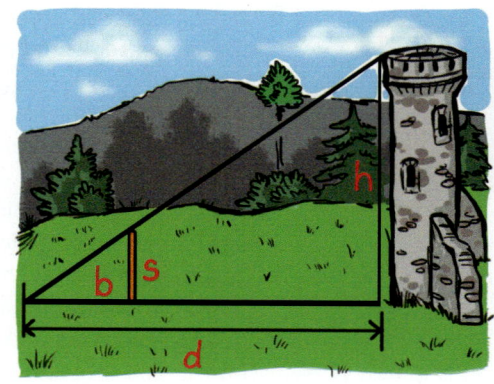

3.

AB ‖ DE

a) Um die Breite x eines Flusses zu bestimmen, werden bei A, B, C, D und E Fluchtstäbe gesteckt und folgende Strecken gemessen:
$\overline{BC} = 39\,\text{m}$; $\overline{AB} = 56\,\text{m}$; $\overline{CD} = 27\,\text{m}$.

b) Warum ist es günstig, die Fluchtstäbe so zu stecken, dass zum Beispiel
$\overline{BC} : \overline{CD} = 1 : 1$ gilt?

4. Ein Waldarbeiter bestimmt mithilfe eines *Försterdreiecks* die Höhe eines Baumes.

   a) Erläutere die Funktion des Försterdreiecks.
   Warum wurde ein Winkel von 45° gewählt?

   b) Die Entfernung zum Baum beträgt 21 m.
   Wie hoch ist der Baum ungefähr?

5. Eine Schülergruppe soll während eines Landschulheim-Aufenthaltes die Breite eines Flusses bestimmen. Sie haben weder ein Messband noch einen Theodoliten zur Verfügung. Die Schüler(innen) stellen bei den Punkten A, B, C und D Stäbe auf (siehe Zeichnung). Dazu peilen sie einen Baum am Flussufer an; ferner visieren sie einen sehr weit entfernten, markanten Punkt im Gelände an, um BC ‖ AD zu erreichen.
Die Entfernungen a, b und d ermitteln sie durch Abschreiten: $a = d = 20$ Schritte; $b = 28$ Schritte
Bestimme die Breite des Flusses in Metern. Äußere dich zur Genauigkeit.

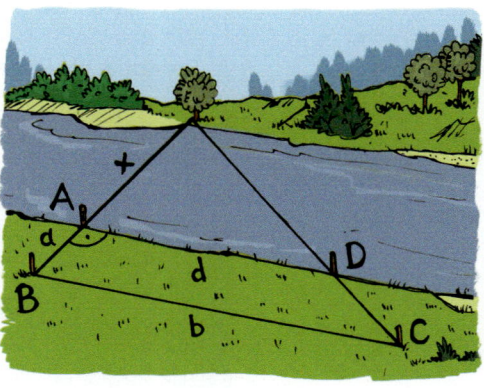

Theodolit
Winkelmessgerät

6. Der Mond ist 60 Erdradien (R = 6 370 km) von der Erde entfernt. Hält man einen Bleistift (Durchmesser 7 mm) im Abstand von etwa 78 cm vor das Auge, so ist der Mond gerade verdeckt.
Welchen Durchmesser hat der Mond etwa?
Lege zunächst eine Zeichnung an.

7. Zur Messung einer kleinen Öffnung (z. B. einer Flasche oder des inneren Durchmessers eines Ringes) und zur Messung z. B. einer dünnen Holzplatte verwendet man einen Messkeil bzw. einen *Keilausschnitt*.
Berechne jeweils die Länge x.
Erläutere auch die Wirkungsweise der Instrumente.

(1)   Messkeil

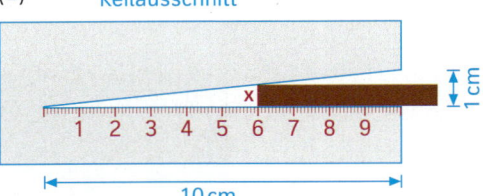

(2)   Keilausschnitt

8. Paul möchte die Höhe eines unzugänglichen Wasserschlosses bestimmen. Dazu stellt er einen 3,50 m langen Stab so auf, dass die Schattenspitzen des Turms und die des Stabes zusammenfallen (siehe Skizze). Er misst die einzige Strecke, die zugänglich ist und trägt sie in seiner Planfigur ein.
Beim Nachdenken über eine mögliche Lösung wandert der Schatten des Schlosses.
Plötzlich fällt er genau auf den Punkt, an dem der Stab im Boden steckt. Paul muss nun den Stab genau um 12,30 m versetzen, um die ursprüngliche Situation wiederzuerhalten. (Beide Schatten fallen aufeinander.)

  a) Zeichne eine Planfigur, die diesen Sachverhalt beschreibt und trage alle bekannten Streckenlängen ein.

  b) In welcher Tageshälfte hat Paul seine Messungen vorgenommen?
      Wie musste Paul vorgehen, wenn er das Problem in der anderen Tageshälfte lösen wollte?

  c) Berechne die Höhe des Wasserschlosses.

9. Die Abbildung zeigt einen Proportionalzirkel. Er wird zum Verkleinern oder Vergrößern einer Strecke verwendet.
Erläutere seine Wirkungsweise.

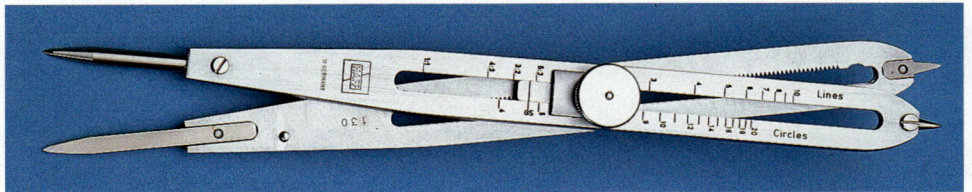

10.

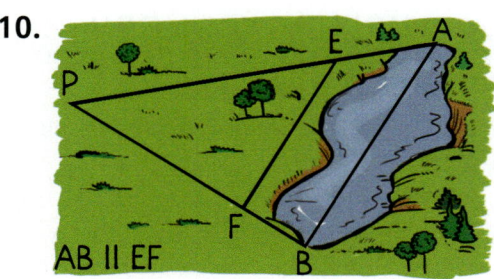

An den Stellen A und B eines Sees befinden sich Anlegestellen für Tretboote. Um die Entfernung von A und B zu bestimmen, wurden die Längen $\overline{PE} = 96$ m, $\overline{EA} = 58$ m und $\overline{EF} = 66$ m gemessen. Berechne die Entfernung der Anlegestellen A und B.

11. Ein senkrecht aufgestellter Stab von 2 m Länge wirft einen 95 cm langen Schatten. Zur gleichen Zeit wirft ein Turm einen Schatten von 10 m Länge.
Wie hoch ist der Turm?

12. In einem 1,20 m hohen Dachstuhl soll eine 80 cm hohe Stütze aufgestellt werden. In welchem Abstand vom Dachstuhlende E ist diese Stütze einzufügen?

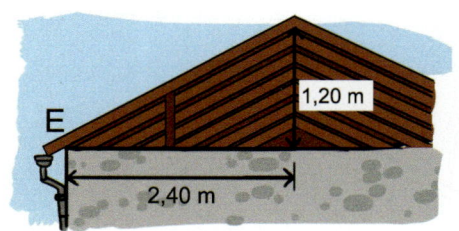

13. Von einem Gegenstand gehen Lichtstrahlen aus, die auf die Linse in unserem Auge treffen. Die Augenlinse bildet dann den Gegenstand auf die Netzhaut ab. Das dadurch erzeugte Bild „steht auf dem Kopf" und wird von entsprechenden Nervenzellen und -bahnen an das Gehirn weitergeleitet. Der Abstand der Linse zur Netzhaut beträgt bei einer erwachsenen Person durchschnittlich 2,1 cm.

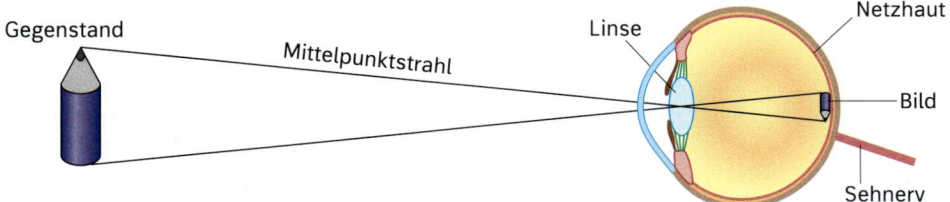

a) Kathi sitzt 6 m von der 1 m hohen Tafel entfernt. Wie hoch ist das Bild der Tafel auf der Netzhaut?

b) Charlotte betrachtet ein Denkmal, das 4,50 m hoch ist. Das auf der Netzhaut erzeugte Bild ist 0,2 mm hoch. Wie weit steht Charlotte vom Denkmal entfernt?

c) In einer Entfernung von 16 m steht eine Glasflasche auf einer Mauer. Auf Laras Netzhaut ist das Bild der Flasche 0,5 mm hoch. Berechne die Höhe der Glasflasche.

14. Ihr könnt die Höhe eines Flachbaus (eure Schule, Sporthalle, ...) selbst bestimmen. Baut euch dazu das rechts abgebildete Gerät (Instrument) oder benutzt ein Försterdreieck wie in Aufgabe 4 auf Seite 83.

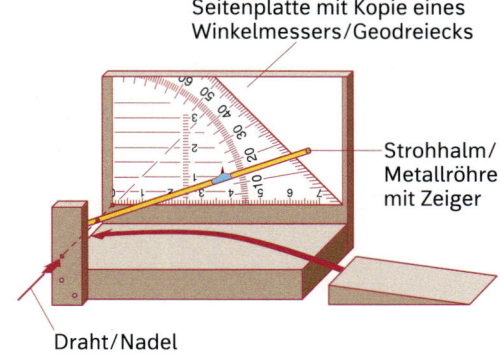

VERMISCHTE UND KOMPLEXE ÜBUNGEN

1. Zeichne zwei Strecken $\overline{AB}$ und $\overline{CD}$, für deren Längenverhältnis $\frac{\overline{AB}}{\overline{CD}}$ gilt:

a) $4:3$ **b)** $3:5$

2. Gegeben ist ein Parallelogramm ABCD aus a = 3,6 cm, d = 2,4 cm, α = 55°. Konstruiere ein dazu ähnliches Parallelogramm, dessen längere Seite
(1) 7,2 cm; (2) 4,2 cm beträgt.

3. Gegeben ist ein Dreieck ABC mit a = 4 cm, b = 3 cm und c = 5,5 cm. Ein zu ABC ähnliches Dreieck A′B′C′ hat den Umfang u′ = 25 cm.
Wie lang sind die Seiten von A′B′C′?
Gib auch das Verhältnis der Flächeninhalte der Dreiecke ABC und A′B′C′ an.

4. Die Flächeninhalte zweier zueinander ähnlicher Vielecke verhalten sich wie

a) $4:1$; **b)** $16:9$; **c)** $4:5$.
In welchem Verhältnis stehen die Seiten zueinander?

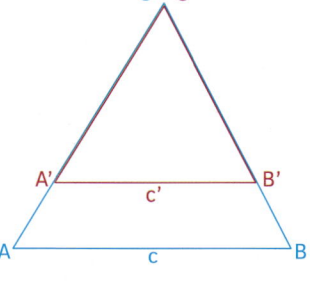

5. Die Seite $\overline{AB}$ des Dreiecks ABC ist 6 cm lang, die Seite $\overline{A′B′}$ von Dreieck A′B′C′ 4 cm. Der Flächeninhalt des Dreiecks A′B′C′ beträgt 12 cm².
Wie groß ist der Flächeninhalt des Dreiecks ABC?

6. Je nach Verwendungszweck wählt man bei der Herstellung von Zeichnungen oder Karten einen geeigneten Maßstab (siehe Tabelle).

Maßstab	Verwendung
1:10	Möbelzeichnung
1:100	Bauplan
1:2500	Flurkarte
1:10000	Stadtplan
1:25000	Wanderkarte
1:35000	Wanderkarte
1:100000	Fahrradkarte
1:200000	Autokarte

a) Auf einer Autokarte beträgt die Entfernung zwischen Rheinberg und Kalkar 17 cm.
Wie groß ist diese Entfernung auf einer Fahrradkarte?

b) Der Grundriss eines Hauses ist auf einem Bauplan 17,4 cm lang und 10,5 cm breit. Welche Maße hat das Haus auf einer Flurkarte?

c) Stelle selbst geeignete Aufgaben und löse sie.

7. Ein im Bau befindliches Haus ist von einem 5,50 m hohen Bretterzaun umgeben. Dieser ist 45,50 m vom Bauwerk entfernt. Alex steht 10,50 m vor dem Zaun und sieht die oberen vier Etagen. Wenn er 1,50 m näher an den Zaun rückt, sieht er nur noch die oberen drei Etagen des Hochhauses. Alex Augenhöhe beträgt 1,70 m.

a) Wie hoch ist eine Etage?

b) Wie hoch ist das Haus?

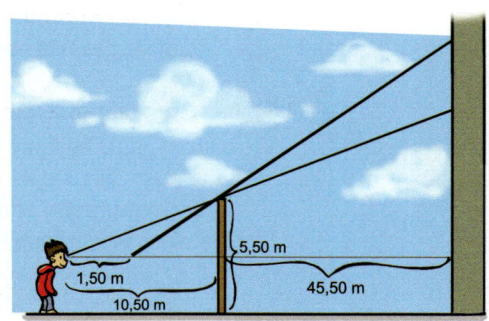

8. Beim Bau freispannender Hallen verwendet man für die Dachkonstruktion sogenannte Fachwerkträger. Die senkrechten Stützstäbe stehen im gleichen Abstand.
Stelle selbst geeignete Aufgaben und löse sie.

9. Auf einer Insel in einem See steht ein Turm T. Es soll die Entfernung des Turmes von einem Punkt C des Ufers bestimmt werden. Dazu werden die Längen $\overline{RS} = 36\,\text{m}$, $\overline{RC} = 40\,\text{m}$ und $\overline{CD} = 24\,\text{m}$ gemessen. Berechne die Entfernung von C und T.

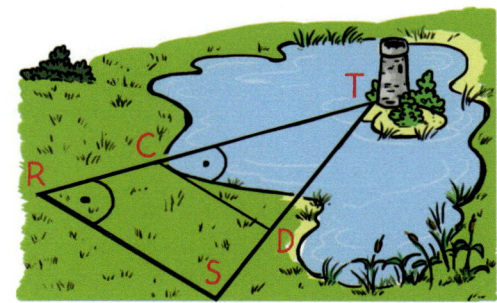

 Bestimme Länge und Höhe des ICE-Wagens in Wirklichkeit.

 Eine Tür des ICE-Wagens ist 1,056 m breit und 3,15 m hoch. Welche Ausmaße hat die Tür im Modell für Spur N?

 10. Das Modell eines ICE-Wagens für die Spur H0 hat eine Länge von 285 mm und eine Höhe von 45 mm.

Spur	Maßstab
H0	1 : 87
N	1 : 160
Z	1 : 200

 Wie groß sind die Fensterflächen eines ICE-Wagens in Wirklichkeit und im Modell?

 Ist das Modell des ICE-Wages bei Spur N oder bei Spur Z größer? Um wievielmal ist das eine Modell größer als das andere?

11. In dem Trapez ABCD ist DC ∥ FE ∥ AB, ferner $\overline{AB} = 7\,\text{cm}$, $\overline{DC} = 4\,\text{cm}$, $\overline{BE} = 2\,\text{cm}$ und $\overline{EC} = 1\,\text{cm}$. Wie lang ist die Strecke $\overline{EF}$?

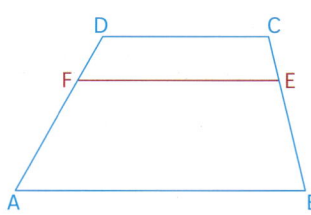

12. Gegeben ist ein Dreieck ABC mit $a = 4\,cm$, $b = 3\,cm$ und $c = 5,5\,cm$. Ein zu ABC ähnliches Dreieck A′B′C′ hat den Umfang $u' = 25\,cm$.
Wie lang sind die Seiten von A′B′C′?
Gib das Verhältnis der Flächeninhalte der Dreiecke ABC und A′B′C′ an.

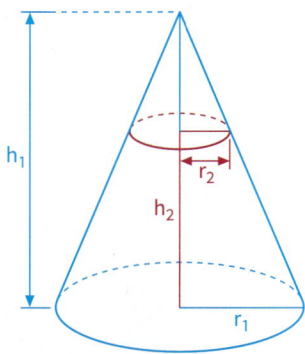

13. Gegeben ist ein Kegel mit dem Radius $r_1 = 5\,cm$ der Grundfläche und der Höhe $h_1 = 12\,cm$.
In welcher Höhe h_2 (von der Grundfläche) muss der Kegel abgeschnitten werden, damit die Schnittfläche den Radius
a) $r_2 = 2\,cm$,   **b)** $r_2 = 1\,cm$,   **c)** $r_2 = 4\,cm$ hat?

14. In einer Bauzeichnung mit dem Maßstab 1 : 50 ist ein Zimmer $66\,cm^2$ groß.
Wie groß ist es in Wirklichkeit? Wandle um in m^2.

15. Strecke einen Arm aus und visiere den Daumen zunächst mit dem linken Auge, dann mit dem rechten Auge an. Du bemerkst, dass der Daumen einen „Sprung" macht. Diese Tatsache benutzt man, um Entfernungen in der Landschaft zu schätzen (*Daumensprungmethode*).
Verwende in den folgenden Aufgaben als Armlänge $a = 64\,cm$ und als Pupillenabstand $p = 6\,cm$.

a) Ein Wanderer sieht ein Schloss. Er weiß, es ist 65 m breit. Der Daumen springt gerade von einer zur anderen Seite.
Wie weit ist er vom Schloss entfernt?

b) Eine Wanderin sieht in der Ferne zwei Burgen, die auf gleicher Höhe liegen. Sie ist von der einen Burg 15 km entfernt. Der Daumen springt gerade von der einen zur anderen Burg.
Wie weit liegen beide Burgen auseinander?

c) Sucht Gebäude o. Ä. in eurer Umgebung und bestimmt mit der Daumensprungmethode die Entfernungen. Berichtet über eure Ergebnisse.

16. Tanjas Daumen ist 2 cm breit. Hält sie den Daumen 45 cm von einem Auge entfernt (das andere Auge geschlossen), so ist gerade ein Fußballtor (7,32 m breit) verdeckt.
Wie weit ist Tanja vom Tor entfernt?
Zeichne.

17. Berechne die Längen der rot markierten Strecken (Maße in cm).

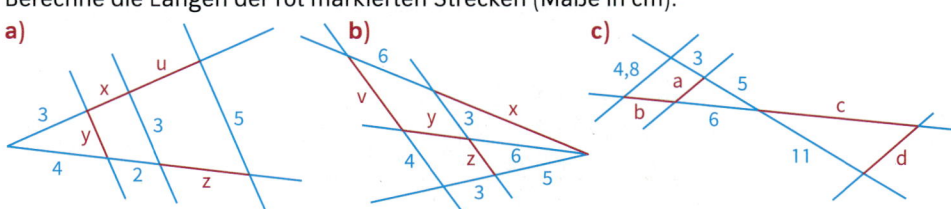

Man kann ein Kopiergerät auch dazu nutzen, um maßstäblich vergrößerte oder verkleinerte Kopien zu erstellen. Dafür verwendet man die Zoom-Funktion des Kopierers. Auf dem Bild rechts siehst du einige Einstellmöglichkeiten.

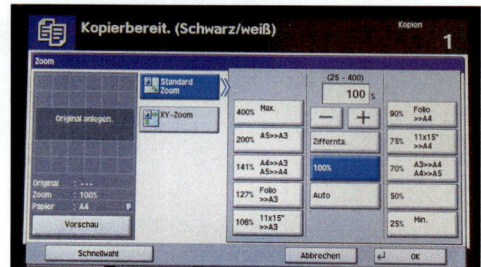

✮✮

Auf einem DIN-A3-Blatt ist ein 25 cm langes Snowboard abgebildet. Lucy verkleinert das DIN-A3-Blatt auf das Format DIN A4, indem sie die Voreinstellung *70 % A3 > A4* auswählt.
Wie lang ist das Snowboard auf der verkleinerten Kopie?

✮✮✮

Auf einer Landkarte beträgt die Entfernung des südlichsten zum nördlichsten Punkt Deutschlands 13,4 cm. Kamal kopiert diese Landkarte mit dem Zoomfaktor 160 % auf ein DIN-A4-Blatt. Reicht für die Kopie die Länge eines DIN-A4-Blattes, um die maximale Entfernung von Nord nach Süd vollständig darzustellen?

✮✮✮✮

Luis möchte aus einem Katalog ein Fahrrad kopieren. Dort nimmt die Abbildung eine Fläche von 7 cm × 4 cm ein.
Welchen Zoomfaktor muss Luis einstellen, damit auf der Kopie die Länge der Abbildung etwa 18 cm beträgt? Welchen Flächeninhalt hat die vergrößerte Abbildung?

Beim Schattentheater befinden sich die Akteure zwischen einem Scheinwerfer und einer großen Leinwand. Der Scheinwerfer ist am Boden befestigt und 12 m von der Leinwand entfernt.

✮✮

Schauspielerin Louisa ist 1,65 m groß. Sie steht 5 m vom Scheinwerfer entfernt. Wie hoch ist das Schattenbild, wenn sie aufrecht steht?

✮✮✮

Ein Kind ist 1,10 m groß. Es wirft einen Schatten auf der Leinwand von 2,10 m. Wie weit steht das Kind von der Leinwand entfernt?

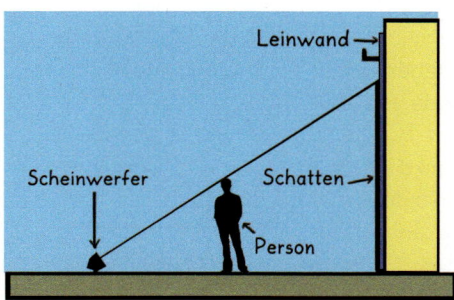

✮✮✮✮

Das Schattenbild eines Schauspielers soll um 90 % größer sein als seine Originalgröße. Wie weit muss sich der Schauspieler vom Scheinwerfer entfernt positionieren?

Bestimme auch das Längenverhältnis aus der Entfernung des Schauspielers zum Scheinwerfer und der Entfernung des Schauspielers zur Leinwand.

WAS DU GELERNT HAST

Maßstäbliches Vergrößern und Verkleinern

Man multipliziert jede Länge mit demselben Faktor k.

k > 1: Vergrößern

0 < k < 1: Verkleinern

Der Faktor k gibt den Maßstab an.

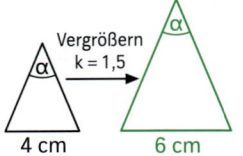
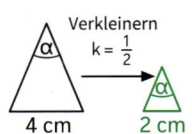

Zentrische Streckung

Z: Streckzentrum

k: Streckfaktor

Konstruktion des Bildpunktes P′.

(1) Zeichne den Strahl $\overline{ZP}$.

(2) Zeichne P′ auf dem Strahl so, dass gilt: $\overline{ZP} = 3\,\text{cm}$, $\overline{ZP'} = k \cdot \overline{ZP}$ also $\overline{ZP'} = 1,5 \cdot 3\,\text{cm} = 4,5\,\text{cm}$

k = 1,5

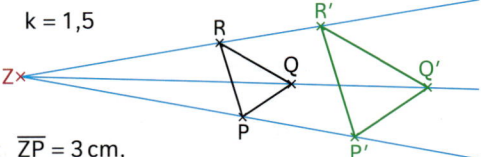

Verhältnis – Verhältnisgleichung

Sind a und b zwei Längen, so bezeichnet man a : b oder $\frac{a}{b}$ als Längenverhältnis.

$$\frac{18\,\text{m}}{16\,\text{m}} = \frac{9}{8} = 1,125$$

$$18\,\text{m} : 16\,\text{m} = 18 : 16 = 9 : 8$$

Eine Gleichung der Form $\frac{a}{b} = \frac{c}{d}$ heißt Verhältnisgleichung.

Man schreibt auch a : b = c : d.

$$\frac{64}{36} = \frac{x}{9}; \ x = \frac{64 \cdot 9}{36} = 16$$

Ähnlichkeit

Zwei Figuren F und G sind ähnlich zueinander, wenn die eine Figur eine maßstäbliche Abbildung der anderen Figur ist.

Ähnliche Figuren kann man durch zentrische Streckungen erzeugen. Für Vielecke gilt:

(1) Entsprechende Winkel sind gleich groß.

(2) Entsprechende Längenverhältnisse sind gleich groß.

Für den Flächeninhalt zueinander ähnlicher ebener Figuren gilt: $A_G = k^2 \cdot A_F$

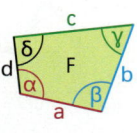
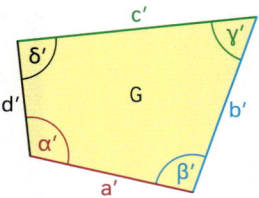

(1) $\alpha = \alpha'$ oder $\beta = \beta'$

(2) $\frac{a'}{a} = \frac{b'}{b} = \frac{c'}{c} = \ldots = k$

k = 1,5; $A_F = 14\,\text{cm}^2$

$A_G = 1,5^2 \cdot 14\,\text{cm}^2 = 31,5\,\text{cm}^2$

Längenberechnungen

Vielen Aufgaben liegt eine der nebenstehenden Strahlensatzfiguren zugrunde. Für sie gilt:

In beiden Figuren sind die Dreiecke $Z\,A_1\,B_1$ und $Z\,A_2\,B_2$ ähnlich zueinander, so dass man mit Verhältnisgleichungen unbekannte Längen berechnen kann.

Beispiel (Maße in cm):

$$\frac{x}{8} = \frac{x+2}{8+3}$$

$$11\,x = 8\,x + 16$$

$$3\,x = 16$$

$$x = 5\tfrac{1}{3}$$

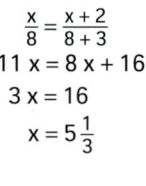

$A_1B_1 \parallel A_2B_2$

BIST DU FIT?

1. Gib die Luftlinienentfernung der beiden Orte an (Maßstab 1 : 15 500 000).

a) Frankfurt am Main – Straßburg

b) Bonn – Berlin

c) Leipzig – Zürich

d) Stuttgart – Dresden

e) München – Prag

2. Zeichne in ein Koordinatensystem (Einheit 1 cm) ein Viereck ABCD mit A $(-2\,|-2)$, B $(4\,|-4)$, C $(7\,|\,0)$ und D $(2\,|\,6)$.

Konstruiere dann das Bildviereck A'B'C'D des Vierecks ABCD bei der zentrischen Streckung mit Z $(-2\,|\,2)$ als Streckzentrum und dem Streckfaktor $k = \frac{3}{2}$.

3. Gegeben ist ein Dreieck ABC. Zeichne ein dazu ähnliches Dreieck A'B'C' mit a' = 6 cm. Gib auch den Ähnlichkeitsfaktor an.

a) a = 4 cm; c = 6 cm; $\beta = 75°$

b) a = 8 cm; b = 6 cm; c = 4 cm

4. Von zwei zueinander ähnlichen Dreiecken ABC und A'B'C' sind die Seitenlängen c = 4 cm und c' = 6 cm bekannt. Der Flächeninhalt von Dreieck A'B'C' beträgt 36 cm². Wie groß ist der Flächeninhalt des Dreiecks ABC?

5. Bens Digitalkamera nimmt Bilder im Format 3 : 4 auf. Er lässt Abzüge drucken. Die kurze Seite der Fotos beträgt 10 cm. Wie lang sind die Fotos?

6. Der Schatten eines 1,30 m hohen senkrecht aufgestellten Stabes ist 1,56 m lang. Ein Baum wirft zu derselben Zeit einen 12,75 m langen Schatten. Wie hoch ist der Baum?

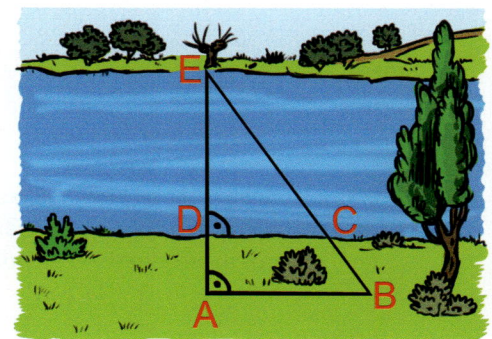

7. Um die Breite $\overline{DE}$ eines Flusses zu bestimmen, werden die Punkte D, C, A und B wie im Bild abgesteckt. Es wird gemessen: $\overline{DC}$ = 25 m; $\overline{AB}$ = 35 m und $\overline{AD}$ = 21 m. Wie breit ist der Fluss?

8. Das gleichschenklige Trapez ABCD hat die folgenden Maße: $\overline{AB}$ = 4,5 cm; $\overline{AM}$ = 2,8 cm; $\overline{DM}$ = 1,6 cm.

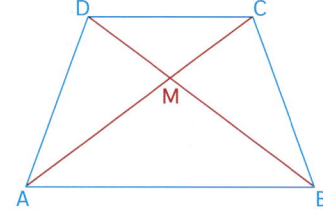

a) Berechne die Seitenlänge $\overline{DC}$.

b) Zeichne die Höhe des Trapezes durch den Punkt M ein. In welchem Verhältnis teilt M diese Höhe?

KAPITEL 4

RECHTWINKLIGE DREIECKE

Auswinkeln

Beim Neubau eines Gebäudes müssen die Seiten der Bodenplatten und die Wände meistens im rechten Winkel zueinander stehen. Die Bauarbeiter sagen, dass sie einen *rechten Winkel schlagen* oder die Bodenplatte *auswinkeln* müssen.

Erkundigt euch,
➤ wie beim Hausbau rechte Winkel geschlagen werden.
➤ wie Fliesenleger, Schreiner und andere Handwerker Flächen auswinkeln.

Zwölf-Knoten-Seil

Schon im alten Ägypten sollen mit einem so-
genannten Zwölf-Knoten-Seil rechtwinklige
Dreiecke aufgespannt worden sein. Dieses
Verfahren wurde vor allem beim Ausrichten
von Altären und Bauwerken genutzt.

» Ihr könnt diese Methode überprüfen.
Markiert dazu auf einem langen Seil 12
gleich große Abschnitte. Eine Schülerin
oder ein Schüler hält Anfang und Ende zusammen, zwei andere versuchen, die Markierungen zu finden, mit denen sich ein
rechtwinkliges Dreieck aufspannen lässt.
» Im Kleinen lässt sich dies auch mit Streichhölzern nachvollziehen.

Gleichschenkliges rechtwinkliges Dreieck

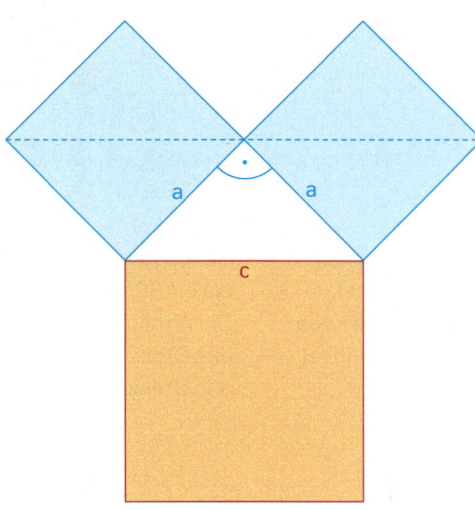

» Zeichne auf ein Blatt Papier ein gleichschenkliges rechtwinkliges Dreieck und
die Seitenquadrate wie in der Abbildung.
» Schneide die Quadrate aus und zerschneide die kleinen Quadrate längs der eingezeichneten Diagonalen.
» Vergleiche die Flächeninhalte der Quadrate.

**IN DIESEM KAPITEL
LERNST DU ...**

... was der Satz des Pythagoras aussagt.
*... wie man in rechtwinkligen Dreiecken Seitenlängen berechnen
kann.*
... wie man in rechtwinkligen Dreiecken Winkel berechnen kann.

SATZ DES PYTHAGORAS

EINSTIEG

》 Zeichne auf ein leeres Blatt ein großes rechtwinkliges Dreieck und die drei Seitenquadrate, wie in der Abbildung dargestellt.

》 Schneide die Seitenquadrate aus.

》 Lege die kleinen Seitenquadrate so wie abgebildet nebeneinander und das große Quadrat darauf.

》 Zeichne die gestrichelten Linien auf die kleinen Quadrate und zerschneide sie längs dieser Linien.

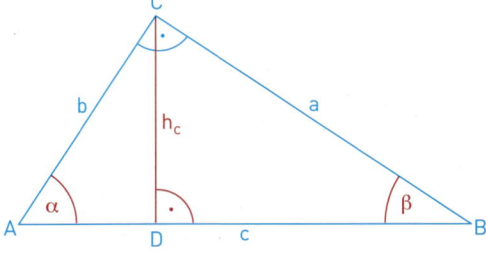

》 Du erhältst nun ein fünfteiliges Puzzle, mit dem du ein Quadrat zusammenlegen sollst. Vergleiche den Flächeninhalt dieses Quadrates mit dem Flächeninhalt des großen Quadrates.

AUFGABE

1. Das rechtwinklige Dreieck ABC wird durch die Höhe h_c in zwei Teildreiecke ADC und DBC zerlegt.

   a) Vergleiche die Dreiecke ABC, ADC und DBC.

   b) Zeige, dass für das Dreieck ABC gilt: $c^2 = a^2 + b^2$

Lösung

a) Die Dreiecke ABC, ADC und DBC sind ähnlich zueinander, da sie in ihren Winkeln übereinstimmen.

(1) ABC ist ähnlich zu ADC
- Beide Dreiecke sind rechtwinklig.
- α ist ein gemeinsamer Winkel.
- Wegen der Winkelsumme von 180° ist auch der dritte Winkel gleich groß.

(2) ABC ist ähnlich zu DBC

Genauso kann man zeigen, dass die Dreiecke ABC und DBC ähnlich sind.

Die Ähnlichkeit sieht man auch, wenn man das Dreieck DBC, wie in der Abbildung, auf das Dreieck ABC legt.

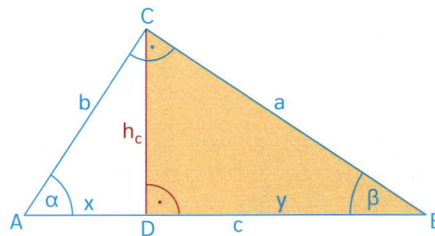
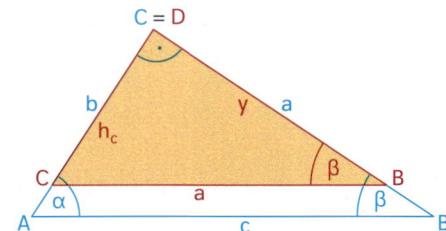

b) Aus der Ähnlichkeit folgt:

(1) $\dfrac{x}{b} = \dfrac{b}{c}$ | · b, also $\boxed{x = \dfrac{b^2}{c}}$
         (2) $\dfrac{y}{a} = \dfrac{a}{c}$ | · a, also $\boxed{y = \dfrac{a^2}{c}}$

Somit erhalten wir: $c = x + y = \dfrac{b^2}{c} + \dfrac{a^2}{c} = \dfrac{a^2 + b^2}{c}$ | · c, also $\boxed{c^2 = a^2 + b^2}$

INFORMATION

Hypotenuse
(griech.)
hypo – unten
teinein – spannen
Kathete (griech.)
kathetos – Senkblei

(1) Bezeichnungen im rechtwinkligen Dreieck

Wir führen einige Begriffe am rechtwinkligen Dreieck ein. In einem *rechtwinkligen Dreieck* nennt man die dem rechten Winkel gegenüberliegende Seite die **Hypotenuse**, die dem rechten Winkel anliegenden Seiten die **Katheten** des rechtwinkligen Dreiecks.

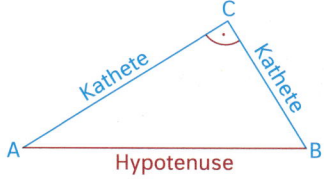

(2) Satz des Pythagoras

In jedem *rechtwinkligen* Dreieck ist der Flächeninhalt des Hypotenusenquadrates gleich der Summe der Flächeninhalte der beiden Kathetenquadrate.

$$a^2 + b^2 = c^2$$

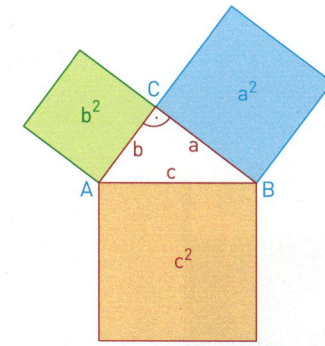

Das Hypotenusenquadrat ist genauso groß wie die beiden Kathetenquadrate zusammen.

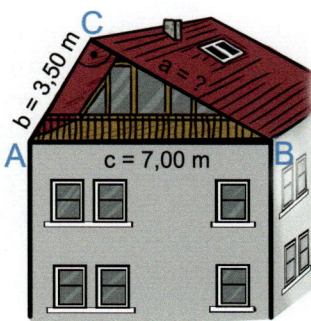

AUFGABE

2. *Berechnen von Seitenlängen im rechtwinkligen Dreieck*
Der Querschnitt des Daches rechts ist ein rechtwinkliges Dreieck. Das Haus soll 7,00 m breit sein. Die linken Dachsparren sind 3,50 m lang.
Wie lang sind jeweils die rechten Dachsparren?

Lösung

Nach dem Satz des Pythagoras gilt: $a^2 + b^2 = c^2$
Wir isolieren die Variable a:
$$a^2 = c^2 - b^2$$
$$a = \sqrt{c^2 - b^2}$$
In diese Formel setzen wir 7,00 m für c und 3,50 m für b ein:
$$a = \sqrt{(7,00\,\text{m})^2 - (3,50\,\text{m})^2} \approx 6,06\,\text{m}$$

Ergebnis: Die rechten Dachsparren sind etwa 6,06 m lang.

FESTIGEN UND WEITERARBEITEN

3. a) Skizziere die Dreiecke, färbe die Katheten blau, die Hypotenusen rot. Gib für die rechtwinkligen Dreiecke jeweils die Gleichung nach dem Satz des Pythagoras an.

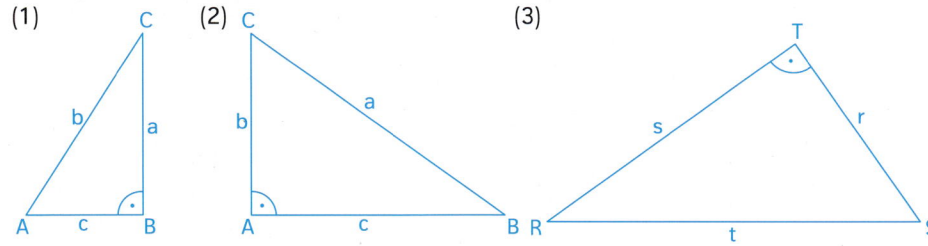

b) Stelle die Gleichungen aus Teilaufgabe a) jeweils nach den anderen Variablen um.

4. a) Auf der Seite 93 wird ein Zwölf-Knoten-Seil beschrieben.
Erkläre seine Verwendung mit dem Satz des Pythagoras.

b) Die drei Zahlen 3, 4, 5, aber z. B. auch 5, 12, 13 nennt man pythagoreische Zahlentripel.
Erkläre die Bezeichnung.
Findest du weitere pythagoreische Zahlentripel?

5. Berechne die Länge x (Maße in cm).

a)

2,5 · x · 6,0

b)

3,4 · x · 3,0

c)

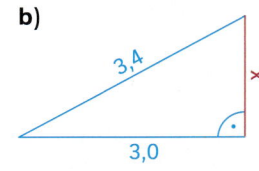
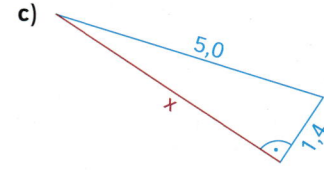

5,0 · x · 1,4

Die Hypotenuse ist nicht immer die Seite c.

6. Gegeben ist ein rechtwinkliges Dreieck ABC. Skizziere zunächst eine Planfigur und markiere die Strecke farbig, deren Länge gesucht ist. Stelle dann mithilfe des Satzes des Pythagoras eine Gleichung für die gesuchte Länge auf.
Berechne nun die Länge der dritten Seite.

a) $a = 3\,cm$; $b = 8\,cm$; $\gamma = 90°$ **d)** $a = 6\,cm$; $c = 7\,cm$; $\gamma = 90°$

b) $a = 3\,cm$; $b = 8\,cm$; $\beta = 90°$ **e)** $b = 6\,cm$; $c = 8\,cm$; $\alpha = 90°$

c) $a = 6\,cm$; $c = 7\,cm$; $\beta = 90°$ **f)** $b = 6\,cm$; $c = 8\,cm$; $\gamma = 90°$

DGS

7. Zeichne mit einem dynamischen Geometrie-System ein rechtwinkliges Dreieck. Trage auch den rechten Winkel ein.
Erzeuge anschließend an jeder Dreiecksseite ein Quadrat und lasse auch den Flächeninhalt dieser Quadrate berechnen.

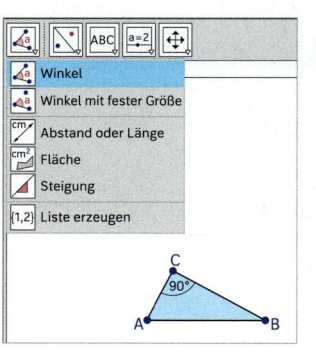
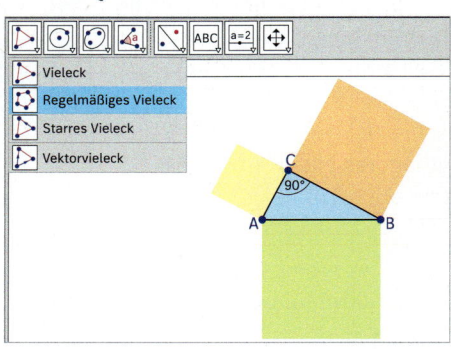
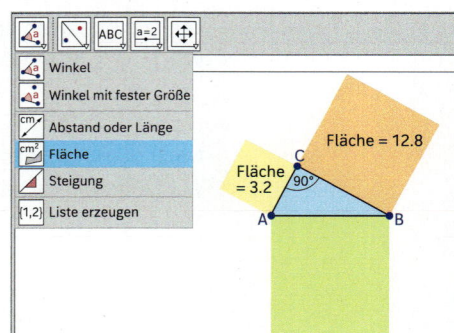

a) Was stellst du fest?

b) Verändere die Form des Dreiecks, behalte aber stets den rechten Winkel bei. Was stellst du fest? Achte auf die Flächeninhalte der Quadrate.

c) Verändere schließlich auch die Winkelgröße γ, das heißt, das Dreieck soll nicht mehr rechtwinklig bleiben. Was stellst du fest?

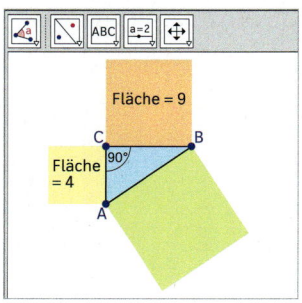
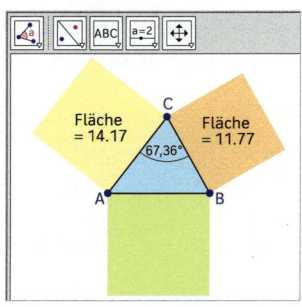
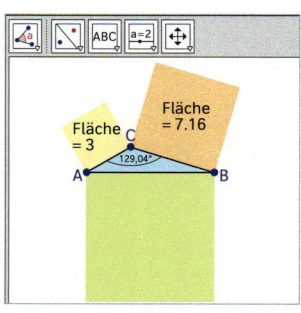

INFORMATION

Der Satz des Pythagoras gilt nur für rechtwinklige Dreiecke, sonst nicht.

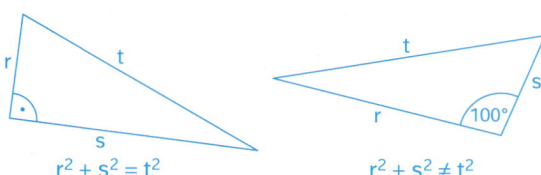

$$r^2 + s^2 = t^2 \qquad r^2 + s^2 \neq t^2$$

ÜBEN

8. In der Figur findest du mehrere rechtwinklige Dreiecke.
Notiere sie und gib jeweils die Gleichung nach dem Satz des Pythagoras an.

a) 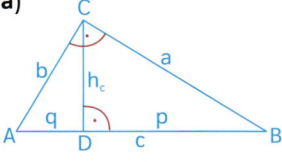   **b)** 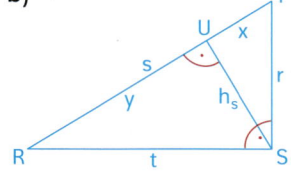   **c)**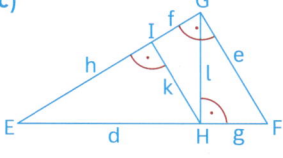

9. Berechne die Länge x der roten Strecke (Maße in cm).

a) 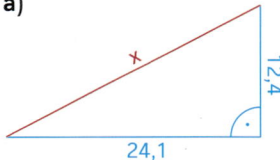   **b)** 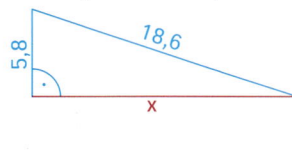   **c)**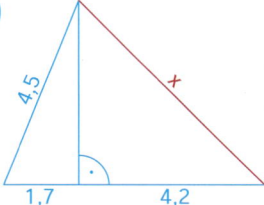

10. Kontrolliere die angegebenen Gleichungen.
Berichtige gegebenenfalls.

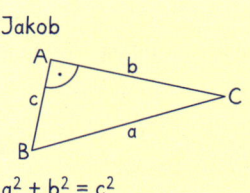

Jakob

$$a^2 + b^2 = c^2$$

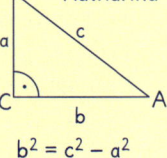

Katharina

$$b^2 = c^2 - a^2$$

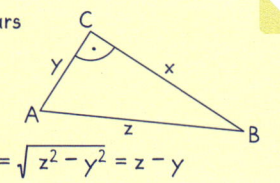

Lars

$$x = \sqrt{z^2 - y^2} = z - y$$

11.

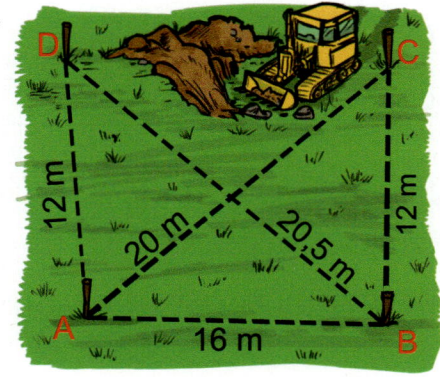

Auf einem Grundstück sind vier Pfähle A, B, C und D gesetzt worden, um die Ecken des zu bauenden Hauses abzustecken. Das Haus soll einen rechteckigen Grundriss mit den Seitenlängen 16 m und 12 m haben. Die Pfähle haben die in der Zeichnung angegebenen Abstände. Welcher der Winkel bei A bzw. B ist ein rechter Winkel, welcher nicht?
Welcher Pfahl steht falsch?
Wie muss sein Standort verändert werden?

12. Wie lang sind die Diagonalen?
   a) Die Seitenlänge eines Quadrats beträgt 4,5 cm.
   b) Ein Rechteck ist 4,8 cm lang und 3,6 cm breit.

Planfigur

13. In einem rechtwinkligen Dreieck ABC mit $\gamma = 90°$ sind gegeben:
   a) $a = 8$ cm   **b)** $a = 12$ cm   **c)** $c = 17$ cm   **d)** $b = 12$ cm   **e)** $a = 16$ cm
   $\quad\;\; b = 6$ cm $\qquad b = 5$ cm $\qquad a = 8$ cm $\qquad c = 15$ cm $\qquad c = 20$ cm
   Berechne im Kopf die Länge der dritten Dreiecksseite.

14. In einem rechtwinkligen Dreieck ABC sind gegeben:
   a) $a = 7$ cm   **b)** $a = 10$ dm   **c)** $b = 4,1$ km   **d)** $a = 8$ mm   **e)** $a = 3,4$ cm
   $\quad\;\; b = 3$ cm $\qquad c = 6$ dm $\qquad c = 3,5$ km $\qquad b = 12$ mm $\qquad c = 5,1$ cm
   $\quad\;\; \gamma = 90°$ $\qquad \alpha = 90°$ $\qquad \alpha = 90°$ $\qquad \beta = 90°$ $\qquad \beta = 90°$
   Berechne die Länge der dritten Dreiecksseite. Ermittle auch den Umfang und den Flächeninhalt des Dreiecks.

15. Von A nach B führt eine schmale, meist stark befahrene Straße.
Um wie viel Prozent ist der Umweg von A nach B über C länger als die Abkürzung $\overline{AB}$?

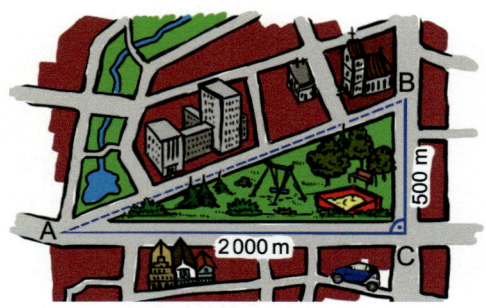

16. Durch einen Sturm ist eine 40 m hohe Fichte in 8,75 m Höhe abgeknickt.
Wie weit liegt die Spitze etwa vom Stamm entfernt?

17. Entscheide, ob das Dreieck ABC rechtwinklig, stumpfwinklig oder spitzwinklig ist.
   a) $a = 8$ cm   **b)** $a = 7$ m   **c)** $a = 5$ cm   **d)** $a = 13$ dm   **e)** $a = 23$ mm
   $\quad\;\; b = 6$ cm $\qquad b = 9$ m $\qquad b = 4$ cm $\qquad b = 5$ dm $\qquad b = 17$ mm
   $\quad\;\; c = 10$ cm $\qquad c = 11$ m $\qquad c = 3$ cm $\qquad c = 12$ dm $\qquad c = 29$ mm

18. a) Markiere jeweils in einem Koordinatensystem (Einheit 1 cm) die beiden Punkte A und C.
Berechne die Entfernung dieser Punkte. Benutze hierzu ein geeignetes Hilfsdreieck.

   (1) A $(-3\,|\,1)$ (4) A $(-4\,|\,-6)$
   $\quad\;$ C $(3\,|\,4)$ $\quad\;$ C $(7\,|\,4)$
   (2) A $(2\,|\,7)$ (5) A $(-7\,|\,-3)$
   $\quad\;$ C $(7\,|\,4)$ $\quad\;$ C $(-2\,|\,-1)$
   (3) A $(1,3\,|\,7,8)$ (6) A $(-4,1\,|\,-2,3)$
   $\quad\;$ C $(8,6\,|\,2,4)$ $\quad\;$ C $(5,4\,|\,-1,8)$

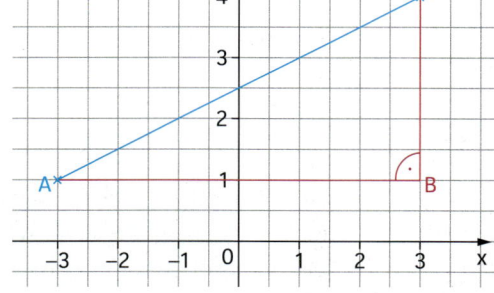

   b) Welchen Abstand haben die Punkte A $(3\,|\,4)$, B $(7\,|\,9)$, C $(-1\,|\,5)$, D $(2\,|\,-4)$, E $(-3\,|\,-1)$ jeweils vom Koordinatenursprung (Einheit 1 cm)?

19. Im Koordinatensystem (Einheit 1 cm) sind die Punkte A, B und C gegeben. Berechne den Umfang des Dreiecks ABC.
   a) A $(1\,|\,2)$; B $(6\,|\,4)$; C $(4\,|\,7)$
   b) A $(-4\,|\,-2)$; B $(5\,|\,-4)$; C $(0\,|\,3)$

RECHTWINKLIGE DREIECKE – SATZ DES THALES

EINSTIEG

Zeichnet einen Kreis und zwei Durchmesser so, dass sie den Winkel ε bilden. Wählt unterschiedliche Winkelmaße für ε. Zeichnet das Viereck ABCD.

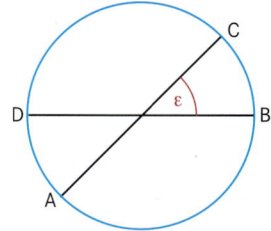

>> Was haben die Vierecke ABCD gemeinsam?
>> Versucht eure Vermutung zu begründen.

AUFGABE

1. Links seht ihr eine Zirkusarena mit zwei genau gegenüberliegenden Ein- bzw. Ausgängen. Julia sitzt an der Stelle C und will den Auftritt des Clowns filmen. Sie erwartet ihn am Eingang A. Doch der Clown betritt die Arena bei B.
Um wie viel Grad muss Julia ihre Kamera drehen?
Ergibt sich ein anderer Winkel, wenn Julia an einer anderen Stelle am Manegenrand sitzt?

Lösung

Zeichne einen Halbkreis über der Strecke $\overline{AB}$ und markiere einen Punkt C_1 auf dem Halbkreis. Verbindest du dann C_1 mit A und B, so entsteht ein Dreieck. Dieses Dreieck ist rechtwinklig ($\gamma = 90°$).
Auch die Dreiecke ABC_2 und ABC_3 sind rechtwinklig. Julia muss ihre Kamera immer um 90° drehen, ganz gleich, wo sie am Manegenrand sitzt.

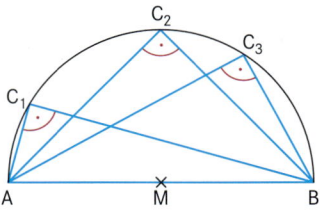

INFORMATION

Thales

(1) Satz des Thales

Wenn $\overline{AB}$ der Durchmesser eines Halbkreises ist und C auf dem Halbkreis liegt, dann ist das Dreieck ABC rechtwinklig. Einen Halbkreis über einer Strecke nennt man auch **Thaleskreis**.

(2) Begründung des Satzes von Thales

Wir verbinden den Mittelpunkt M der Strecke $\overline{AB}$ mit einem Punkt C auf dem Halbkreis über $\overline{AB}$. Die Strecken $\overline{MA}$, $\overline{MB}$ und $\overline{MC}$ sind Radien des Kreises um M und daher gleich lang. Folglich sind die Dreiecke AMC und BCM gleichschenklig. Mithilfe des Basiswinkelsatzes folgt: $\alpha = \gamma_1$; $\beta = \gamma_2$
Dann gilt: $\gamma = \gamma_1 + \gamma_2 = \alpha + \beta$.
Nach dem Winkelsummensatz für Dreiecke gilt:
$\alpha + \beta + \gamma = 180°$
Wegen $\alpha + \beta = \gamma$, folgt: $\gamma + \gamma = 180°$, also: $\gamma = 90°$.

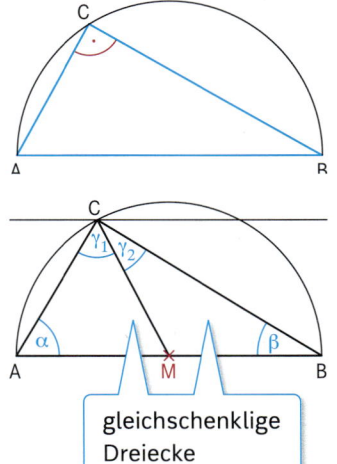

gleichschenklige Dreiecke

2. Konstruiere einen Kreis mit einem Radius von 5 cm. Zeichne dann in den Kreis drei verschiedene rechtwinklige Dreiecke ein. Benutze dazu den Satz des Thales.

3. Gegeben ist ein Kreis mit dem Radius r = 3,4 cm. Konstruiere ein Rechteck, dessen Ecken auf dem Kreis liegen; eine Seite des Rechtecks soll 2,1 cm lang sein.

4. Zeichne eine 6 cm lange Strecke $\overline{AB}$, darüber verschiedene rechtwinklige Dreiecke ABC. Was vermutest du über die Lage der Eckpunkte C?

ÜBEN

5. a) Zeichne mit einem dynamischen Geometrie-System einen Kreis mit dem Durchmesser $\overline{AB}$. Wähle dann einen Punkt C auf der Kreislinie und erzeuge das Dreieck ABC. Überprüfe den Satz von Thales. Bewege dazu den Punkt C auf der Kreislinie.

b) Zeichne nun ein rechtwinkliges Dreieck ABC. Versuche nun den Punkt C so zu bewegen, dass das Dreieck stets rechtwinklig bleibt; dabei soll die Strecke $\overline{AB}$ nicht verändert werden.
Stelle die Spur auf C. Wenn du den Punkt C jetzt bewegst, siehst du die Spur der Bewegung.
Was kannst du erkennen?

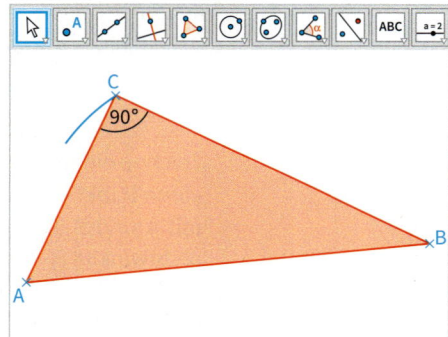

6. Berechne die markierten Winkel.
Skizziere die Figur vergrößert in dein Heft und trage die Winkelgrößen ein, die du aus den gegebenen Winkelgrößen nacheinander berechnen kannst.

a)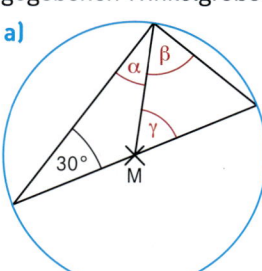

b)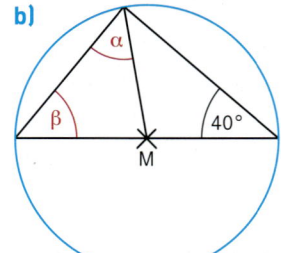

c)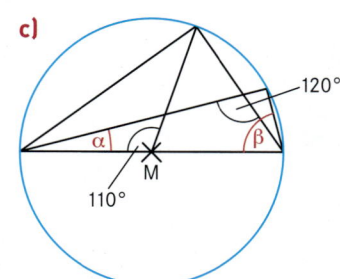

7. Gegeben ist eine Gerade g und ein Punkt P, der nicht auf g liegt.
Konstruiere mithilfe des Thaleskreises die Senkrechte zu g durch P.
Beschreibe dein Vorgehen.

8. Stelle verschiedene Möglichkeiten zusammen, wie man ohne Geodreieck einen rechten Winkel konstruieren kann.

ANWENDUNGEN DES SATZES DES PYTHAGORAS

Berechnen von Längen in ebenen Figuren

EINSTIEG

Eine Stehleiter ist zusammengeklappt 2,10 m lang. Wenn sie aufgestellt ist, sind die Fußenden 1,40 m weit voneinander entfernt.

➤➤ Wie hoch reicht die Leiter?
➤➤ Berichtet, wie ihr vorgegangen seid.

AUFGABE

1. Zum Schutz vor Straßenlärm soll ein 155 m langer Erdwall errichtet werden. Der Querschnitt des Walls ist ein gleich-schenkliges Trapez mit den angegebenen Maßen.
Wie viel m³ Erde werden benötigt?

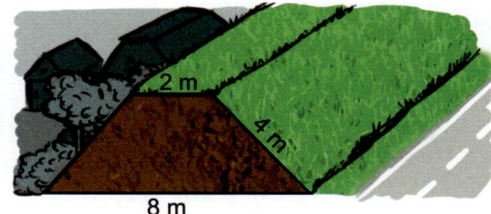

Lösung

A ist die Größe der Querschnittsfläche.
Für das Volumen V gilt dann:
$V = A \cdot 155\,\text{m}$
Wir müssen also nur noch A bestimmen.

In das Trapez zeichnen wir zwei Höhen so ein, dass rechts und links jeweils ein rechtwinkliges Dreieck entsteht.
Da das Trapez gleichschenklig ist, sind die unteren Katheten der Dreiecke jeweils 3 m lang.
Die Trapezhöhe h berechnen wir nun mit dem Satz des Pythagoras:
$h^2 = (4\,\text{m})^2 - (3\,\text{m})^2 = 7\,\text{m}^2$
$h = \sqrt{7\,\text{m}^2} \approx 2,65\,\text{m}$
Damit erhalten wir: $A = \frac{a+c}{2} \cdot h = \frac{8\,\text{m} + 2\,\text{m}}{2} \cdot 2,65\,\text{m} = 13,25\,\text{m}^2$ und
$\qquad V = 13,25\,\text{m}^2 \cdot 155\,\text{m} = 2\,053,75\,\text{m}^3$
Ergebnis: Für den Lärmschutzwall werden ca. 2 050 m³ Erde benötigt.

FESTIGEN UND
WEITERARBEITEN

2. a) Von den drei Größen a, b und e eines Rechtecks ABCD sind zwei gegeben. Berechne die dritte.
  (1) a = 8 cm; b = 5 cm
  (2) a = 1,4 m; e = 3,8 m
  (3) e = 8,9 dm; b = 4,7 dm
  (4) a = 12 cm; b = 20 cm
b) Gib auch eine Formel für die Länge e der Diagonale eines Rechtecks an.

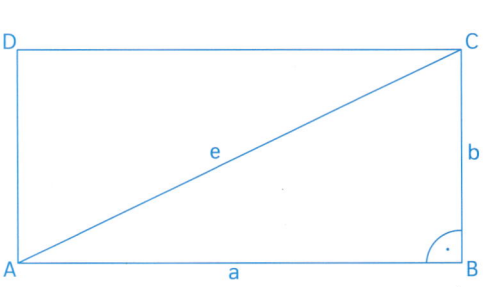

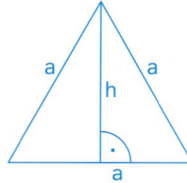

3. a) Gegeben ist ein gleichseitiges Dreieck mit der Seitenlänge a = 4,5 cm.
Berechne die Höhe h und den Flächeninhalt A des Dreiecks.
  b) Gegeben ist ein gleichseitiges Dreieck, dessen Höhe 4 cm beträgt.
Berechne die Seitenlänge a, den Flächeninhalt A und den Umfang u des Dreiecks.

4. a) Von einem gleichschenkligen Trapez ABCD sind gegeben:
b = d = 5 cm; c = 4 cm; h = 4 cm
Berechne die Seitenlänge a. Berichte.
  b) Von einem (nicht gleichschenkligen) Trapez ABCD sind gegeben:
b = 3,6 cm; d = 2,2 cm; c = 3,1 cm; h = 2 cm
Berechne die Seitenlänge a. Berichte.

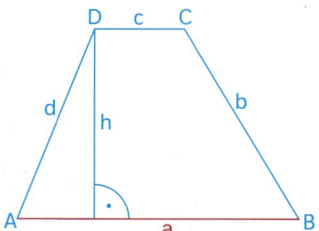

INFORMATION

Strategie zum Berechnen von Längen in ebenen Figuren

Man kann mithilfe des Satzes des Pythagoras auch Seitenlängen in ebenen Figuren, z. B. im gleichseitigen Dreieck, im Rechteck oder im Trapez, berechnen.

Dazu muss man in der Figur rechtwinklige Dreiecke suchen oder durch eine geeignete Hilfslinie ein rechtwinkliges Dreieck in die Figur einzeichnen.

Beispiel:

Von einem Trapez sind die Seiten a, b, d und die Höhe h bekannt.
Wie lang ist die Seite c?

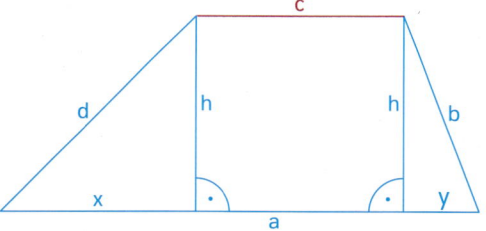

- Wir zeichnen so die Höhen ein, dass zwei rechtwinklige Dreiecke entstehen.
- x berechnen wir aus $d^2 = x^2 + h^2$
- y berechnen wir aus $b^2 = y^2 + h^2$
- Für c gilt dann: $c = a - x - y$

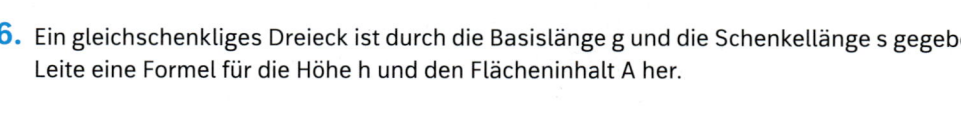

ÜBEN

5. Von den drei Größen Basislänge g, Schenkellänge s und Höhe h zur Basis eines gleichschenkligen Dreiecks sind zwei gegeben. Berechne die dritte Größe sowie den Flächeninhalt A und den Umfang u.
  a) g = 6 cm   **c)** h = 24 mm
       s = 4 cm   g = 45 mm
  b) s = 5 dm   **d)** g = 8,3 m
       h = 3 dm   s = 6,7 m

6. Ein gleichschenkliges Dreieck ist durch die Basislänge g und die Schenkellänge s gegeben. Leite eine Formel für die Höhe h und den Flächeninhalt A her.

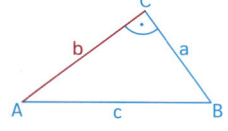

7. Von einem rechtwinkligen Dreieck sind der Flächeninhalt A = 12 cm² und eine Kathete b = 4 cm gegeben.
Berechne den Umfang des Dreiecks.

8.

In einer Feriensiedlung werden Dachhäuser wie im Bild errichtet.

a) Wie hoch sind die Dachhäuser?

b) Die Giebelflächen sollen mit Holz verkleidet werden.

Wie viel m² Holz werden für eine Seite mindestens benötigt?

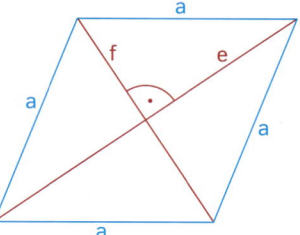

9. Von den drei Größen a, e und f einer Raute sind zwei gegeben. Berechne die dritte Größe, den Flächeninhalt A und den Umfang u.

a) e = 5 cm; f = 7 cm

b) a = 6 mm; e = 9 mm

c) a = 4,9 km; f = 3,1 km

d) e = 4,7 m; f = 3,3 m

10. a) Berechne die Länge a der Grundseite des nebenstehenden gleichschenkligen Trapezes sowie den Flächeninhalt und den Umfang.

b) Ein gleichschenkliges Trapez ABCD mit AB ∥ CD hat die Seitenlängen a = 6 cm, c = 4 cm, b = 2,5 cm.

(1) Berechne den Flächeninhalt und den Umfang.

(2) Leite mit den Seitenlängen a, b, c eine Formel für den Flächeninhalt des gleichschenkligen Trapezes her.

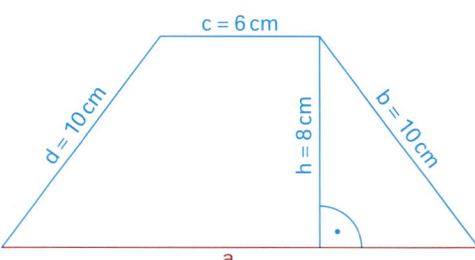

11. Von dem Drachen sind gegeben: a = 6 cm, e = 8 cm und f = 5 cm. Berechne den Umfang.

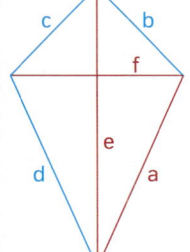

12. a) Ein Schenkel eines rechtwinklig-gleichschenkligen Dreiecks ist 7,5 cm lang.

Berechne Umfang und Flächeninhalt des Dreiecks.

b) Die Höhe auf der Basis eines gleichschenklig-rechtwinkligen Dreiecks beträgt 6 cm.

Berechne die Länge der Schenkel und der Basis.

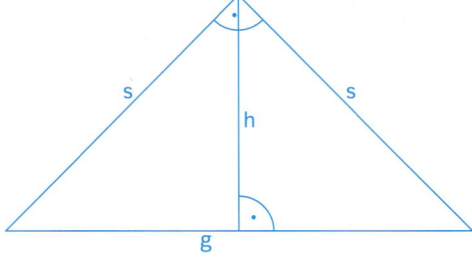

13. a) Gegeben ist ein Quadrat durch die Seite a.

(1) Berechne die Länge der Diagonalen für a = 7 cm.

(2) Leite die Formel $e = a \cdot \sqrt{2}$ für die Länge e der Diagonalen eines Quadrates her.

b) Gegeben ist ein Quadrat mit der Diagonalenlänge e.

(1) Berechne die Seitenlänge a und den Flächeninhalt A für e = 12 cm.

(2) Leite eine Formel her, mit der man den Flächeninhalt A mithilfe von e berechnen kann.

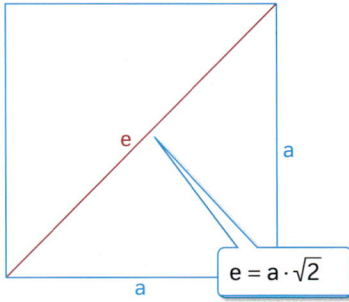

$e = a \cdot \sqrt{2}$

Berechnen von Längen in Körpern

EINSTIEG

Der Louvre in Paris, bis zur französischen Revolution königliche Residenz, ist heute ein weltberühmtes Kunstmuseum.
Als Haupteingang dient seit einigen Jahren eine gläserne Pyramide mit quadratischer Grundfläche, deren Seite 35,4 m lang ist. Die schrägen Kanten sind 33,1 m lang.

》 Wie lang ist die Diagonale der quadratischen Grundfläche?
》 Wie hoch ist die Pyramide?

AUFGABE

1. Ein Quader ist a = 8 cm lang, b = 5 cm breit und c = 3 cm hoch.
Wie lang ist die Raumdiagonale?

Lösung:

Im Schrägbild erkennen wir, dass das Dreieck ACG rechtwinklig ist. Die Raumdiagonale d ist die Hypotenuse, c und x sind die Katheten. Somit gilt:
$x^2 + c^2 = d^2$

Das Dreieck ABC ist ebenfalls rechtwinklig mit x als Hypotenuse.
Hier gilt:
$a^2 + b^2 = x^2$

$a^2 + b^2$ können wir für x^2 in die erste Gleichung einsetzen.
Wir erhalten:
$d^2 = a^2 + b^2 + c^2$

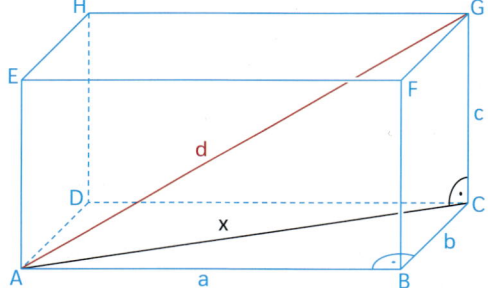

In diese Gleichung setzen wir die gegebenen Längen ein:
$d^2 = (8\,\text{cm})^2 + (5\,\text{cm})^2 + (3\,\text{cm})^2 = 98\,\text{cm}^2$
$d = \sqrt{98\,\text{cm}^2} \approx 9{,}9\,\text{cm}$

Ergebnis: Die Raumdiagonale ist 9,9 cm lang.

INFORMATION

(1) Raumdiagonale eines Quaders
Für die Länge d der **Raumdiagonalen eines Quaders** gilt:

$$d^2 = a^2 + b^2 + c^2$$

Für den Spezialfall des Würfels gilt dann:

$$d^2 = a^2 + a^2 + a^2 = 3\,a^2$$

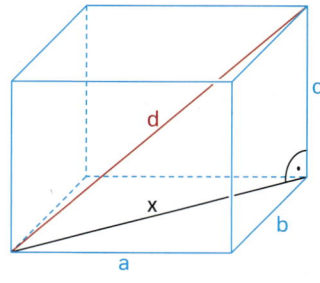

(2) Strategie zum Berechnen von Längen in Körpern
Zur Berechnung von Längen in Körpern muss man geeignete rechtwinklige Dreiecke suchen oder einzeichnen. Dazu zeichnet man häufig Höhen ein.

Beispiel:
Bei der quadratischen Pyramide ist das Dreieck MCS rechtwinklig. Die Seitenkante s ist die Hypotenuse. Es gilt:
$x^2 + h^2 = s^2$

> x ist die halbe Diagonale der quadratischen Grundfläche.

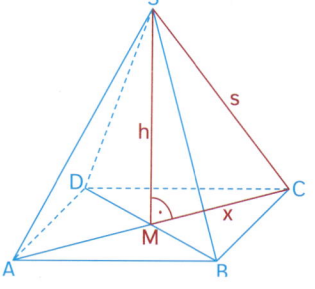

ÜBEN

2. a) Berechne aus den Kantenlängen a, b und c eines Quaders die Längen der Diagonalen, der Seitenflächen sowie die Länge d der Raumdiagonalen.
   (1) a = 7 cm; b = 5 cm; c = 4 cm
   (2) a = 6,4 cm; b = 8,9 cm; c = 1,9 cm

b) Von den vier Größen a, b, c, und d eines Quaders sind drei gegeben. Berechne die fehlende Größe.

(1) a = 2 cm	(2) a = 2,4 cm	(3) b = 4,9 cm
b = 4 cm	c = 1,8 cm	c = 3,7 cm
c = 6 cm	d = 4,6 cm	d = 9,5 cm

3. a) Berechne die Länge einer Flächendiagonale und die Länge einer Raumdiagonale eines Würfels mit der Kantenlänge   (1) a = 5 cm;   (2) a = 3,5 m.

b) Berechne die Kantenlänge und die Länge einer Flächendiagonale eines Würfels, dessen Raumdiagonale   (1) 8 cm;   (2) 5,3 m   lang ist.

c) Wie lang ist die Raumdiagonale in einem Würfel mit der Kantenlänge a?
Leite eine Formel für die Länge d der Raumdiagonalen her.

4. Bei einer Pyramide mit quadratischer Grundfläche ist die Grundkante a = 14 cm und die Seitenkante s = 20 cm lang.
Wie hoch ist die Pyramide?

5. Das Bild zeigt eine Kirche mit einem quadratischen Turm und einem pyramidenförmigen Dach. Die Länge der Grundkante des Daches beträgt 9 m, die Höhe des Daches 6 m.

a) Die schrägen Kanten des Dachs sollen neu mit Firstziegeln gedeckt werden. Für 1 m braucht man vier Firstziegel.

b) Es wird überlegt, das gesamte Turmdach neu mit Biberschwanz-Ziegeln einzudecken. Für 1 m^2 werden 36 Ziegel benötigt.

6. Die Diagonale eines Würfels ist 6,06 dm lang.
Berechne sein Volumen.

SINUS, KOSINUS UND TANGENS

Einführung von Sinus, Kosinus und Tangens

EINSTIEG

Segelflugzeuge gleiten. Dabei soll der Höhenverlust möglichst gering sein. Das Verhältnis von *Höhenverlust* zu *zurückgelegter Strecke* nennt man *Gleitzahl*.
Im Dreieck ist die Gleitzahl 1 : 10 dargestellt. Das bedeutet: Bei einem Höhenverlust von 1 m fliegt das Segelflugzeug in der Horizontalen 10 m weit.

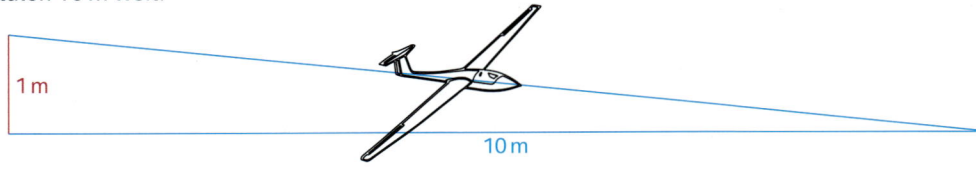

1 m

10 m

» Ein Segelflugzeug hat die Gleitzahl 1 : 30.
   Wie weit fliegt es, wenn es   (1) 1 m;   (2) 100 m   an Höhe verliert?
» Gute Segelflugzeuge haben z. B. eine Gleitzahl von 1 : 50.
   Wie weit kann solch ein Segelflugzeug, das 1 000 m hoch ist, fliegen?
» Die Steigung einer Straße ist ebenfalls ein Streckenverhältnis, das du bereits kennst. Beschreibe es.

AUFGABE

1. a) Zeichne drei verschieden große rechtwinklige Dreiecke ABC mit $\alpha = 55°$ und $\gamma = 90°$.
b) Vergleiche die Dreiecke. Was kannst du über die Längenverhältnisse der Dreiecksseiten aussagen? Überprüfe durch Messen.

Lösung

a) (1)   (2)   (3)

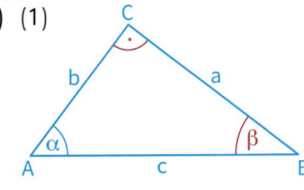

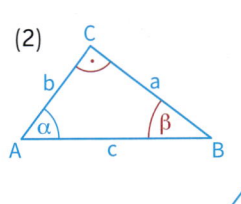

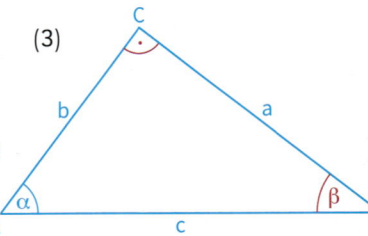

b) Die Dreiecke stimmen in den Winkeln α und γ überein. Da die Winkelsumme 180° beträgt, ist auch β in den Dreiecken gleich groß. Die Dreiecke sind somit ähnlich zueinander. Folglich sind die Längenverhältnisse entsprechender Seiten gleich groß.

Überprüfung

Dreieck	a	b	c	$\frac{a}{c}$	$\frac{b}{c}$	$\frac{a}{b}$
(1)	2,8 cm	2,1 cm	3,5 cm	0,80	0,60	1,33
(2)	2,0 cm	1,5 cm	2,5 cm	0,80	0,60	1,33
(3)	4,0 cm	3,0 cm	5,0 cm	0,80	0,60	1,33

Ergebnis: Rechtwinklige Dreiecke, die in einem spitzen Winkel übereinstimmen, sind ähnlich zueinander, d. h. Längenverhältnisse entsprechender Seiten sind gleich groß.

INFORMATION

(1) Bezeichnungen am rechtwinkligen Dreieck

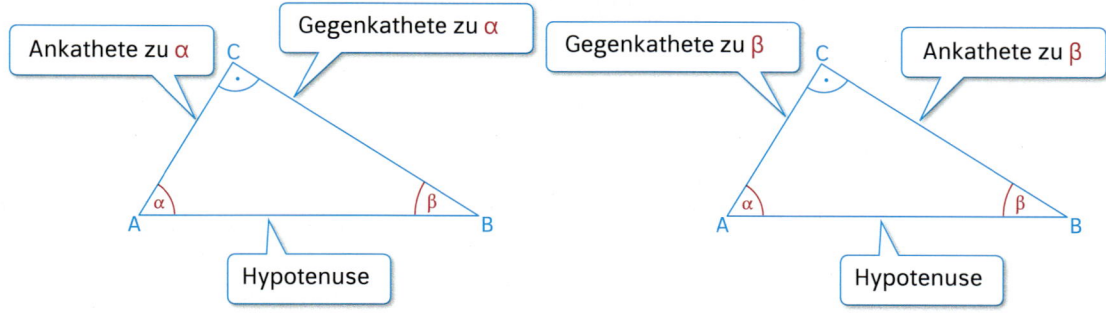

(2) Sinus, Kosinus und Tangens eines spitzen Winkels

Für die spitzen Winkel in einem rechtwinkligen Dreieck legen wir folgende Längenverhältnisse fest:

Sinus eines Winkels $= \dfrac{\text{Gegenkathete des Winkels}}{\text{Hypotenuse}}$

Beispiel: Für das Dreieck ABC mit $\gamma = 90°$ gilt: $\sin\alpha = \dfrac{a}{c}$; $\sin\beta = \dfrac{b}{c}$

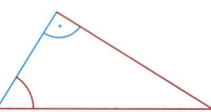

Kosinus eines Winkels $= \dfrac{\text{Ankathete des Winkels}}{\text{Hypotenuse}}$

Beispiel: Für das Dreieck ABC mit $\gamma = 90°$ gilt: $\cos\alpha = \dfrac{b}{c}$; $\cos\beta = \dfrac{a}{c}$

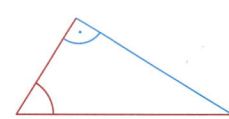

Tangens eines Winkels $= \dfrac{\text{Gegenkathete des Winkels}}{\text{Ankathete des Winkels}}$

Beispiel: Für das Dreieck ABC mit $\gamma = 90°$ gilt: $\tan\alpha = \dfrac{a}{b}$; $\tan\beta = \dfrac{b}{a}$

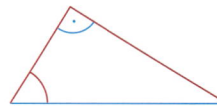

FESTIGEN UND WEITERARBEITEN

> Der rechte Winkel muss nicht immer γ sein.

2. Gib den Sinus, den Kosinus und den Tangens der beiden spitzen Winkel jeweils als Längenverhältnis an.

(1)

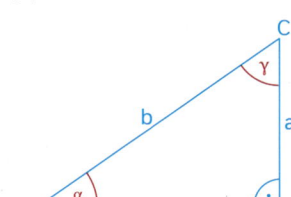

(2)

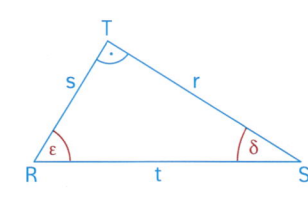

(3)

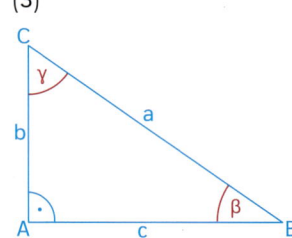

3. Miss die Seitenlängen a, b und c.
Bestimme dann
(1) $\sin\alpha$, $\cos\alpha$ und $\tan\alpha$;
(2) $\sin\gamma$, $\cos\gamma$ und $\tan\gamma$.

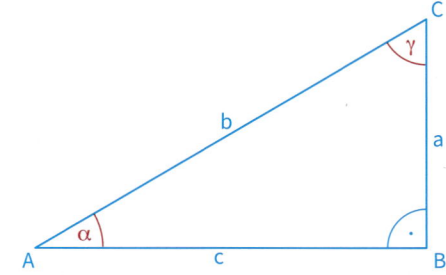

4. Zeichne rechtwinklige Dreiecke mit c = 10 cm, γ = 90° und
  (1) α = 15°;   (2) α = 30°;   (3) α = 45°;   (4) α = 60°.
  a) Bestimme durch Messen und Rechnen jeweils tan α. Überprüfe mit dem Taschen-rechner.
  Hinweis: Bei den meisten Rechnern musst du erst die Taste $\boxed{\tan}$ drücken und danach die Winkelgröße eingeben.
  b) Bestimme und überprüfe entsprechend sin α und cos α.

5. Bestimme zeichnerisch die Größe des Winkels α.
  Wähle dazu ein geeignetes rechtwinkliges Dreieck ABC. Überprüfe dein Ergebnis mit dem Taschenrechner.
  Hinweis: Bei den meisten Rechnern musst du erst die Tastenfolge
  $\boxed{\text{2nd}}$ $\boxed{\sin^{-1}}$ oder $\boxed{\text{SHIFT}}$ $\boxed{\sin^{-1}}$
  drücken und danach den Sinuswert eingeben.
  a) $\sin\alpha = \frac{1}{2}$ **b)** $\cos\alpha = \frac{2}{3}$ **c)** $\tan\alpha = \frac{3}{4}$ **d)** $\sin\alpha = 0{,}75$ **e)** $\cos\alpha = 0{,}4$

ÜBEN

6. Ein rechtwinkliges Dreieck hat die angegebenen Maße.
  Berechne sin α, cos α, tan α, sin β, cos β, tan β. Runde auf Tausendstel.
  a)   **b)**   **c)**

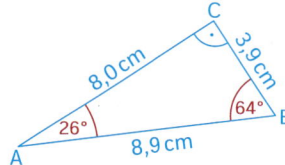
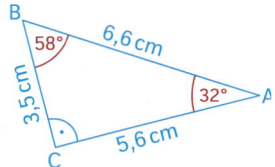
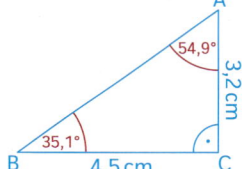

7. Kontrolliere die Hausaufgaben.

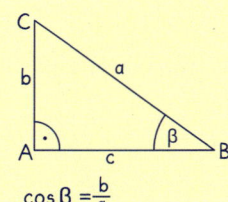
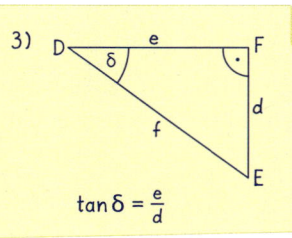

8. Konstruiere das Dreieck ABC, markiere die gegebenen Stücke rot.
  Berechne dann den fehlenden Winkel und miss die fehlenden Seiten.
  Bestimme nun in dem rechtwinkligen Dreieck den Sinus, den Kosinus und den Tangens der beiden spitzen Winkel. Überprüfe deine Ergebnisse mit dem Taschenrechner.
  a) α = 90°   **b)** α = 90°   **c)** β = 90°   **d)** β = 90°   **e)** γ = 90°
  β = 38°   γ = 48°   a = 5 cm   α = 28°   a = 2,8 cm
  c = 9 cm   b = 8 cm   γ = 58°   c = 13 cm   β = 48°

9. Berechne, falls möglich, den Winkel α mit dem Taschenrechner.
  a) $\sin\alpha = \frac{2}{3}$ **b)** $\tan\alpha = \frac{5}{4}$ **c)** $\sin\alpha = 0{,}8$ **d)** $\tan\alpha = 1{,}5$ **e)** $\tan\alpha = 5$
  $\cos\alpha = \frac{4}{5}$ $\sin\alpha = 1{,}2$ $\cos\alpha = 0{,}3$ $\tan\alpha = 4$ $\cos\alpha = 0{,}2$
  $\tan\alpha = \frac{4}{5}$ $\sin\alpha = 0{,}6$ $\cos\alpha = 1{,}7$ $\sin\alpha = 0{,}2$ $\sin\alpha = 0{,}9$

Berechnungen im rechtwinkligen Dreieck

EINSTIEG

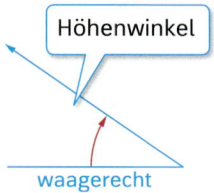

Höhenwinkel

waagerecht

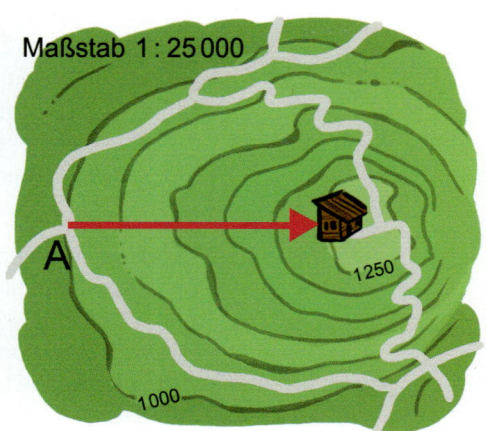

Maßstab 1 : 25 000

A

1 250

1 000

Ein Sendemast soll mit vier Seilen von je 40 m Länge abgespannt werden. Der Höhenwinkel α der Seile soll 55° betragen.

›› In welcher Höhe müssen die Seile befestigt werden?

›› Wie weit vom unteren Ende des Mastes müssen die Seile befestigt werden?

›› Präsentiert die Ergebnisse beider Aufgaben.

Von der Stelle A führt ein fast gerader Weg zur Hütte.

›› Wie groß ist der Steigungswinkel?

›› Gebt die Steigung auch in Prozent an.

AUFGABE

1. *Anwendungen zu Sinus und Kosinus*
Die folgenden Aufgaben konntest du bisher nur zeichnerisch lösen. Du hast jetzt die Hilfsmittel, sie rechnerisch zu bearbeiten. Fertige zunächst eine Skizze an.

a) Eine Leiter von 6 m Länge soll an eine Hauswand gelehnt werden.
In welchem Abstand muss bei einem Neigungswinkel von 70° das Fußende der Leiter von der Hauswand aufgestellt werden?
Wie hoch reicht die Leiter dann?

b) Eine 7,00 m lange Leiter soll an einer Wand 6,70 m hoch reichen. Damit sie nicht abrutscht, muss nach Sicherheitsvorschriften der Neigungswinkel, den sie mit dem waagerechten Erdboden bildet, mindestens 68°, höchstens 75° betragen.
Ist der Neigungswinkel nach den Sicherheitsvorschriften noch eingehalten worden?

Lösung

a) Die Leiter bildet zusammen mit der Hauswand und der Standfläche ein rechtwinkliges Dreieck mit:

s = 6,00 m   Länge der Leiter
α = 70°   Neigungswinkel der Leiter
h   gesuchte Höhe an der Hauswand
a   gesuchter Abstand von der Hauswand

Der Skizze entnehmen wir:

$\sin\alpha = \dfrac{h}{s}$ und $\cos\alpha = \dfrac{a}{s}$.

Wir stellen nach den Variablen h bzw. a um und setzen die gegebenen Werte ein:

h = s · sin α, also h = 6 m · sin 70°; h ≈ 5,64 m
a = s · cos α, also a = 6 m · cos 70°; a ≈ 2,05 m

Ergebnis: Das Fußende der Leiter muss etwa 2,00 m von der Hauswand entfernt aufgestellt werden; die Leiter reicht dann etwa 5,65 m hoch.

b) Der Skizze zu Teilaufgabe a) entnehmen wir:

$\sin\alpha = \dfrac{h}{s} = \dfrac{6{,}70\,m}{7{,}00\,m}$; sin α ≈ 0,957; also α ≈ 73°

Ergebnis: Die Größe des Neigungswinkels der Leiter beträgt etwa 73°. Die Sicherheitsvorschriften wurden eingehalten.

FESTIGEN UND WEITERARBEITEN

Theodolit: Winkelmessgerät

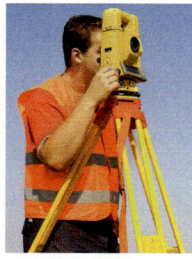

2. *Anwendungen zum Tangens*

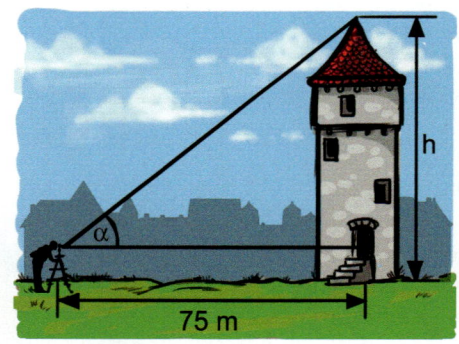

75 m

a) Die Höhe h eines Turmes soll bestimmt werden. Dazu wird in einer Entfernung von 75 m ein 1,50 m hoher Theodolit aufgestellt. Mit dem Theodolit wird die Spitze des Turmes angepeilt und der Höhenwinkel α = 38° gemessen.
Wie hoch ist der Turm?
Verwende zur Berechnung nur gegebene Größen.

b) Wie groß ist der Höhenwinkel α in einer Entfernung von 120 m?

3. Berechne die rot markierte Größe.

a)
x
7 cm   35°

b)
x
12 cm   26°

c)
x
4,2 cm   53°

d)
4 cm   6 cm
α

e)
α
8 cm   6 cm

f)
x   62°
8,4 cm

g)
7,6 cm
α
5,0 cm

h)
2,2 cm
3,6 cm
α

4. a) An einer geradlinig verlaufenden Straße zeigt ein Straßenschild ein Gefälle von 14 % an. Das bedeutet: Auf 100 m horizontal gemessener Entfernung beträgt der Höhenunterschied 14 m.
Wie groß ist der Neigungswinkel α?

b) Wie viel m beträgt der Höhenunterschied auf 4 km Straßenlänge (bei gleichbleibendem Gefälle)?

c) Tim behauptet, der Neigungswinkel von 90° gehört zu einem Gefälle von 100 %. Was meinst du dazu? Erkläre.

d) Wie groß ist das Gefälle in Prozent bei einem Neigungswinkel von 60°?

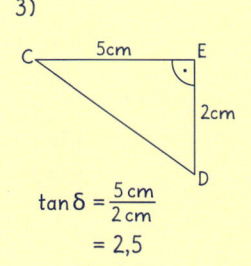

ÜBEN

5. In einem Dreieck ABC mit $\alpha = 90°$ sind außerdem folgende Stücke gegeben:

a) a = 13,7 cm	**b)** a = 14,10 m	**c)** b = 8 m	**d)** c = 29,3 cm	**e)** a = 5,3 dm
c = 5,9 cm	b = 7,80 m	c = 11 m	b = 25,6 cm	c = 3,7 dm

Berechne die Länge der anderen Seite sowie die Größe der beiden anderen Winkel.

> Kontrolliere durch Konstruktion.

6. In einem Dreieck ABC mit c = 6,7 cm sind außerdem folgende Winkel gegeben:

a) $\alpha = 35°$	**b)** $\alpha = 90°$	**c)** $\beta = 90°$	**d)** $\alpha = 90°$	**e)** $\beta = 47°$	**f)** $\alpha = 25°$
$\gamma = 90°$	$\beta = 78°$	$\gamma = 11°$	$\gamma = 45°$	$\gamma = 90°$	$\beta = 90°$

Berechne die Seitenlängen a und b sowie den dritten Winkel.

7. Kontrolliere die Rechnungen.

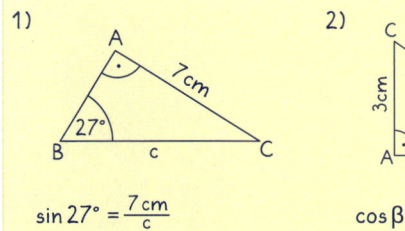

1)
$$\sin 27° = \frac{7\,cm}{c}$$
$$c = 7\,cm \cdot 27°$$
$$\approx 3,2\,cm$$

2)
$$\cos \beta = \frac{b}{c}$$
$$= \frac{3\,cm}{5\,cm}$$
$$= 0,6$$
$$\beta \approx 53°$$

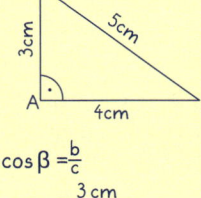

3)
$$\tan \delta = \frac{5\,cm}{2\,cm}$$
$$= 2,5$$
$$\delta \approx 1,2°$$

8. a) Eine Leiter soll 3,50 m hoch reichen.
Wie lang muss sie bei einem Neigungswinkel von 70° sein?

b) Eine Leiter von 3,60 m Länge lehnt an einer Wand. Ihr Fußende ist 1,50 m von der Wand entfernt.

9. Die Türme des Kölner Doms sind 157 m hoch. In welcher Entfernung vom Dom erscheinen sie unter einem Höhenwinkel (1) von 20°; (2) von 9°?
Fertige eine Skizze an.

10. In einem Dreieck ABC sind gegeben:

a) a = 12,3 cm	**b)** a = 7,80 m	**c)** b = 23 dm	**d)** a = 10,4 cm	**e)** a = 4,3 dm
c = 9,4 cm	b = 5,20 m	c = 16 dm	c = 2,5 cm	b = 5,7 dm
$\beta = 90°$	$\gamma = 90°$	$\alpha = 90°$	$\beta = 90°$	$\gamma = 90°$

Berechne die Größe der beiden anderen Winkel sowie die Länge der dritten Seite.

11. In einem Dreieck ABC sind gegeben:

a) $a = 5{,}5\,\text{cm}$	**b)** $c = 13{,}70\,\text{m}$	**c)** $b = 15\,\text{m}$	**d)** $a = 27{,}4\,\text{dm}$	**e)** $b = 4{,}9\,\text{cm}$
$\gamma = 90°$	$\beta = 90°$	$\gamma = 90°$	$\gamma = 90°$	$\alpha = 90°$
$\beta = 67°$	$\gamma = 22°$	$\alpha = 79°$	$\alpha = 51°$	$\beta = 50°$

Berechne die Länge der anderen Kathete und die Länge der Hypotenuse.

12. Das nebenstehende Bild zeigt, wie man die Breite eines Flusses an der Stelle B bestimmen kann. Man misst die Länge einer Strecke $\overline{AB}$ (parallel zum Flussufer) und den Winkel α zu einem gegenüberliegenden Punkt C.
Es wurde gemessen:
$\overline{AB} = 30\,\text{m}$ und $\alpha = 52{,}3°$.
Wie breit ist der Fluss?

13.

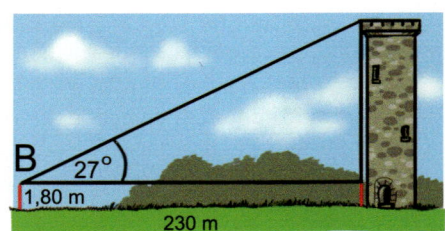

Um die Höhe eines Turms zu bestimmen, wird der Höhenwinkel zur Turmspitze aus einer Entfernung von 230 m bestimmt. Man misst 27°. Der Beobachtungspunkt B liegt 1,80 m höher als der Fußpunkt des Turms.
Wie hoch ist der Turm?

14. Der Schatten eines 4,50 m hohen Baumes ist 6,00 m lang.
Wie hoch steht die Sonne, d. h. unter welchem Winkel α treffen die Sonnenstrahlen auf den Boden?

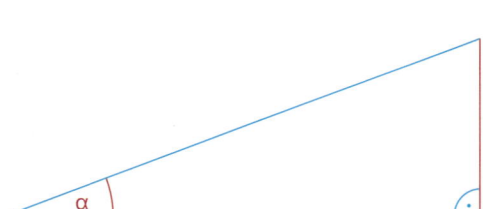

15. Wie groß ist die Steigung (in %) einer Bahnlinie, wenn der Steigungswinkel

a) 0,7°   **b)** 1,4°   **c)** 2,1°

beträgt?

16. a) Leite allgemein eine Beziehung zwischen der Steigung m und dem Steigungswinkel α her.
b) Berechne mit dieser Formel den Steigungswinkel α für

(1) $m = \frac{1}{4}$;   (2) $m = 0{,}7$;   (3) $m = 15\,\%$

17. Gegeben ist ein Würfel
(1) mit der Kantenlänge 5 cm;
(2) mit der Kantenlänge a.
Wie groß ist der Winkel, den die Raumdiagonale des Würfels
a) mit einer Kante bildet;
b) mit der Diagonalen einer Seitenfläche bildet?

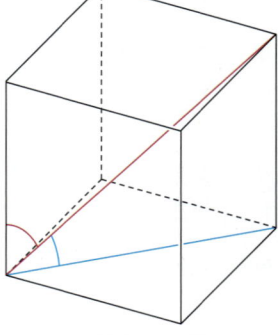

✷✷

Die gesamte Giebelfront soll neu verputzt werden. Berechne ihre Größe, ohne die Tür und die Fenster dabei herauszurechnen.

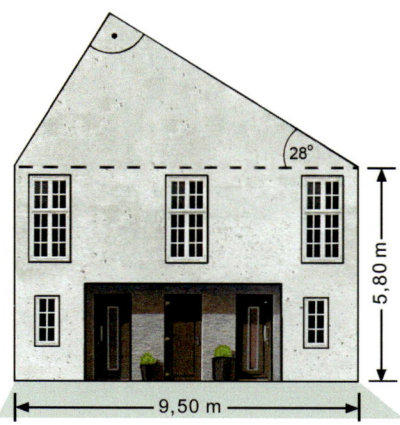

✷✷✷

Das Dach soll neu mit Tondachziegeln eingedeckt werden. Ein Dachziegel deckt 8,5 dm² ab und kostet 2,87 € inkl. Mehrwertsteuer.
Wie viele Dachziegel müssen mindestens bestellt werden?
Wie teuer sind sie?

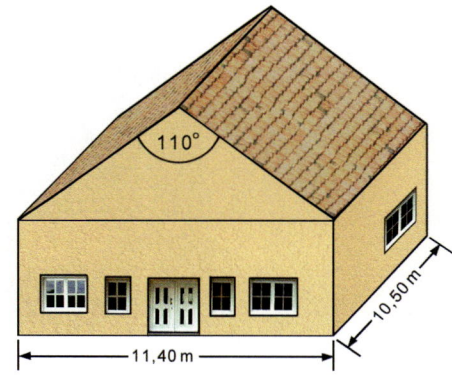

✷✷✷✷

Der Dachgiebel sollen neu mit Holz verkleidet werden.
1 m² kostet 95,00 € plus Mehrwertsteuer.
Berechne die Kosten.

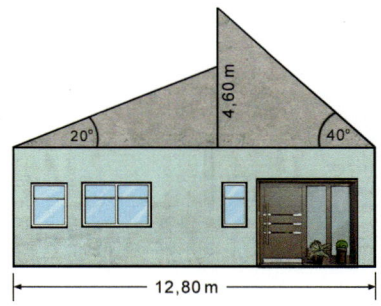

Berechne Umfang und Flächeninhalt der rot eingezeichneten Dreiecke sowie die Größe des Innenwinkels α.

✷✷   ✷✷✷   ✷✷✷✷

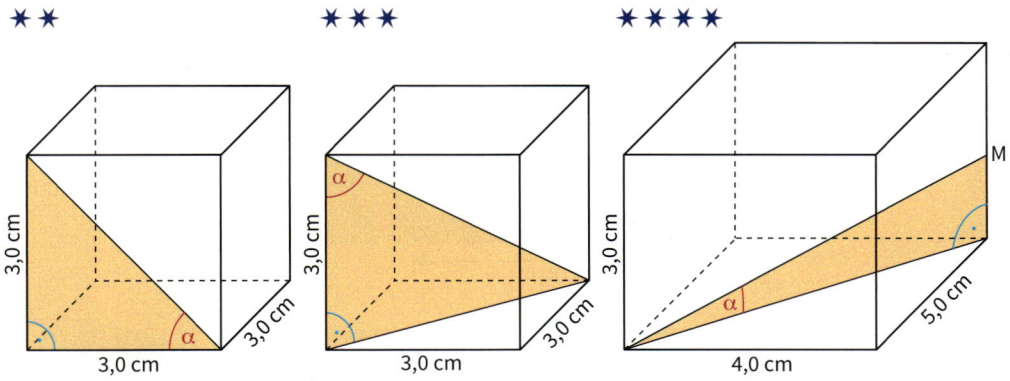

VERMISCHTE UND KOMPLEXE ÜBUNGEN

1. a) Eine Rampe für Rollstuhlfahrer ist 4,50 m lang. Der Steigungswinkel beträgt 3,4°. Welche Höhe wird mit der Rampe überwunden?

b) Die Steigung bzw. Neigung einer Rampe für Rollstuhlfahrer beträgt laut Bauvorschrift maximal 6 %.
Wurde diese Bestimmung in Teilaufgabe a) eingehalten?

c) Eine Rampe für Rollstuhlfahrer darf höchstens 6 m lang sein. Welche Höhe kann damit erreicht werden?

2.

Auf die Dachreling eines Pizza-Taxis sollen zwei rechteckige Platten für Werbung aufgeschraubt und oben verbunden werden. Das Auto ist 1,43 m hoch, die Dachreling 1,39 m breit. Das Auto soll unter einem 2,50 m hohen Carport stehen.
Wie breit dürfen die Platten höchstens sein? Nimm einen Sicherheitsabstand von 10 cm an.

3. Eine Tür ist 0,82 m breit und 1,97 m hoch. Eine 2,10 m breite und 3,40 m lange Holzplatte soll durch die Tür getragen werden. Ist das möglich?

4.

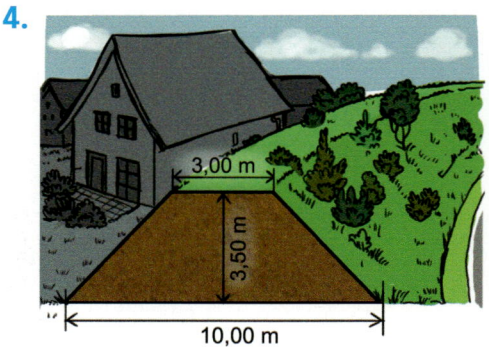

An einer Straße wird ein 60 m langer Lärmschutzwall geplant, dessen Querschnittsfläche ein gleichschenkliges Trapez sein soll.

a) Wie viel m^3 Erde müssen aufgeschüttet werden?

b) Beide Böschungen sollen bepflanzt werden. Das Bepflanzen kostet 36 € pro m^2. Berechne die Kosten.

5. Berechne den Flächeninhalt des dreieckigen Grundstücks.

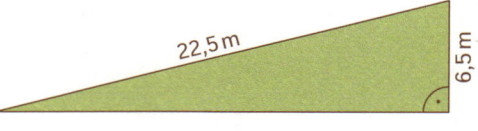

Ein Hersteller macht folgende Angaben:
- Bildschirmbreite: 105 cm
- Bildschirmhöhe: 45 cm
- Bildschirmgröße: 114 cm

Überprüfe die Angaben. Welches Format hat das Fernsehgerät?

Ein Fernsehapparat hat das Format 21 : 9. Seine Bildschirmbreite beträgt 147 cm. Wie lang ist die Bildschirmdiagonale?

6. Die Hersteller von Fernsehapparaten bieten ihre Geräte an
- mit unterschiedlichen Bildschirmgrößen, das sind die Längen der Diagonalen;
- mit zwei Formaten, nämlich 21 : 9 und 16 : 9, das ist das Verhältnis von Breite zu Höhe eines Bildschirms.

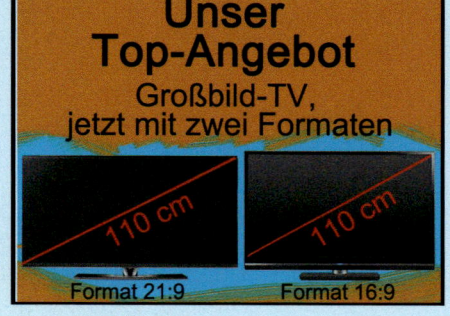

Unser
Top-Angebot
Großbild-TV,
jetzt mit zwei Formaten

110 cm   110 cm

Format 21:9   Format 16:9

Der Sehabstand sollte bei einem Fernsehgerät im Format 16 : 9 etwa die fünffache Bildschirmhöhe betragen. Diese Vorgabe wird bei einem Sehabstand von 3,15 m gerade erfüllt. Was kannst du über die Bildschirmgröße sagen?

Welche Bildschirmbreite und -höhe hat der abgebildete Fernsehapparat mit dem Format 16 : 9?

7. Eine Seilbahn überwindet auf einer ersten Teilstrecke von 250 m Länge eine Höhendifferenz von 180 m. Auf einer zweiten Teilstrecke von 124 m Länge beträgt die Höhendifferenz 78 m.
(1) Fertige eine Skizze an.
(2) Wie groß sind die Steigungswinkel der beiden Teilstrecken?
(3) Gib die Steigungen auch in Prozent an.

8. **a)** Berechne das Volumen V und die Oberfläche O des Prismas links. Bestimme dazu zeichnerisch die fehlende Seitenlänge der Grundfläche.
b) Ein 6,5 cm hohes Prisma hat ein gleichseitiges Dreieck als Grundfläche; das Dreieck hat eine Seitenlänge von 3,8 cm. Berechne Oberfläche und Volumen des Prismas.

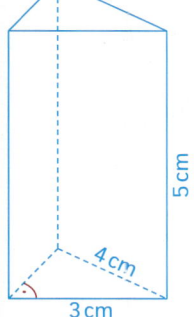

5 cm

4 cm

3 cm

9. Der Hersteller von Objektiven für Spiegelreflexkameras gibt zu den verschiedenen Objektiven die horizontalen Bildwinkel an.
Ein 90 m breites Schloss soll fotografiert werden.
Welchen Abstand vom Gebäude muss man bei den verschiedenen Objektiven mindestens haben, um es vollständig auf das Bild zu bekommen?

Objektiv	Bildwinkel
50 mm (Normal)	47°
28 mm (Weitwinkel)	75°
135 mm (Tele)	18°

WAS DU GELERNT HAST

Der Satz des Pythagoras

In jedem rechtwinkligen Dreieck gilt:
Das Hypotenusenquadrat ist genauso groß wie die beiden Kathetenquadrate zusammen.
$a^2 + b^2 = c^2$

Wie lang ist die Seite x?

$$(8\,\text{cm})^2 + x^2 = (10\,\text{cm})^2 \qquad |-(8\,\text{cm})^2$$
$$x^2 = (10\,\text{cm})^2 - (8\,\text{cm})^2$$
$$x^2 = 36\,\text{cm}^2 \qquad |\sqrt{}$$
$$x = 6\,\text{cm}$$

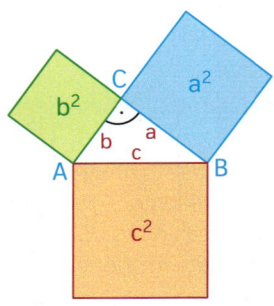

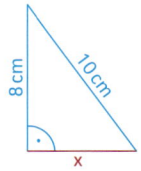

Strategie zur Berechnung von Längen

Um mit dem Satz des Pythagoras Seitenlängen zu berechnen, sucht man in der Figur nach rechtwinkligen Dreiecken oder erzeugt rechtwinklige Dreiecke z. B. durch das Einzeichnen einer Höhe.

Wie lang sind die Schenkel s?

$h = 4\,\text{cm}$
$g = 6\,\text{cm}$
$$h^2 + \left(\frac{g}{2}\right)^2 = s^2$$
$$s^2 = (4\,\text{cm})^2 + (3\,\text{cm})^2$$
$$s^2 = 25\,\text{cm}^2 \qquad |\sqrt{}$$
$$s = 5\,\text{cm}$$

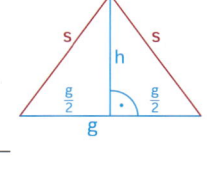

Sinus, Kosinus und Tangens

$$\sin\alpha = \frac{\text{Gegenkathete zu }\alpha}{\text{Hypotenuse}}$$

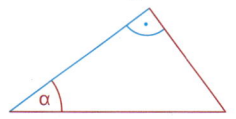

Wie lang ist die Seite x?

$$\sin 40° = \frac{x}{7\,\text{cm}} \qquad |\cdot 7\,\text{cm}$$
$$7\,\text{cm} \cdot \sin 40° = x$$
$$x \approx 4{,}5\,\text{cm}$$

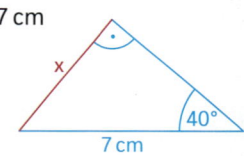

$$\cos\alpha = \frac{\text{Ankathete zu }\alpha}{\text{Hypotenuse}}$$

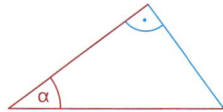

Wie groß ist α?

$$\cos\alpha = \frac{4\,\text{cm}}{5\,\text{cm}}$$
$$\cos\alpha = 0{,}8 \qquad |\cos^{-1}$$
$$\alpha \approx 36{,}9°$$

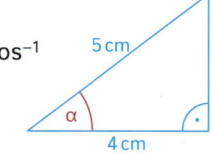

$$\tan\alpha = \frac{\text{Gegenkathete zu }\alpha}{\text{Ankathete zu }\alpha}$$

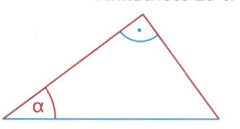

Wie lang ist die Seite x?

$$\tan 35° = \frac{6\,\text{cm}}{x} \qquad |\cdot x$$
$$x \cdot \tan 35° = 6\,\text{cm} \qquad |:\tan 35°$$
$$x = \frac{6\,\text{cm}}{\tan 35°}$$
$$x \approx 8{,}6\,\text{cm}$$

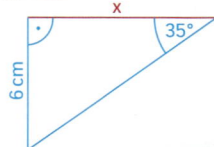

BIST DU FIT?

1. Berechne die Länge der roten Seite.

a)   **b)**   **c)**   **d)**

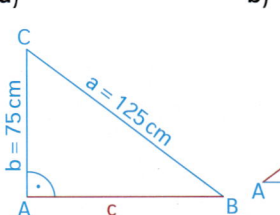 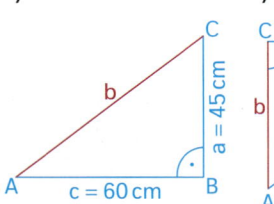 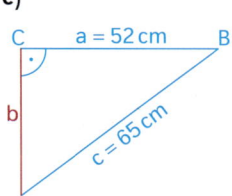 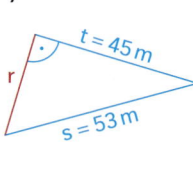

2. Berechne die fehlenden Stücke des rechtwinkligen Dreiecks ABC; berechne auch den Umfang und den Flächeninhalt.

    a) $a = 7\,cm$; $\beta = 14°$; $\gamma = 90°$ **d)** $c = 41\,m$; $\beta = 34°$; $\gamma = 90°$

    b) $a = 4,4\,cm$; $\alpha = 44°$; $\beta = 90°$ **e)** $\gamma = 90°$; $b = 84\,cm$; $\beta = 43°$

    c) $\alpha = 90°$; $a = 185\,m$; $\gamma = 58°$ **f)** $c = 7,8\,cm$; $\gamma = 51°$; $\beta = 90°$

3. Ein gleichseitiges Dreieck hat die Seitenlänge $s = 5\,cm$.
Berechne die Höhe des Dreiecks
(1) mit dem Satz des Pythagoras;
(2) mit dem Sinus eines Innenwinkels.

4. Ein Quader ist 8 cm lang, 5 cm hoch und 3,5 cm breit.
Wie lang ist die Raumdiagonale?

5. Eine Dachform wie rechts heißt Sägedach. Der Querschnitt soll aus einem rechtwinkligen Dreieck mit den angegebenen Maßen bestehen.
Berechne die Dachneigungen.

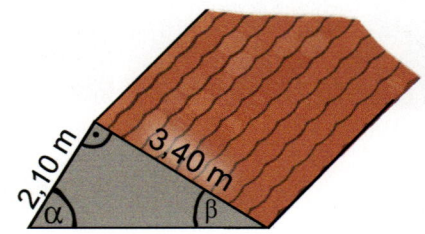

6.

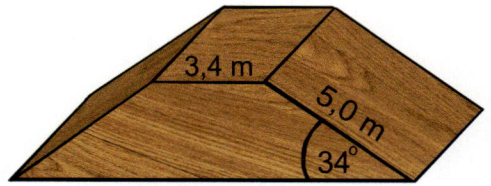

Bei einer bequemen Treppe beträgt die Stufenhöhe 18 cm und die Stufenbreite 27 cm. Wie groß ist der Steigungswinkel α der Treppe?
Gib die Steigung auch in Prozent an.

7. Die Querschnittsfläche der Skateboardrampe hat die Form eines gleichschenkligen Trapezes.
    a) Berechne die Höhe der Rampe.
    b) Wie groß ist die Querschnittsfläche?

KAPITEL 5

KREIS UND ZYLINDER

Pulvermaare in der Eifel

Maare sind spezielle Seen, die aus Vulkankratern entstanden sind. Die Wasserflächen sind daher oft fast kreisförmig. Das abgebildete Pulvermaar liegt bei Gillenfeld in Rheinland-Pfalz und ist das schönste und größte Maar in der Eifel.

» Wie lang ist das Seeufer ungefähr?
» Wie kann man die Wasserfläche näherungsweise bestimmen?

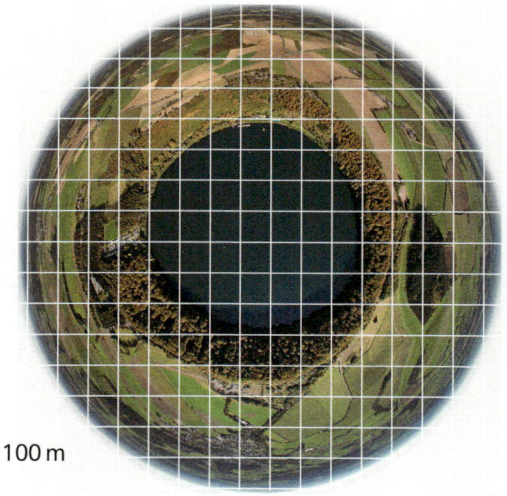

1 Kästchenlänge = 100 m

Baumstämme

Baumstämme haben ungefähr die Form eines Zylinders.

» Wie kann man bestimmen, wie viel Kubikmeter Holz ein Stamm ungefähr hat?

Zylinderförmige Verpackungen

Die Verpackungen rechts haben die Form eines Zylinders.

» Was haben sie gemeinsam, was unterscheidet sie?
» Kennst du weitere Beispiele für Kreise und Zylinder aus Natur, Umwelt oder Technik?

IN DIESEM KAPITEL LERNST DU …

… *wie man den Umfang und den Flächeninhalt von Kreisen bestimmt.*
… *wie man Kreisteile und zusammengesetzte Flächen berechnet.*
… *was ein Zylinder ist und wie man die Oberfläche und das Volumen von Zylindern bestimmen kann.*
… *wie man zusammengesetzte Körper berechnet.*

UMFANG UND FLÄCHENINHALT EINES KREISES

Der Kreisumfang

EINSTIEG

Bei Kreisen kann man den Durchmesser d leicht messen. Der Kreisumfang u, also die Länge der Kreislinie, lässt sich schwieriger messen. Kann man aus dem Durchmesser den Umfang bestimmen?

» Besorgt euch verschiedene kreisrunde Gegenstände, z.B. Münzen, eine CD, Trinkbecher, Dosen, Töpfe...
» Welchen Zusammenhang gibt es zwischen Durchmesser d und Kreisumfang u? Schätzt zunächst.
» Messt bei verschiedenen kreisförmigen Gegenständen den Durchmesser d und den Umfang u möglichst genau.
» Tragt die Ergebnisse in eine Tabelle ein und zeichnet einen Graphen der Zuordnung *Durchmesser d → Umfang u*. Was fällt auf?
» Berechnet den Quotienten $\frac{u}{d}$. Das Wievielfache des Durchmessers d ist der Umfang u? Wie kann man den Umfang u aus dem Durchmesser d bestimmen?
» Präsentiert eure Ergebnisse.

AUFGABE

1. a) Für eine Modelleisenbahn werden unterschiedliche kreisrunde Fahrstrecken angeboten. Es gibt Geschenkpakete mit folgenden Fahrstrecken:
$s_1 = 1{,}20\,\text{m}$; $s_2 = 140\,\text{cm}$; $s_3 = 2{,}5\,\text{m}$; $s_4 = 270\,\text{cm}$.
Im Katalog sind die Kreisradien angegeben mit
$r_1 = 192\,\text{mm}$; $r_2 = 225{,}6\,\text{mm}$; $r_3 = 396{,}4\,\text{mm}$; $r_4 = 430\,\text{mm}$.
Untersuche, wie die Länge s der Fahrstrecke vom Kurvenradius r abhängt.
Berechne jeweils auch den Quotienten $\frac{s}{d}$ aus Länge s der Fahrstrecke und Durchmesser d.

b) Entwickle eine Formel für die Berechnung des Kreisumfangs u aus dem Durchmesser d bzw. dem Radius r.

c) (1)   (2)

Ein kreisrunder Holzbottich mit dem äußeren Durchmesser d = 85 cm soll mit Metallbändern verstärkt werden. Wie lang ist jedes Metallband?

Ein Satellit umkreist die Erde auf einer Kreisbahn mit dem Radius r = 42 157 km. Wie viel km legt er bei einer Erdumrundung zurück?

Lösung

a) Wir berechnen:

$$\frac{s_1}{r_1} = \frac{1\,200\,\text{mm}}{192\,\text{mm}} \approx 6{,}25 \qquad\qquad \frac{s_1}{d_1} = \frac{1\,200\,\text{mm}}{384\,\text{mm}} \approx 3{,}125$$

$$\frac{s_2}{r_2} = \frac{1\,400\,\text{mm}}{225{,}6\,\text{mm}} \approx 6{,}206 \qquad \frac{s_2}{d_2} = \frac{1\,400\,\text{mm}}{451{,}2\,\text{mm}} \approx 3{,}103$$

$$\frac{s_3}{r_3} = \frac{2\,500\,\text{mm}}{396{,}4\,\text{mm}} \approx 6{,}307 \qquad \frac{s_3}{d_3} = \frac{2\,500\,\text{mm}}{792{,}8\,\text{mm}} \approx 3{,}153$$

$$\frac{s_4}{r_4} = \frac{2\,700\,\text{mm}}{430\,\text{mm}} \approx 6{,}279 \qquad\ \ \frac{s_4}{d_4} = \frac{2\,700\,\text{mm}}{860\,\text{mm}} \approx 3{,}139$$

Wir stellen fest: Die Quotienten aus Länge s der Fahrstrecke und Radius r bzw. aus Länge s der Fahrstrecke und Durchmesser d sind jeweils ungefähr gleich.

Wir fassen die Fahrstrecke als Umfang des Kreises auf und gehen davon aus, dass der Quotient $\frac{\text{Kreisumfang } u}{\text{Durchmesser } d}$ konstant ist.

Diese Konstante bezeichnet man mit π, gelesen: *pi*. Ein Näherungswert für π ist 3,14.

konstant
fest; unveränderlich

b) Als Formel für die Berechnung des Kreisumfangs erhalten wir:

$\frac{u}{d} = \pi$, also $\boxed{u = \pi \cdot d}$ bzw. $\boxed{u = \pi \cdot 2\,r}$

c) Wir berechnen den Umfang mit dem Näherungswert 3,14 für π.

   (1) Holzbottich: $u \approx 3{,}14 \cdot d \approx 3{,}14 \cdot 85\,\text{cm} = 266{,}9\,\text{cm} \approx 2{,}67\,\text{m}$

   (2) Satellitenbahn: $u \approx 3{,}14 \cdot 2 \cdot r \approx 3{,}14 \cdot 84\,314\,\text{km} \approx 264\,746\,\text{km}$

INFORMATION

(1) Die Kreiszahl π

Drückt man auf dem Taschenrechner die Taste für π, so erhält man z. B. 3,141592654. Dies ist auch nur ein Näherungswert für π. Eine noch genauere Näherung ist z. B.:

$\pi \approx 3{,}14159265358979323846264338327950288419716939937510582097494459 2307$

Man kann zeigen, dass π eine *irrationale Zahl* ist, d. h. die Ziffernfolge nach dem Komma bricht niemals ab und wird auch nicht periodisch. Daher kann man nur mit Näherungswerten rechnen. Wir verwenden

- bei schriftlichen Rechnungen: $\pi \approx 3{,}14$
- beim Abschätzen oder Überschlagen: $\pi \approx 3$
- beim Rechnen mit dem Taschenrechner: *immer* die Taste π

(2) Umfang des Kreises

Für den **Umfang u** eines Kreises mit dem **Durchmesser d** bzw. dem **Radius r** gilt:

$u = \pi \cdot d$ bzw. $u = 2\,\pi \cdot r$

Der Kreisumfang ist etwa das Dreifache des Durchmessers.

Beispiele:

Gegeben: d = 4,5 cm   *Gegeben:* r = 5,0 cm
Überschlag: *Überschlag:*
$u \approx 3 \cdot 4{,}5\,\text{cm} = 13{,}5\,\text{cm}$ $u \approx 2 \cdot 3 \cdot 5\,\text{cm} = 30\,\text{cm}$
Rechnung: *Rechnung:*
$u = \pi \cdot 4{,}5\,\text{cm}$ $u = 2\,\pi \cdot 5{,}0\,\text{cm}$
$u \approx 14{,}1\,\text{cm}$ $u \approx 31{,}4\,\text{cm}$

FESTIGEN UND WEITERARBEITEN

2. Überschlage zunächst den Umfang des Kreises. Berechne dann den Umfang mit der π-Taste deines Taschenrechners. Runde sinnvoll. Vergleiche.

   a) d = 4 cm   **b)** d = 15,4 cm   **c)** r = 2,35 m   **d)** r = 350 km

3. *Berechnen des Radius bei vorgegebenem Umfang*
Wie groß ist
(1) der Radius r,
(2) der Durchmesser d eines Kreises mit dem angegebenen Umfang u?
Überschlage zunächst.
a) u = 45 dm   **b)** u = 12 km   **c)** u = 261 m   **d)** u = 69 cm

4. a) Der Radius eines Kreises wird vergrößert
(1) auf das Doppelte;   (2) auf das Fünffache;   (3) um 15 %.
Untersuche, wie sich dann der Umfang des Kreises verändert.
b) Der Umfang eines Kreises wird verkleinert
(1) auf die Hälfte;   (2) auf ein Fünftel;   (3) um 23 %.
Untersuche, wie sich dann der Radius des Kreises verändert.

ÜBEN

5. Berechne den Umfang des Kreises.
a) r = 3 cm   **c)** r = 4,5 km   **e)** d = 8 cm   **g)** d = 13,5 m
b) r = 8 dm   **d)** r = 7,4 m   **f)** d = 17 dm   **h)** d = 31,4 cm

6. Berechne jeweils den Umfang des Gegenstandes. Überschlage zunächst.
d = 12 cm   d = 17 mm   d = 62 cm

7.

In der nachfolgenden Tabelle ist der äußere Durchmesser eines Rades für verschiedene Fahrräder angegeben.

Typ	Außendurchmesser
BMX-Rad	500 mm
Mountainbike	650 mm
Trekkingbike	716 mm

a) Wie lang ist der Weg, den man mit einer Radumdrehung zurücklegt?
b) Wie oft dreht sich das Rad auf einer 1 km langen Strecke?

8. Ein Messrad dient zum Messen von Entfernungen, z. B. bei Verkehrsunfällen.
a) Beschreibe das Messverfahren.
b) Der Durchmesser des Messrades beträgt 32 cm.
(1) Wie lang ist die Strecke bei 17 Umdrehungen? Überschlage zunächst.
(2) Wie viele Umdrehungen macht das Rad bei einer Weglänge von 25 m?

9. Beim Basteln werden aus 12 cm langen Silberdrähten kreisförmige Ringe hergestellt. Welchen Durchmesser haben die Ringe?

10. Berechne Radius und Durchmesser aus dem angegebenen Kreisumfang.
  a) u = 7 cm   **c)** u = 2,5 km   **e)** u = 95 km
  b) u = 89 mm   **d)** u = 1 m   **f)** u = 31,42 m

11. Die Baumsatzung einer Stadt schreibt vor:
Bäume (außer Obstbäume) mit einem Durchmesser von mehr als 19 cm (in 1 m Höhe) dürfen nur mit Genehmigung der Unteren Naturschutzbehörde oder des Bauaufsichtsamtes gefällt werden.

  a) Auf einem Grundstück stehen verschiedene Bäume. Ihr Umfang wurde mit einem Meterband gemessen.
   (1) Eiche: u = 151 cm   (3) Birke: u = 56 cm
   (2) Buche: u = 65 cm   (4) Pappel: u = 61 cm
   Welche dieser Bäume dürfen nur mit Genehmigung gefällt werden?
  b) *Erkundigt euch:* Gibt es für euren Wohnort auch eine entsprechende Satzung? Berichtet.

12. Eine Firma produziert kreisrunde Tischdecken mit dem Durchmesser
  a) 150 cm;   **b)** 170 cm;   **c)** 185 cm;   **d)** 210 cm.
  Jede Tischdecke wird mit Spitzbändern umsäumt.
  Berechne die Länge der Bänder.

13. Das Rad eines Förderturms hat einen Radius von 2,80 m. Bei einer Radumdrehung wird der Förderkorb um eine Strecke angehoben, die dem Umfang des Rades entspricht.

  a) Wie viele Umdrehungen muss das Rad machen, damit der Förderkorb 500 m gehoben wird?
  b) Das Rad macht pro Minute 4 Umdrehungen.
   Welchen Höhenunterschied kann der Förderkorb in 5 Minuten überwinden?

14. Das *London Eye* an der Themse in London wurde 1999 errichtet und ist das größte Riesenrad Europas. Es hat einen Außendurchmesser von 122 m.

  a) Wie viel m legt ein Tourist in einer Gondel bei einer Umdrehung des Riesenrades zurück? Überschlage zunächst.
  b) Angabe in einem Prospekt:

  > Das Riesenrad dreht sich mit einer Geschwindigkeit von 0,26 m pro Sekunde.

  Wie lange braucht das Riesenrad für eine Umdrehung?

Der Flächeninhalt eines Kreises

» Vergleicht in den Abbildungen (1) und (2) rechts die Größe A der Kreisfläche mit der Größe eines Radiusquadrates.
Welchen Zusammenhang vermutet ihr zwischen A und r^2?

» Bestimmt den Flächeninhalt des Kreises möglichst genau. Beschreibt eure Vorgehensweise.

» Versucht, eine Formel für die Berechnung des Flächeninhaltes eines Kreises in Abhängigkeit von r oder d aufzustellen.

» Berichtet über eure Ergebnisse.

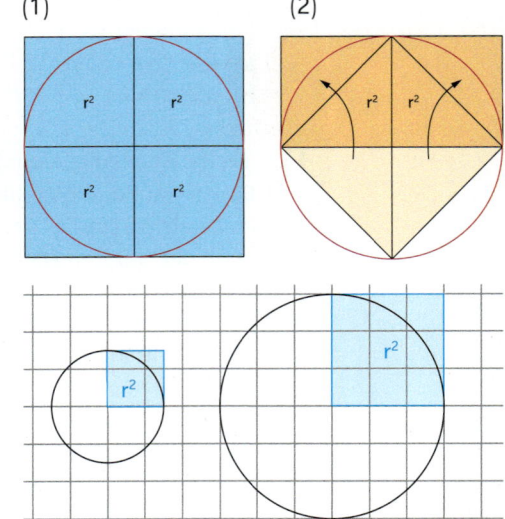

1. a) Kann man eine Kreisfläche A so aufteilen und neu zusammensetzen, dass man ungefähr ein Rechteck erhält? Versuche es zunächst mit 8, dann mit 16 „Tortenstücken".
Was kann man über die Genauigkeit dieses Verfahrens sagen?
Wie kann man mit diesem Verfahren den Flächeninhalt des Kreises berechnen?
Finde eine Formel.

b) In einer Empfangshalle eines Hotels soll eine kreisrunde Fläche (r = 4,5 m) mit Mosaiksteinen ausgelegt werden.
Wie viel m^2 Mosaiksteine werden benötigt?
Löse diese Aufgabe mithilfe der Formel aus Teilaufgabe a).

Lösung

a) Wenn man die Stücke versetzt in eine Reihe legt, erhält man ungefähr die Form eines Rechtecks. Dieses Rechteck hat ungefähr die Breite r.
Die Länge des Rechtecks ist etwa halb so groß wie der Umfang, nämlich $\frac{u}{2}$.
Die Genauigkeit wird umso besser, je feiner wir die Torte unterteilen. Bei sehr vielen Stücken erhalten wir fast ein Rechteck.
Für den Flächeninhalt A gilt dann:

$$A = \frac{u}{2} \cdot r = \frac{2\pi r}{2} \cdot r = \pi r^2$$

Wir erhalten also die Formel:

$A = \pi r^2$

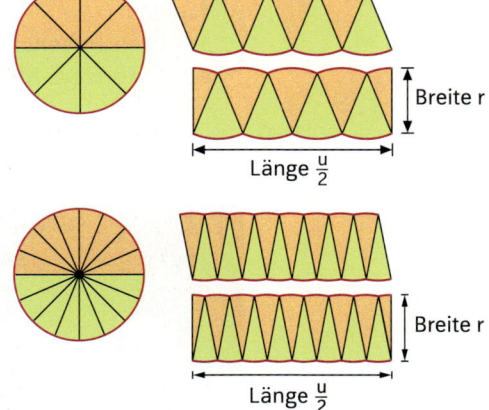

Breite r
Länge $\frac{u}{2}$

Breite r
Länge $\frac{u}{2}$

b) Wir berechnen den Flächeninhalt mit dem Näherungswert 3,14 für π.

$$A = \pi \cdot r^2$$
$$A \approx 3{,}14 \cdot (4{,}5\,m)^2 = 63{,}585\,m^2 \approx 64\,m^2$$

Ergebnis: Man braucht ungefähr 64 m^2 Mosaiksteine.

NFORMATION

Für den **Flächeninhalt A eines Kreises** mit dem Radius r gilt:
$$A = \pi \cdot r^2$$

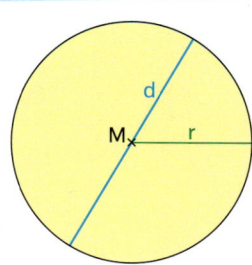

> Die Kreis-
> fläche ist unge-
> fähr dreimal so
> groß wie das
> Radiusquadrat.

Beispiel: $r = 5{,}0\,cm$
Überschlag: $A \approx 3 \cdot (5\,cm)^2 = 75\,cm^2$
Rechnung: $A = \pi \cdot (5{,}0\,cm)^2 = \pi \cdot 25\,cm^2 \approx 78{,}5\,cm^2$

**FESTIGEN UND
WEITERARBEITEN**

2. Überschlage zunächst den Flächeninhalt der Kreisfläche. Berechne ihn dann mit dem Taschenrechner. Runde das Ergebnis sinnvoll. Vergleiche.
   a) $r = 4\,cm$ **b)** $r = 7{,}9\,cm$ **c)** $d = 1{,}3\,m$ **d)** $d = 10{,}4\,m$ **e)** $d = 15\,km$

3. Der Durchmesser eines Bolzens wurde mit einer Schieblehre gemessen: $d = 8{,}2\,mm$.
   Wie groß ist die Querschnittsfläche des Bolzens? Überschlage zunächst.

4. Gegeben ist der Flächeninhalt A eines Kreises. Berechne den Radius. Entwickle zunächst eine Formel für die Berechnung von r. Rechne dann mit der Formel. Runde sinnvoll.
   a) $A = 40{,}7\,cm^2$ **b)** $A = 25\,m^2$ **c)** $A = 58\,km^2$ **d)** $A = 25\,mm^2$

5. a) Der Radius eines Kreises wird vergrößert
   (1) auf das Doppelte;   (2) auf das Dreifache;   (3) um 20 %.
   Wie verändert sich dann der Flächeninhalt des Kreises?
   b) Der Flächeninhalt eines Kreises wird verkleinert
   (1) auf die Hälfte;   (2) auf ein Drittel;   (3) um 10 %.
   Wie ändert sich dann der Radius?
   c) Zu jedem Radius r gehört genau ein Flächeninhalt A.
   Stelle die Funktion *Radius r → Flächeninhalt A* grafisch dar.

6. *Flächeninhalt eines Kreisrings*
   Die gelbe Fläche ist ein **Kreisring**; sie wird begrenzt durch zwei *konzentrische* Kreise; das sind Kreise mit demselben Mittelpunkt.
   Gegeben sind zwei konzentrische Kreise mit den Radien $r_a = 5{,}3\,cm$ und $r_i = 2{,}8\,cm$.
   a) Berechne den Flächeninhalt des Kreisrings.
   b) Stelle eine Formel für den Flächeninhalt eines Kreisrings mit den Radien r_a und r_i auf.
   Beschreibe dein Vorgehen.

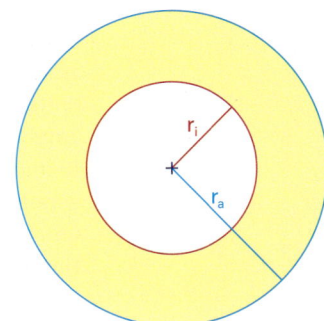

ÜBEN

7. Berechne den Flächeninhalt der Kreisfläche aus dem Radius r bzw. dem Durchmesser d.
   a) $r = 5{,}3\,cm$ **b)** $r = 1{,}18\,km$ **c)** $r = 2{,}06\,m$ **d)** $d = 28{,}5\,cm$ **e)** $d = 10{,}35\,m$

8. a) Ein kreisrunder Tisch hat den Durchmesser $1{,}40\,m$. Wie groß ist die Tischfläche?
   b) Der kreisförmige Querschnitt eines Kupferdrahtes beträgt
   (1) $1{,}13\,mm^2$;   (2) $9{,}62\,mm^2$;   (3) $0{,}5\,mm^2$.
   Bestimme den Durchmesser.

9. Berechne Radius und Durchmesser aus dem gegebenen Kreisflächeninhalt A.

a) 56,8 cm² **b)** 4,06 km² **c)** 0,84 mm² **d)** 3,88 cm² **e)** 0,053 m²

10. Der Einsatzradius eines Rettungshubschraubers beträgt 70 km.

a) Wie groß ist das Gebiet, in dem der Hubschrauber eingesetzt werden kann? Schätze zunächst.

b) Drei verschiedene Standorte von Rettungshubschraubern liegen auf den Eckpunkten eines gleichseitigen Dreiecks mit der Seitenlänge 140 km.

(1) Lege eine maßstabsgetreue Zeichnung an. Färbe das Gebiet in der Mitte, das von keinem der drei Hubschrauber erreicht werden kann.

(2) Wie groß darf die Entfernung zwischen den Standorten höchstens gewählt werden, damit keine Lücke entsteht?

11. Berechne den Radius eines Kreises, der denselben Flächeninhalt hat wie ein Quadrat mit der Seitenlänge 5,7 cm.

12. a) Gegeben ist der Umfang u eines Kreises. Berechne seinen Flächeninhalt A.

(1) u = 1 m   (2) u = 3 m   (3) u = 4,25 km   (4) u = 9,4 cm

b) Gegeben ist der Flächeninhalt A eines Kreises. Berechne seinen Umfang u.

(1) A = 1 m²   (2) A = 4 m²   (3) A = 56 cm²   (4) A = 26,4 cm²

c) Stelle eine Formel auf, mit der man

(1) aus dem Umfang den Flächeninhalt;

(2) aus dem Flächeninhalt den Umfang

des Kreises berechnen kann.

[...] Bei einem Tankerunfall hatte sich nach allen Seiten schnell ein Ölteppich ausgebreitet. Der Ölteppich hatte am ersten Tag die Größe von 4 km², am zweiten Tag war er bereits auf 6 km² angewachsen.

13. Lies den nebenstehenden Ausschnitt aus einem Zeitungsbericht über einen Tankerunfall.

Angenommen, die Ölfläche ist kreisförmig. Wie groß ist dann der Durchmesser des Ölteppichs am ersten Tag, am zweiten Tag?

14. Die Sportart Biathlon setzt sich aus den Sportdisziplinen *Skilanglauf* und *Schießen* zusammen. Beim Schießen wird aus 50 m Entfernung liegend und im Stehen auf eine Tafel mit fünf Zielscheiben geschossen. Beim Schießen im Liegen hat die Kreisscheibe einen Durchmesser von 4,5 cm und im Stehen von 11,5 cm.

Um wie viel Prozent ist die Fläche der Zielscheibe im Stehen größer als im Liegen?

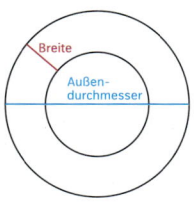

15. Ein Dichtungsring ist 7 mm breit und hat einen äußeren Durchmesser von 27 mm. Berechne den Flächeninhalt des Rings.

16. Ein Kreis hat den Radius 3,5 cm. Zeichne dazu einen konzentrischen Kreis derart, dass der entstehende Kreisring denselben Flächeninhalt wie der gegebene Kreis hat.

17. In ein Quadrat mit der Seitenlänge a wird der größtmögliche Kreis gezeichnet.
Gib (1) den Flächeninhalt; (2) den Umfang des Kreises in Abhängigkeit von a an.

BERECHNUNGEN AN ZUSAMMENGESETZTEN FLÄCHEN

EINSTIEG

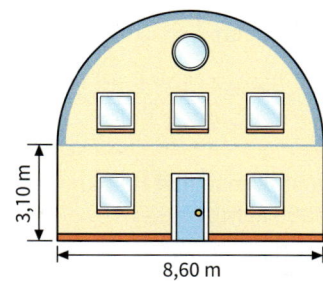

3,10 m

8,60 m

Die Giebelfront des Hauses soll neu gestrichen werden.
Pro Quadratmeter muss mit einem Preis von 15,35 € gerechnet werden.
Die Fenster und die Tür bleiben unberücksichtigt.

» Wie teuer ist der Anstrich?

AUFGABE

1. Lauras Eltern haben einen runden Esstisch, den man durch Einlegen einer rechteckigen Platte erweitern kann.
   a) Wie groß ist dann die Tischfläche?
   b) Gib auch den Umfang des Tisches an.

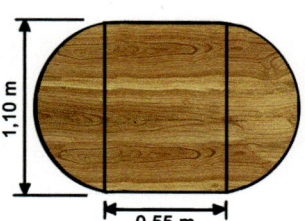

1,10 m

0,55 m

Lösung

a) Die Tischfläche besteht aus einem Rechteck und zwei Halbkreisen.
Das Rechteck hat die Maße a = 0,55 m und b = 1,10 m.
Die zwei Halbkreisflächen bilden zusammen eine Kreisfläche mit dem Durchmesser d = 110 cm.

Flächeninhalt A_R des Rechtecks:
$A_R = a \cdot b$
$A_R = 0{,}55\,m \cdot 1{,}10\,m$
$A_R = 0{,}605\,m^2$

Flächeninhalt A_K des Kreises:
$A_K = \pi \cdot r^2$
$A_K = \pi \cdot (0{,}55\,m)^2$
$A_K \approx 0{,}950\,m^2$

Der Gesamtflächeninhalt ergibt sich aus der Summe der beiden Teilflächeninhalte:
$A = A_R + A_K$
$A = 0{,}605\,m^2 + 0{,}950\,m^2$
$A \approx 1{,}56\,m^2$

Ergebnis: Die Tischfläche ist ungefähr 1,56 m² groß.

b) Der Rand des Tisches setzt sich aus den beiden kürzeren Seiten des Rechtecks und dem Kreis zusammen:
$u = 2 \cdot a + u_K$
$u = 2 \cdot 0{,}55\,m + 2\,\pi \cdot 0{,}55\,m$
$u \approx 4{,}56\,m$

Ergebnis: Der Umfang des Tisches beträgt ungefähr 4,56 m.

FESTIGEN UND WEITERARBEITEN

2. a) Berechne den Flächeninhalt des Blechstücks.
Beschreibe dein Vorgehen.
   b) Gib auch den Umfang des Blechstücks an.

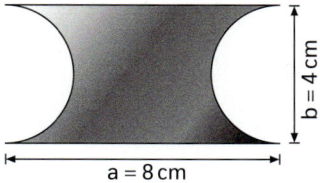

b = 4 cm

a = 8 cm

Strategie zur Berechnung von zusammengesetzten Flächen
Um den Flächeninhalt von zusammengesetzten Flächen zu berechnen, zerlegt man die Fläche in geeignete Teilflächen, wie z. B. Rechtecke, Dreiecke oder Kreise.
Manchmal kann man die Figur auch geeignet ergänzen.

ÜBEN

3. Bei der Anlage von Blumenbeeten werden oft Kreise und Halbkreise verwendet. Berechne Flächeninhalt und Umfang der Flächen (Maße in m).

a)

b)
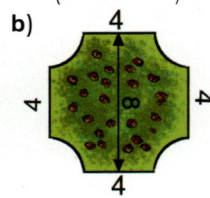

c)
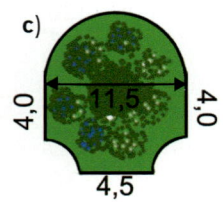

4. Berechne den Flächeninhalt und den Umfang der grünen Fläche.

a)
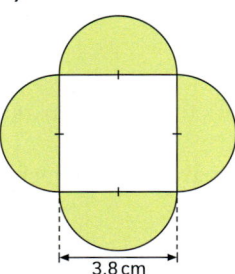

b)
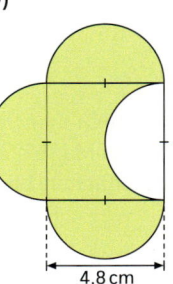

c)
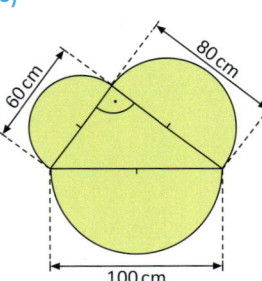

5. Berechne den Flächeninhalt und den Umfang der rot gekennzeichneten Figur.

a)
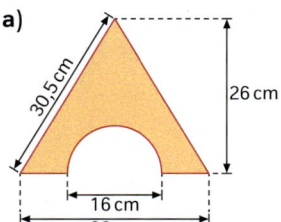

b)
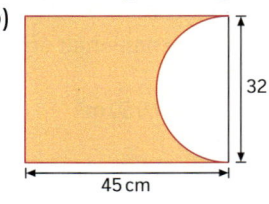

c)
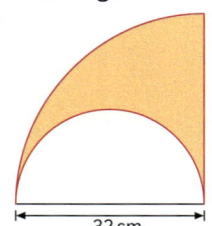

6. Die herzförmige Figur soll aus Silberdraht hergestellt werden. Die Dreiecke bei B und C sind gleichseitig. Wie viel Draht braucht man für die Figur?

a)
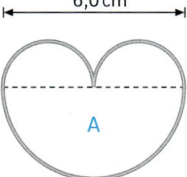

b)
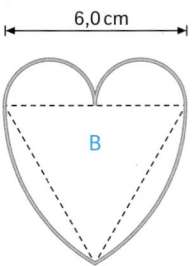

c)
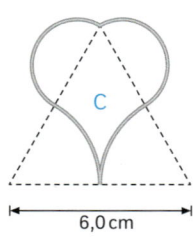

KREISAUSSCHNITT UND KREISBOGEN

EINSTIEG

Der Halbkreis der Buchsbaumhecke wird durch den Eingangsweg unterbrochen. Der Winkel α beträgt 75°.

» Man setzt bei der Neuanlage einer Buchsbaumhecke 6 Pflanzen pro Meter.
   Wie viele Pflanzen wurden für den Kreisbogen insgesamt benötigt und wie verteilen sie sich auf die beiden Kreisbögen? Beschreibe deine Vorgehensweise.

» Die Fläche innerhalb der Kreisausschnitte soll neu bepflanzt werden. Pro m² werden 8 Pflanzen benötigt.
   Wie viele Pflanzen werden für den Halbkreis insgesamt benötigt und wie verteilen sie sich auf die beiden Kreisausschnitte? Beschreibe deine Vorgehensweise.

AUFGABE

1. a) Welchen Anteil am Gesamtkreis hat der Kreisausschnitt rechts?
   Wie groß ist der Flächeninhalt dieses Kreisausschnitts?

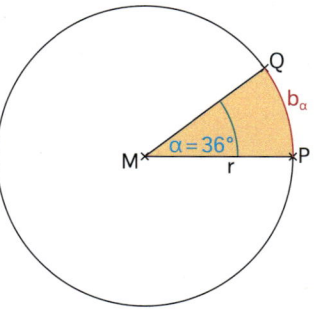

b) Wie kann man die Fläche eines Kreisausschnitts berechnen, wenn der Mittelpunktswinkel 90°, 45°, 1°, 128°, 270° beträgt?
   Finde eine Formel, mit der man den Flächeninhalt von Kreisausschnitten für beliebige Winkel berechnen kann.

c) Berechne für einen Kreisausschnitt mit $r = 3,5$ cm und $\alpha = 60°$ den Flächeninhalt. Verwende die Formel aus Aufgabenteil b).

Lösung:

a) Der ganze Kreis hat 360°. Seine Fläche beträgt $A = \pi r^2$.
   Der Kreisausschnitt hat 36°, also nur den zehnten Teil davon.
   Seine Fläche beträgt daher: $\pi r^2 \cdot \frac{1}{10}$

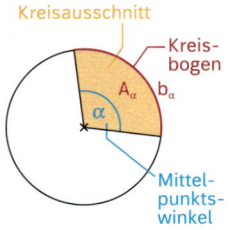

Kreisausschnitt
Kreis-bogen
A_α b_α
α
Mittel-punkts-winkel

b) Kreisausschnitte sind Bruchteile des Gesamtkreises. Jedem Mittelpunktswinkel kann man die entsprechende Fläche des Kreisausschnitts zuordnen:

Mittelpunkts-winkel α	90°	45°	1°	128°	270°	α
Anteil am Gesamtkreis	$\frac{1}{4}$	$\frac{1}{8}$	$\frac{1}{360}$	$\frac{128}{360}$	$\frac{270}{360}$	$\frac{\alpha}{360}$
Fläche des Kreisaus-schnitts A_α	$\pi\,r^2\cdot\frac{1}{4}$	$\pi\,r^2\cdot\frac{1}{8}$	$\pi\,r^2\cdot\frac{1}{360}$	$\pi\,r^2\cdot\frac{128}{360}$	$\pi\,r^2\cdot\frac{270}{360}$	$\pi\,r^2\cdot\frac{\alpha}{360}$
						A_α α

Setzen wir für den Winkel α ein, so erhalten wir die Formel:

$$A_\alpha = \pi\,r^2 \cdot \frac{\alpha}{360}$$

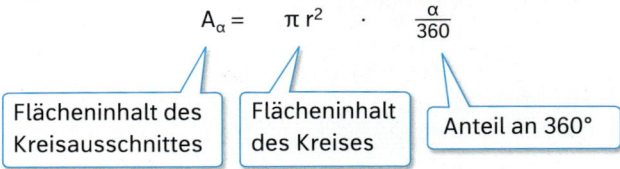

Flächeninhalt des Kreisausschnittes

Flächeninhalt des Kreises

Anteil an 360°

c) Gegeben: α = 60°; r = 3,5 cm
Berechnen des Flächeninhalts des Kreisausschnitts:

$A_\alpha = \pi\,r^2\cdot\frac{\alpha}{360°}$

$A_\alpha = \pi\cdot(3,5\,\text{cm})^2\cdot\frac{60°}{360°}$

$A_\alpha \approx 6,4\,\text{cm}^2$

FESTIGEN UND
WEITERARBEITEN

2. a) Wie kann man die Länge des Kreisbogens b_α der Kreisausschnitte aus Aufgabe 1 berechnen?
   b) Finde eine Formel zur Berechnung der Länge des Kreisbogens für einen beliebigen Winkel α. Beschreibe, wie du vorgegangen bist.
   c) Berechne für einen Kreisausschnitt mit r = 4,8 cm und α = 60° die Länge des Kreisbogens mit der Formel aus Teilaufgabe b).

3. Berechne zu dem Mittelpunktswinkel α den Flächeninhalt A_α des Kreisausschnitts sowie die Länge b_α des Kreisbogens (r = 3,5 cm).
   a) α = 70°   **b)** α = 90°   **c)** α = 265°   **d)** α = 317°

4. Ein Kreisausschnitt mit dem Mittelpunktswinkel α = 42° hat den Flächeninhalt $A_\alpha \approx 9,16\,\text{cm}^2$ und einen Kreisbogen mit der Länge $b_\alpha \approx 3,6\,\text{cm}$.
   Berechne den Flächeninhalt und die Länge des Kreisbogens für die Kreisausschnitte desselben Kreises mit den Mittelpunktswinkeln: 7°; 56°; 154°; 36°; 186°; 93°.

5. Die Rechtskurve einer 25 m breiten mehrspurigen Autostraße entspricht angenähert einem Kreisbogen mit dem Mittelpunktswinkel α = 135° und dem äußeren Radius 1 km.
   Wie unterscheidet sich die Fahrtstrecke eines Linksfahrers von der Fahrtstrecke eines Rechtsfahrers? Beachte die Breite des Autos.

INFORMATION

Länge des Kreisbogens: $\qquad b_\alpha = 2\,\pi\,r \cdot \dfrac{\alpha}{360°}$

Flächeninhalt des Kreisausschnitts: $\quad A_\alpha = \pi\,r^2 \cdot \dfrac{\alpha}{360°} = \dfrac{r \cdot b_\alpha}{2}$

Beispiel: $\quad r = 2,7\,\text{cm};\ \alpha = 45°$

$\qquad b_\alpha = 2\,\pi \cdot 2,7\,\text{cm} \cdot \dfrac{45°}{360°} \approx 2,1\,\text{cm}$

$\qquad A_\alpha = \pi \cdot (2,7\,\text{cm})^2 \cdot \dfrac{45°}{360°} \approx 2,86\,\text{cm}^2$

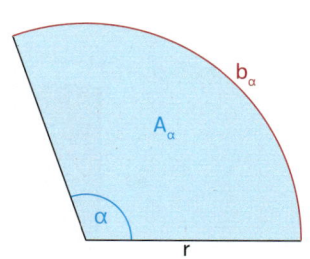

ÜBEN

6. Berechne jeweils A_α und b_α.

r	3 cm	3 cm	9 m	36 mm	1 km	45 mm	2 km	4,9 m
α	30°	45°	2°	132°	200°	100°	150°	295°

7. Von den Größen r, α, A_α und b_α eines Kreisbogens bzw. Kreisausschnitts sind zwei gegeben. Berechne die übrigen Größen.

a) $r = 5\,\text{cm}$ $\quad$ **b)** $r = 9\,\text{cm}$ $\quad$ **c)** $r = 6\,\text{m}$ $\quad$ **d)** $\alpha = 149°$ $\quad$ **e)** $A_\alpha = 45\,\text{cm}^2$
$\quad b_\alpha = 20\,\text{cm}$ $\qquad b_\alpha = 12,5\,\text{m}$ $\qquad A_\alpha = 64\,\text{cm}^2$ $\qquad b_\alpha = 52\,\text{cm}$ $\qquad b_\alpha = 15\,\text{cm}$

8. Die Räder eines Autos haben einen Abstand von 1,40 m. Die Skizze stellt die möglichen Spuren des Autos in einer Kurve dar. Man erkennt: Das äußere Rad muss einen weiteren Weg zurücklegen als das innere. Wie viel m legt in unserem Beispiel das äußere Rad mehr zurück als das innere?

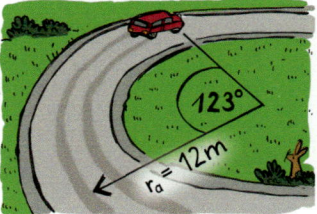

9. Berechne den Flächeninhalt der blauen Fläche.

Denke an die Gesetzmäßigkeiten im rechtwinkligen Dreieck.

a) $r_i = 4,0\,\text{cm}$
$\quad r_a = 5,5\,\text{cm}$

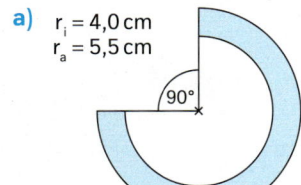

b) $s = 5\,\text{cm}$

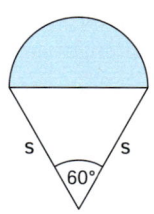

c) $s = 2,1\,\text{dm}$

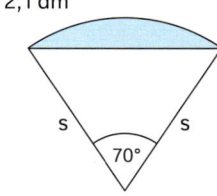

10. Welcher Mittelpunktswinkel gehört zu einem Bogen,
a) der genauso groß wie der Radius ist; $\qquad$ **c)** der halb so groß wie der Radius ist;
b) der doppelt so groß wie der Radius ist; $\qquad$ **d)** der π-mal so groß wie der Radius ist?

11. Die Schienen einer Straßenbahn und einer ICE-Strecke haben den gleichen Abstand (1 435 mm). Die Kurvenradien sind sehr verschieden:
ICE: r = 3 000 m; Straßenbahn: r = 50 m.
Der ICE und die Straßenbahn durchfahren einen Kurvenbogen mit dem Mittelpunktswinkel α = 20°. Berechne für jedes Verkehrsmittel den Längenunterschied zwischen der äußeren und der inneren Schiene.

★★

Berechne die Fläche des Landeswappens.

8,0 cm

9,3 cm

★★★

Wie groß sind die drei weißen Monde?

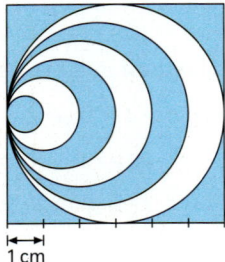

1 cm

★★★★

Berechne die Fläche der Parkanlage.

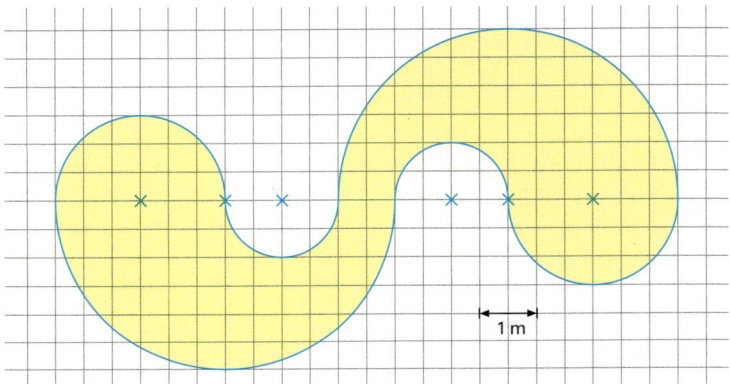

1 m

Eine Firma für Gartengeräte bietet verschiedene Rasensprenger an.

★★

Der Sprühregner besprüht eine kreisförmige Fläche mit dem Durchmesser d = 12,0 m. Wie groß ist die Fläche?

★★★

Für einen Kreisregner gibt die Firma eine Fläche von 230 m² an. Wie groß ist der Radius?

★★★★

Die Firma bietet auch einen variablen Kreisregner an.
In Normalstellung ist die beregnete Fläche 150 m² groß. Der Radius kann bis zu 3,5 m größer oder kleiner eingestellt werden. Berechne, wie groß die Flächen sein können.

VERMISCHTE UND KOMPLEXE ÜBUNGEN

Rosenpflanze
8,25 €

1.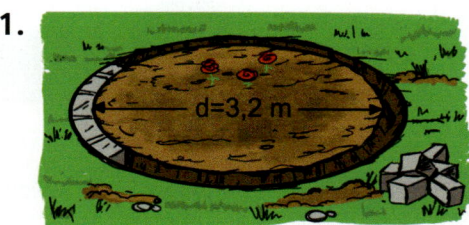

d=3,2 m

a) Der Rand des kreisrunden Beetes soll mit Steinen eingefasst werden. Man rechnet 8 Steine auf 1 m.
Wie viele Steine werden benötigt?

b) Das Beet soll mit Rosen bepflanzt werden. Man rechnet 4 Rosen auf 1 m². Berechne die Kosten.

2. Das kreisförmige Turmzimmer eines Schlosshotels hat einen Durchmesser von 6,75 m. Der Fußboden soll neu gefliest werden. Es muss mit 15 % Verschnitt gerechnet werden.
Runde das Ergebnis sinnvoll.

3. Von den Größen r, α, b_α und A_α eines Kreisbogens bzw. Kreisausschnittes sind zwei gegeben. Berechne die übrigen.

	a)	b)	c)	d)	e)
Radius r	3,5 cm	6,2 cm	9,0 cm		
Mittelpunktswinkel α	130°			245°	
Kreisbogen b_α		17,0 cm			17,4 cm
Kreisausschnitt A_α			110,5 cm²	166,0 cm²	58,0 cm²

 Philip will für sich und drei Freunde Pizzas mitnehmen. Er will nicht mehr als 20 € ausgeben und möchte dafür möglichst viel Pizza haben.

 Maria meint: Bei doppeltem Durchmesser bekommt man etwa 2- bis 3-mal soviel Pizza. Hat sie Recht? Begründe.

 4.

Jubiläumsangebot:
Alle Sorten zum gleichen Preis

Medium-Pizza
Durchmesser 15 cm
4,50 €

Maxi-Pizza
Durchmesser 30 cm
9,90 €

Mini-Pizza
Durchmesser 10 cm
2,90 €

XXL-Pizza
Durchmesser 50 cm
25,90 €

 Eine andere Pizzeria hat eine Mega-Pizza im Angebot, die $\frac{1}{4}$ m² groß ist. Welchen Durchmesser hat diese Pizza?

 Lisa möchte sich eine Pizza kaufen und überlegt: Wie viel cm² groß sind die Pizzas im Angebot?

1 Zoll ≈ 2,5 cm

5. Der Schlauch hat einen Durchmesser von einem Zoll. Er wurde in nicht ganz vier Schichten aufgerollt.
Bestimme näherungsweise die Länge des Schlauchs.
Beschreibe deine Überlegungen.

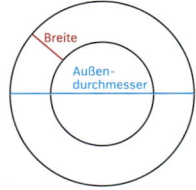

Breite
Außen-durchmesser

6.

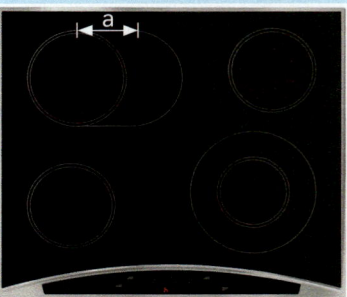

Zielscheiben beim Bogenschießen bestehen aus 10 konzentrischen Ringen, je zwei in einer Farbe. Der innere gelbe Kreis hat einen Durchmesser von 6 cm. Die nächsten Kreisringe sind alle 3 cm breit.

a) Alexander und Sahra wollen sich eine Zielscheibe auf einer quadratischen Holzauflage bauen. Wie groß muss die Holzauflage mindestens sein?

b) Wie groß ist
(1) die gelbe Fläche;
(2) die weiße Fläche?

c) Wie viel Prozent der Gesamtfläche macht
(1) die gelbe Fläche;
(2) die weiße Fläche aus?
Schätze zunächst.

Mattis behauptet: „Verwendet man einen Kochtopf mit 9 cm Durchmesser auf einem Kochfeld mit einem Durchmesser von 18 cm verschwendet man 50 % Energie."

Fabian und Jule haben für das Kochfeld (1) eine Fläche von rund 360 cm² ermittelt.
Prüfe ihr Ergebnis.

7.

(1)
$d = 16$ cm
$a = 10$ cm

(2)

(3)

(4)
$d_i = 14$ cm
$d_a = 21$ cm

Im Kochfeld (4) kann man den Kreisring zuschalten, sodass sich das Kochfeld vergrößert. Verdoppelt sich dadurch die Kochfläche? Berechne.

Die Kochfelder (2) und (3) haben zusammen eine Fläche von rund 3,53 dm².
Berechne ihren Durchmesser.
Runde das Ergebnis auf volle cm.

8. Aus einem quadratischen Blech mit der Seitenlänge 30 cm werden kreisrunde Scheiben für die Herstellung von Blechdosen ausgestanzt.
   a) Berechne den Flächeninhalt und den Umfang jeder Scheibe.
   b) Wie groß ist der Abfall in Prozent? Was fällt auf? Erkläre.

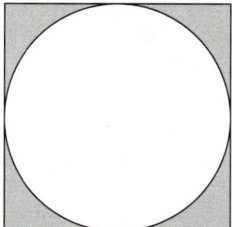 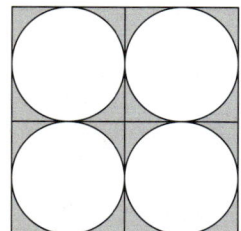 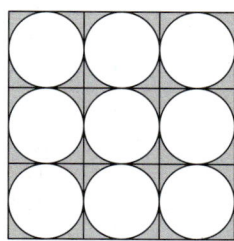

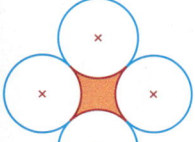

9. Vier kongruente Kreise ($r = 5$ cm) berühren einander jeweils in einem Punkt.
   a) Wie groß ist der Umfang der roten Fläche?
   b) Wie groß ist die rote Fläche?

10. Der historische kreisrunde Marktplatz einer Stadt soll neu gestaltet werden.

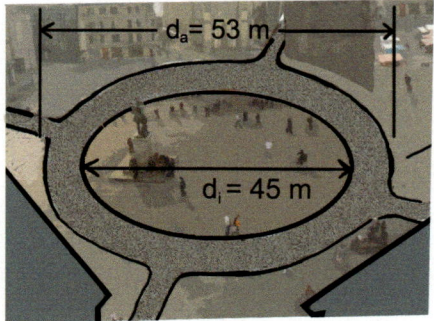

- Der Asphalt im inneren Kreis soll durch ein dekoratives Verbundsteinpflaster ersetzt werden.
- Der innere Kreis soll mit einer Sandsteinmauer umgeben werden. Für die Zugänge werden jeweils 4 m ausgespart.
- Die Straße, die den Platz umgibt, soll als verkehrsberuhigte Straße keine Bürgersteige erhalten. Ihr Pflaster soll sich aber deutlich abheben.

Stelle selbst Fragen und beantworte sie.

11. a) Die mit Daten beschreibbare Fläche einer DVD ist ein Kreisring mit $r_1 = 2{,}2$ cm und $r_2 = 5{,}8$ cm. Sie hat eine Speicherkapazität von 4,7 GB.
   (1) Wie groß ist die Fläche, die für 1 MB zur Verfügung steht?
   (2) Welche Speicherkapazität hat eine 1 mm² große Fläche?

1 GB
$\approx 1\,000$ MB

   b) Eine CD hat eine Speicherkapazität von 700 MB, eine Blu-Ray-Disc kann 25 GB speichern. Vergleiche.

12. Ein Ball hat einen Umfang von 1 m. Passt er durch einen Ring mit 35 cm Innendurchmesser?

13. Ein Satellit bewegt sich auf einer Kreisbahn um die Erde mit einer Geschwindigkeit von 8 km pro Sekunde. Für eine Erdumkreisung benötigt er 1 h 28 min.
In welcher Höhe fliegt der Satellit (angenommener Erdradius: 6 371 km)?

WAS DU GELERNT HAST

Kreis – Umfang

Für den Umfang u eines Kreis gilt:

$u = 2\,\pi \cdot r$ bzw. $u = \pi \cdot d$

r ist der Radius,
d ist der Durchmesser,
$\pi \approx 3{,}14$.

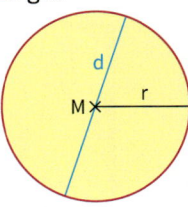

Gegeben: d = 8 cm, dann gilt: r = 4 cm
Überschlag: $u \approx 2 \cdot 3 \cdot 4\ \text{cm} = 24\ \text{cm}$
Rechnung: $u = 2 \cdot \pi \cdot 4\ \text{cm} = 24{,}13\ \text{cm}$
Der Umfang beträgt 24,13 cm.

Kreis – Flächeninhalt

Für den Flächeninhalt A eines Kreises gilt:

$A = \pi \cdot r^2$

Gegeben: r = 4 cm
Überschlag: $A \approx 3 \cdot (4\ \text{cm})^2 = 3 \cdot 16\ \text{cm}^2 = 48\ \text{cm}^2$
Rechnung: $A = \pi \cdot r^2 = \pi \cdot (4\ \text{cm})^2 = 50{,}27\ \text{cm}^2$
Der Flächeninhalt beträgt 50,27 cm².

Kreisring – Flächeninhalt

Für den Flächeninhalt A eines Kreisrings gilt:

$A = \pi \cdot r_a^2 - \pi \cdot r_i^2$

r_a ist der Radius des äußeren Kreises, r_i ist der Radius des inneren Kreises.

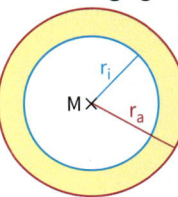

Gegeben: $r_a = 5\ \text{cm}$, $r_i = 3\ \text{cm}$
Überschlag: $A = 3 \cdot (5\ \text{cm})^2 - 3 \cdot (3\ \text{cm}^2) = 48\ \text{cm}^2$
Rechnung:
$A = \pi \cdot (5\ \text{cm})^2 - \pi \cdot (3\ \text{cm}^2) \approx 50{,}27\ \text{cm}^2$
Der Flächeninhalt des Kreisrings beträgt 50,27 cm².

Kreisbogen – Länge

Für die Länge des Kreisbogens b_α gilt:

$b_\alpha = 2\,\pi\,r \cdot \dfrac{\alpha}{360°}$

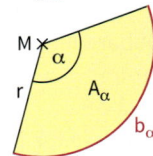

Gegeben: r = 4 cm, α = 140°
Rechnung: $b_\alpha = 2\,\pi \cdot 4\ \text{cm} \cdot \dfrac{140°}{360°} \approx 9{,}8\ \text{cm}$
Der Kreisbogen ist 9,8 cm lang.

Kreisausschnitt – Flächeninhalt

Für den Flächeninhalt A_α eines Kreisausschnitts gilt: $A_\alpha = \pi\,r^2 \cdot \dfrac{\alpha}{360°}$

Gegeben: r = 4 cm, α = 140°
Rechnung: $A_\alpha = \pi \cdot (4\ \text{cm})^2 \cdot \dfrac{140°}{360°} \approx 19{,}55\ \text{cm}^2$
Der Kreisausschnitt ist 19,55 cm² groß.

Zusammengesetzte Flächen

Um den Flächeninhalt von zusammengesetzten Flächen zu berechnen, zerlegt man die Fläche in geeignete Teilflächen.
Bei der Berechnung des Umfangs der Fläche zerlegt man die Randlinien der Fläche in geeignete Teillinien.

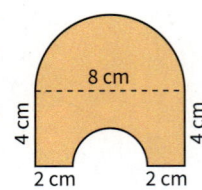

$A = \dfrac{1}{2}\pi\,(4\ \text{cm})^2$
$\quad + 8\ \text{cm} \cdot 4\ \text{cm}$
$\quad - \dfrac{1}{2}\pi\,(2\ \text{cm})^2$
$A \approx 50{,}85\ \text{cm}^2$

$u = \pi \cdot 4\ \text{cm} + 4\ \text{cm} + 2\ \text{cm}$
$\quad + \pi \cdot 2\ \text{cm} + 2\ \text{cm} + 4\ \text{cm}$
$u = 30{,}8\ \text{cm}$

BIST DU FIT?

1. Berechne den Umfang und den Flächeninhalt des Kreises.
    a) $r = 4{,}7\,cm$ **b)** $r = 435\,mm$ **c)** $d = 15\,m$ **d)** $d = 428\,dm$

2. Aus 10 cm langen Drahtstücken werden kreisförmige Ringe hergestellt.
Welchen Durchmesser haben die Ringe?

3. Eine kreisförmige Tischdecke hat einen Durchmesser von 2,30 m. Auf einem runden Tisch hängt sie überall 25 cm über den Tischrand. Wie groß ist die Fläche des kreisförmigen Tischs?

4. Berechne den Radius des Kreises.
    a) $u = 15\,cm$ **b)** $A = 625\,m^2$ **c)** $u = 1\,m$ **d)** $A = 4560\,cm^2$

5. Berechne den Flächeninhalt des Kreisrings sowie den inneren und äußeren Umfang.
    a) $r_i = 4{,}5\,cm$ **b)** $r_i = 4{,}27\,m$ **c)** $r_i = 65\,mm$ **d)** $d_i = 124{,}8\,m$
        $r_a = 5{,}8\,cm$ $r_a = 6{,}75\,m$ $r_a = 98\,mm$ $d_a = 135{,}9\,m$

6. Von den Größen r, α, A_α und b_α eines Kreisbogens bzw. Kreisausschnitts sind zwei gegeben. Berechne die übrigen.
    a) $r = 5\,cm$ **c)** $r = 6\,cm$ **e)** $\alpha = 149°$
        $\alpha = 35°$ $A_\alpha = 64\,cm^2$ $b_\alpha = 52\,cm$
    b) $r = 86\,cm$ **d)** $r = 9\,m$ **f)** $A_\alpha = 45\,cm^2$
        $\alpha = 249°$ $b_\alpha = 12{,}5\,m$ $b_\alpha = 15\,cm$

7. Berechne Flächeninhalt und Umfang der gelben Fläche.

(1)

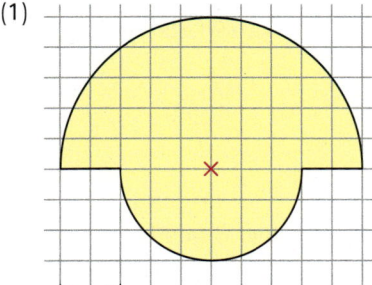

1 cm

(2)

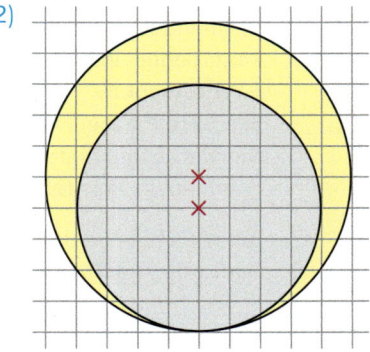

8. Ein Kreisverkehr hat innen einen Durchmesser von 32 m. Die Straße ist 7,2 m breit. Sie soll neu asphaltiert werden.
Wie viel Quadratmeter müssen asphaltiert werden?

EIGENSCHAFTEN UND DARSTELLUNG EINES ZYLINDERS

Eigenschaften, Netz und Ansichten eines Zylinders

EINSTIEG

Die abgebildeten Verpackungen stellen ein Prisma und einen Zylinder dar.

» Wie viele Ecken, Kanten, Flächen haben diese Körper?
» Welche Gemeinsamkeiten findest du?
» Skizziere die Körpernetze.

INFORMATION

Vergleich von Prisma und Zylinder

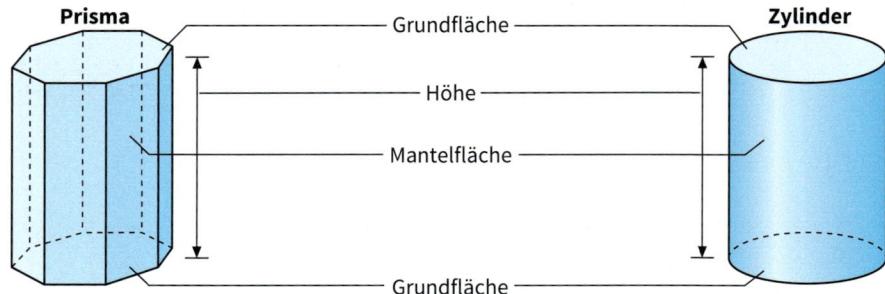

"kongruent" heißt "deckungsgleich"

Jedes Prisma besitzt zwei zueinander parallele und kongruente Vielecke als **Grundflächen.** Die Seitenflächen sind Rechtecke und bilden zusammen die **Mantelfläche.**

Der Abstand der beiden Grundflächen ist die **Höhe.**

Jeder Zylinder besitzt zwei zueinander parallele und kongruente *Kreisflächen* als **Grundflächen.** Die gekrümmte Seitenfläche heißt **Mantelfläche.**

Beachte: Prismen und Zylinder können auf einer Grundfläche „stehen" oder auf einer Seitenfläche bzw. Mantelfläche „liegen".

AUFGABE

1. Dosen für Chips oder Plätzchen haben häufig die Form eines **Zylinders.** Zeichne ein Netz des abgebildeten Zylinders und beschreibe, wie du vorgehst.

Lösung

Einen Teil des Netzes bilden die beiden gleich großen Grundflächen; es sind Kreisflächen mit dem Durchmesser 7 cm.
Um den anderen Teil des Netzes zu erhalten, schneiden wir die Seitenfläche auf und breiten sie aus wie im Bild auf der folgenden Seite. Wir erhalten ein Rechteck.

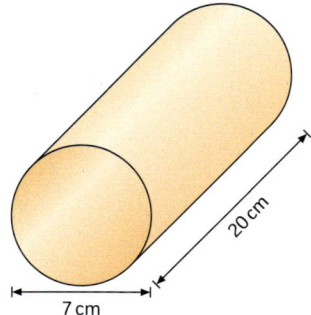

Eine Seitenlänge des Rechtecks ist gleich der Höhe des Zylinders, also 20 cm.
Die andere Seitenlänge ist gleich dem Umfang einer Grundfläche, also
$u = 2 \cdot \pi \cdot r = 2 \cdot \pi \cdot 3{,}5 \, cm \approx 22 \, cm$.

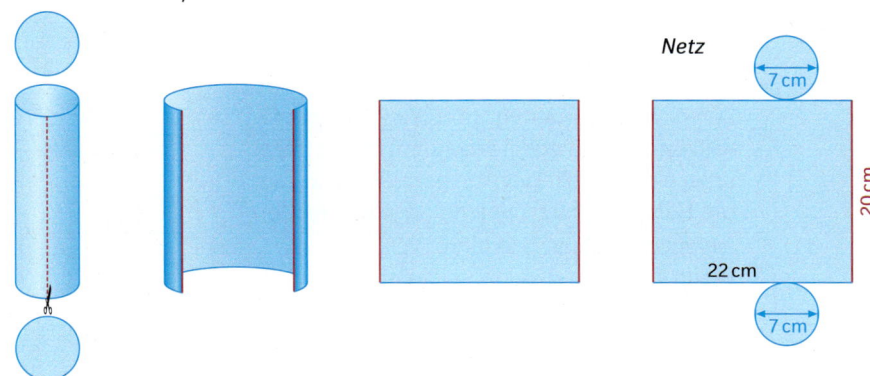

Netz

7 cm

20 cm

22 cm

7 cm

FESTIGEN UND WEITERARBEITEN

2. *Erkundet eure Umwelt:* Nennt Gegenstände aus dem Alltag, die die Form eines Zylinders haben. Ihr könnt sie fotografieren und ein Poster erstellen.

3. Von einem Zylinder sind gegeben: Radius r = 2,4 cm und Höhe h = 5,7 cm.
   a) Zeichne (1) die Draufsicht, (2) die Vorderansicht   des stehenden Zylinders.
   b) Zeichne ein Netz des Zylinders.

ÜBEN

4. Welche der Figuren kann kein Netz eines Zylinders sein? Begründe.

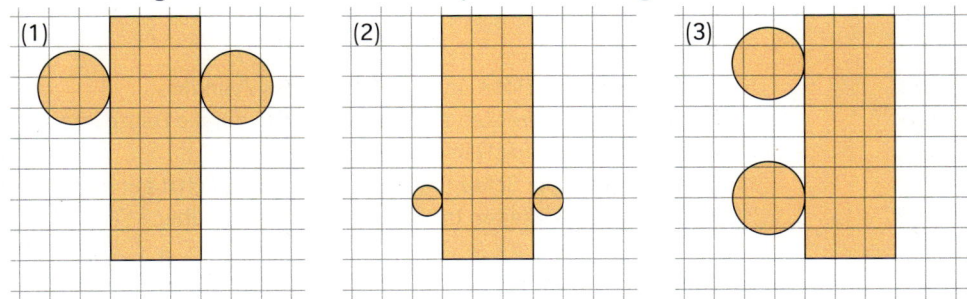

(1) (2) (3)

5. Gegeben ist ein Zylinder mit folgenden Maßen:
   Der Durchmesser einer Grundfläche ist 3,4 cm, die Höhe des Zylinders beträgt 5,1 cm.
   a) Zeichne ein Netz des Zylinders.
   b) Zeichne Ansichten des Zylinders.
     (1) Der Zylinder soll auf einer Grundfläche stehen.
     (2) Der Zylinder soll auf der Seitenfläche liegen.

6. Zeichnet auf Zeichenkarton die Netze der Zylinder. Stellt einen der drei Körper her.

(1) (2) (3)

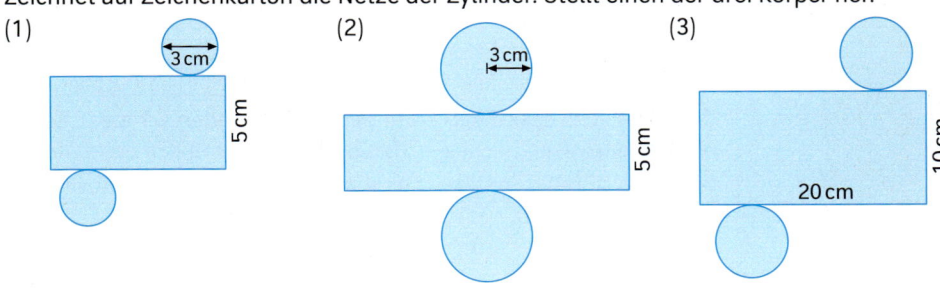

3 cm

5 cm

3 cm

5 cm

10 cm

20 cm

Schrägbild eines Zylinders

Du kannst Schrägbilder von Prismen zeichnen. Dabei werden Kanten (Strecken), die rechtwinklig „nach hinten" verlaufen, in der Regel unter einem Winkel von 45° gezeichnet und auf die Hälfte verkürzt. Solche Strecken heißen *Tiefenstrecken* (im Bild blau).

Wenn der Körper keine solchen Kanten hat, kann man *Hilfstiefenstrecken* (im Bild rot) zum Zeichnen des Schrägbildes benutzen.

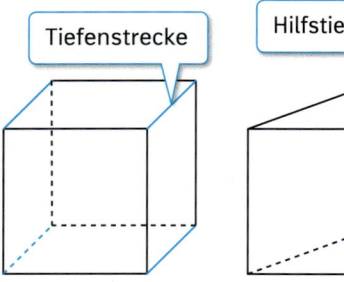

Tiefenstrecke

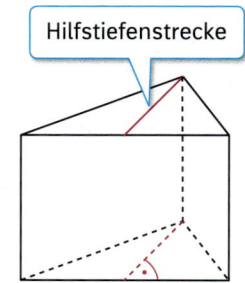

Hilfstiefenstrecke

EINSTIEG

Unten seht ihr drei verschiedene Schrägbilder desselben Zylinders.

(1)

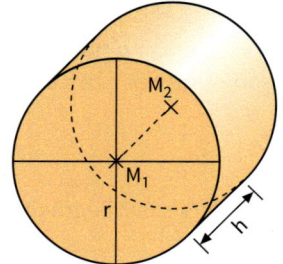

(2)

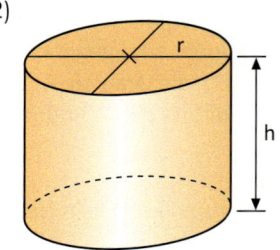

(3)

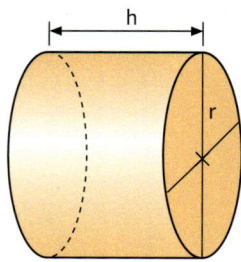

» Messt jeweils die Höhe und den Radius des Zylinders. Bestätigt: Tiefenstrecken sind im Schrägbild auf die Hälfte ihrer Länge verkürzt.

» Zeichnet Schrägbild (1) in euer Heft (Maßstab 2 : 1).

» Versucht auch, die Schrägbilder (2) und (3) möglichst genau zu zeichnen. Welche Schwierigkeiten treten auf? Berichtet darüber.

AUFGABE

1. Gegeben ist ein Zylinder mit dem Radius r = 2 cm und der Höhe h = 3 cm. Zeichne ein Schrägbild des stehenden Zylinders.

Lösung

1. Möglichkeit

(1)

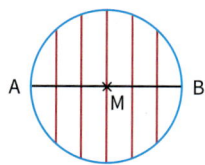

(2)

Verzerrungswinkel 45°

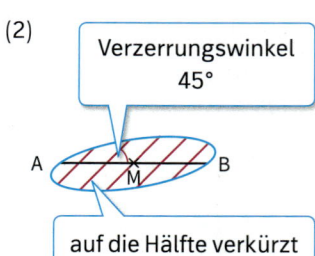

auf die Hälfte verkürzt

(3)

von der Seite gesehen

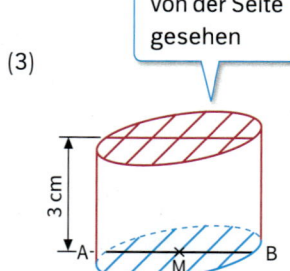

Die Kreisfläche besitzt keine Tiefenstrecken, zeichne deshalb Hilfstiefenstrecken ein.

Im Schrägbild können wir die Tiefenstrecken wie üblich unter einem Winkel von 45° auf die Hälfte verkürzt zeichnen.

Zeichne zu $\overline{AB}$ eine Parallele im Abstand h = 3 cm und übertrage die Grundflächen wie im Bild. Zeichnet links und rechts die äußeren Randlinien

2. Möglichkeit
Einfacher ist es, die Tiefenstrecken unter einem Winkel von 90° zu zeichnen.

(1)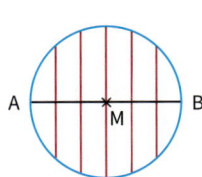

(2)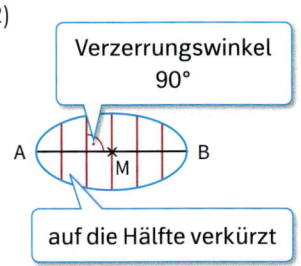

Verzerrungswinkel 90°

auf die Hälfte verkürzt

(3)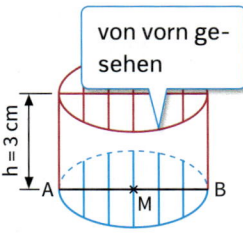

von vorn gesehen

FESTIGEN UND WEITERARBEITEN

2. Zeichne ein Schrägbild des Zylinders mit dem Radius 2,5 cm und der Höhe 4,5 cm.
a) Winkel 90°; Verkürzung $\frac{1}{2}$;   **b)** Winkel 45°; Verkürzung $\frac{1}{2}$.
Beschreibe dein Vorgehen.

3. Skizziere verschiedene Schrägbilder eines Zylinders mit dem Radius r = 3 cm und der Höhe h = 5 cm.

4. Die gelbe Fläche ist Grundfläche eines Werkstückes, das aus einem Zylinder mit der Höhe h = 4 cm hergestellt wurde.
Zeichne ein Schrägbild (Winkel 45°; Verkürzung $\frac{1}{2}$).

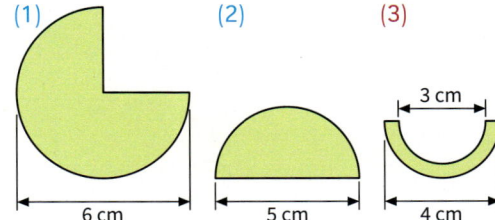

ÜBEN

5. Zeichne ein Schrägbild des Zylinders.
a) r = 2 cm; h = 3,2 cm; Winkel 90°; Verkürzung $\frac{1}{2}$ (stehend)
b) r = 2,7 cm; h = 3,6 cm; Winkel 45°; Verkürzung $\frac{1}{2}$ (stehend)
c) r = 2,2 cm; h = 4,3 cm; Winkel 45°; Verkürzung $\frac{1}{2}$ (liegend, Vorderfläche vorn)
d) r = 2,6 cm; h = 2,8 cm; Winkel 45°; Verkürzung $\frac{1}{2}$ (liegend, Vorderfläche rechts)

6. **a)** Skizziere das Schrägbild eines Rohres mit r_1 = 4,5 cm; r_2 = 5,0 cm und h = 12 cm.
b) Zeichne die verschiedenen Ansichten des Rohres
(1) stehend;   (2) liegend.

7. Im Bild siehst du die Grundfläche eines Werkstücks, das aus einem Zylinder mit der Höhe h = 8 cm hergestellt wurde.
Zeichne ein Schrägbild des (liegenden) Körpers (45°; $\frac{1}{2}$).

a)   **b)** 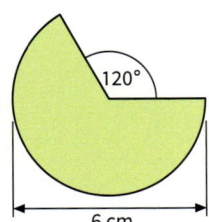   **c)**   **d)**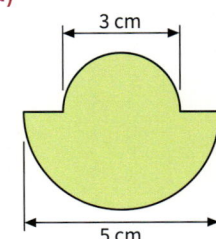

OBERFLÄCHE EINES ZYLINDERS

EINSTIEG

Aus einem DIN-A4-Blatt kann man auf zwei verschiedene Arten einen Zylinder bilden.

» Vergleiche die beiden Zylinder.
» Bestimme jeweils den Radius der Grundfläche.
» Zeichne ein Netz jedes Zylinders mit Grundflächen im Maßstab 1 : 4 und berechne die Größe der Oberfläche.

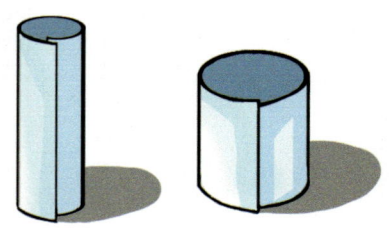

AUFGABE

1.

Poster werden zum Versand oder zum Verschenken in zylinderförmige Verpackungen gesteckt.
Der Radius r einer Grundfläche soll 3,2 cm, die Höhe h soll 28,5 cm sein.
Berechne den Bedarf an Pappe (Verschnitt nicht mitgerechnet).

Lösung

Zur Berechnung des Pappbedarfs bestimmen wir die Oberfläche O des Zylinders. Wir nennen die Mantelfläche M und jede Grundfläche G. Dann gilt:

$O = 2 \cdot G + M$
$O = 2 \cdot \pi r^2 + 2 \pi r h$

Einsetzen der gegebenen Größen:
$O = 2 \pi \cdot (3{,}2\,cm)^2 + 2 \pi \cdot 3{,}2\,cm \cdot 28{,}5\,cm$
$O \approx 637{,}37\,cm^2$

Ergebnis: Für eine Verpackung braucht man ungefähr 638 cm² Pappe.

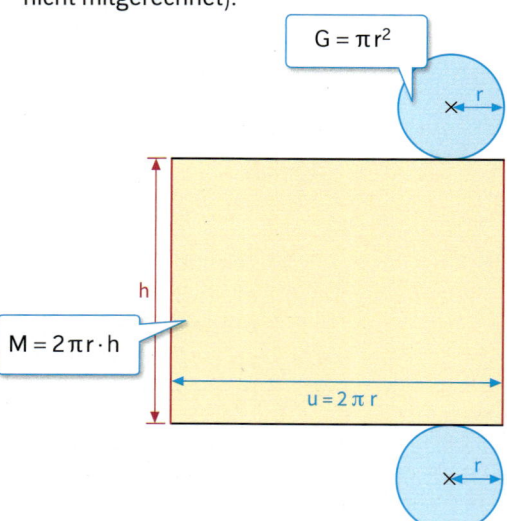

$G = \pi r^2$

$M = 2 \pi r \cdot h$

$u = 2 \pi r$

INFORMATION

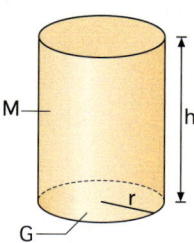

Für die **Oberfläche O eines Zylinders** mit der Grundfläche G und der Mantelfläche M gilt:

$O = 2 \cdot G + M$

Mit $G = \pi r^2$ und $M = 2 \pi r h$ gilt:
$$O = 2 \pi r^2 + 2 \pi r h$$

Beispiel:
r = 2,0 cm; h = 3,0 cm
$M = 2 \pi \cdot 2{,}0\,cm \cdot 3{,}0\,cm$
$M \approx 37{,}7\,cm^2$

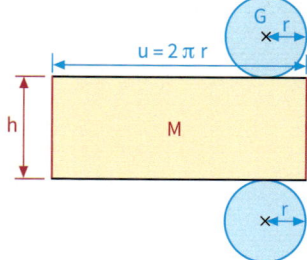

$u = 2 \pi r$

$O = 2 \pi \cdot (2{,}0\,cm)^2 + 2 \pi \cdot 2{,}0\,cm \cdot 3{,}0\,cm$
$O \approx 62{,}8\,cm^2$

FESTIGEN UND
WEITERARBEITEN

2. Berechne den Blechbedarf für zylinderförmige Blechdosen. Runde sinnvoll.

a) $r = 4\,\text{cm}$ **b)** $r = 7{,}0\,\text{cm}$ **c)** $d = 16\,\text{cm}$ **d)** $d = 120\,\text{mm}$ **e)** $u = 50{,}2\,\text{cm}$

   $h = 12\,\text{cm}$ $h = 15{,}5\,\text{cm}$ $h = 23\,\text{cm}$ $h = 17\,\text{cm}$ $h = 23{,}4\,\text{cm}$

3. In einer Formelsammlung findet Jannek für die Oberfläche O eines Zylinders:
$O = 2\,\pi\,r\,(r + h)$ und $O = 2\,G + u \cdot h$.
Begründe beide Formeln.

4. *Berechnen von Radius bzw. Höhe eines Zylinders*

a) Ein Zylinder hat den Radius 5 cm und die Oberfläche 377 cm².
Wie hoch ist der Zylinder? Runde sinnvoll.

b) Leite aus der Formel für die Oberfläche des Zylinders durch Umformen eine Formel her
zur Berechnung von h bei gegebenem O und r.

5. Untersucht, wie sich Mantelfläche und Grundfläche eines Zylinders verändern, wenn man

a) die Höhe (1) verdoppelt; (2) verdreifacht;

b) den Radius (1) verdoppelt; (2) verdreifacht;

c) den Radius und die Höhe (1) verdoppelt; (2) verdreifacht?

ÜBEN

6. Berechne den Blechbedarf für zylinderförmige Behälter.
Runde die Ergebnisse sinnvoll.

a) $r = 12{,}5\,\text{cm}$ **c)** $r = 2\frac{3}{4}\,\text{cm}$ **e)** $d = 12{,}5\,\text{cm}$ **g)** $d = 5{,}4\,\text{cm}$ **i)** $u = 123\,\text{mm}$

   $h = 28\,\text{cm}$ $h = 3{,}8\,\text{cm}$ $h = d$ $h = \frac{1}{2}d$ $h = 74\,\text{mm}$

b) $r = 0{,}74\,\text{cm}$ **d)** $d = 15\,\text{cm}$ **f)** $r = 4\,\text{cm}$ **h)** $d = 0{,}45\,\text{m}$ **j)** $u = 16{,}8\,\text{m}$

   $h = 27\,\text{cm}$ $h = 14\,\text{cm}$ $h = d$ $h = 10 \cdot d$ $h = 4 \cdot u$

7. Eine Blechdose ist 12,5 cm hoch. Die kreisförmige Grundfläche hat den Durchmesser
$d = 9{,}6\,\text{cm}$. Die Dose soll mit einer Banderole beklebt werden.

8. Eine Litfaßsäule hat einen Durchmesser
von 1,16 m. Sie ist 3,80 m hoch. Ein Sockel
von 30 cm Höhe und der obere Rand von
15 cm Höhe sollen nicht beklebt werden.
1 m² Werbefläche kostet 99 € zuzüglich
Mehrwertsteuer.
Stelle selbst Aufgaben und löse sie.

9. Die Walze einer Straßenbaumaschine hat
einen Durchmesser von 1,20 m und eine
Breite von 2,20 m.
Welche Größe hat die Fläche, die die Walze mit einer Umdrehung überfährt?

10. Die Mantelfläche eines Zylinders ist
100 cm² groß.
Berechne die Höhe h bzw. den Radius r,
wenn gilt:

a) $r = 5\,\text{cm}$

b) $h = 7{,}5\,\text{cm}$

c) $r = h$

VOLUMEN EINES ZYLINDERS

EINSTIEG

Der Quader (1) und der Zylinder (2) haben gleich große Grundflächen und die gleiche Höhe. Der Zylinder (3) ist halb so hoch wie der Zylinder (2), hat aber einen doppelt so großen Durchmesser.

» Passt in alle drei Behälter die gleiche Menge Wasser? Begründe.

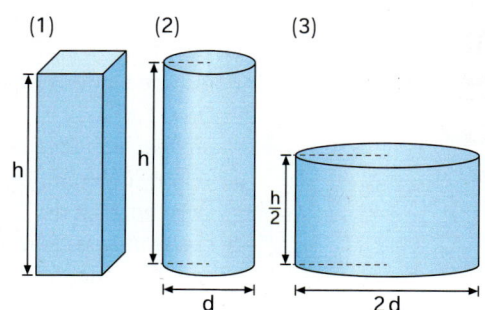

AUFGABE

1. a) Für das Volumen des Zylinders gilt die Formel:
$V = G \cdot h = \pi \, r^2 \cdot h$
Begründe dies mithilfe der Zeichnung rechts.

b) Ein Metallzylinder hat den Radius $r = 5,0\,cm$ und die Höhe $h = 11,5\,cm$. Berechne das Volumen des Zylinders.

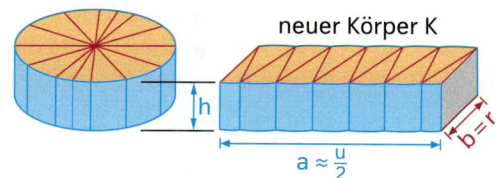

neuer Körper K

Lösung

a) Wir zerlegen den Zylinder wie im Bild und setzen die Teile zu einem neuen Körper K zusammen.

Wir stellen uns vor, der Zylinder wird immer feiner zerlegt (d.h. in immer mehr Teilstücke). Dann nähert sich der neue Körper immer genauer der Form eines Quaders an. Schließlich können wir sagen:

Die Grundfläche des Quaders hat die Länge $a = \frac{u}{2}$ und die Breite $b = r$ (u = Umfang des Zylinders; r = Radius des Zylinders).

Die Höhe des Quaders entspricht der Höhe des Zylinders.

Für das Volumen des Quaders gilt: $V_Q = G \cdot h \approx \frac{u}{2} \cdot r \cdot h = \pi \, r^2 \cdot h$

Somit gilt auch für den Zylinder: $V_Z = G \cdot h = \pi \, r^2 \cdot h$

$1\,cm^3 = 1\,ml$

b) $V = \pi \, r^2 \cdot h = \pi \cdot (5,0\,cm)^2 \cdot 11,5\,cm = \pi \cdot 287,5\,cm^3 \approx 903\,cm^3$
Ergebnis: Der Metallzylinder hat ein Volumen von ungefähr 903 ml.

INFORMATION

Für das **Volumen V eines Zylinders** mit dem Radius r und der Körperhöhe h gilt:
$V = G \cdot h$
$= \pi \, r^2 \cdot h$

Beispiel: $r = 2,0\,cm$, $h = 3,0\,cm$
$V = \pi \cdot (2,0\,cm)^2 \cdot 3,0\,cm$
$= 12,0\,\pi\,cm^3$
$\approx 37,7\,cm^3$

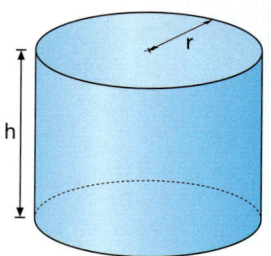

FESTIGEN UND
WEITERARBEITEN

2. Berechne das Volumen des Zylinders.

a) $r = 7\,cm$ **b)** $r = 7,5\,cm$ **c)** $d = 12,4\,cm$ **d)** $r = \frac{3}{4}\,dm$ **e)** $d = 5\,cm$
     $h = 8\,cm$ $h = 13,4\,cm$ $h = 13,5\,m$ $h = 3,5\,cm$ $h = 3\,r$

> $1\,cm^3 = 1\,ml$

3. Stelle für die gesuchte Größe zunächst eine Formel auf. Verwende dabei die Formeln für das Volumen des Zylinders. Berechne dann mithilfe der Formel.
  a) Verschiedene zylinderförmige Fruchtsaftdosen sollen alle das Volumen $0,7\,l$ haben.
  Der Radius ist   (1) $5\,cm$;   (2) $4,5\,cm$;   (3) $4\,cm$.
  Wie hoch sind die Dosen?
  b) Verschiedene zylinderförmige Dosen sollen alle das Volumen $750\,ml$ haben.
  Die Höhe ist   (1) $10\,cm$;   (2) $12\,cm$;   (3) $8\,cm$.
  Welchen Radius haben die Grundflächen der Dosen?
  c) Eine zylinderförmige Dose soll ein Volumen von $1\,000\,ml$ haben.
  Wie können Radius r und Höhe h gewählt werden? Gib drei Möglichkeiten an.

4. Untersuche, wie sich das Volumen eines Zylinders verändert, wenn man
  (1) die Höhe verdoppelt; verdreifacht; …; um $10\,\%$ vergrößert;
  (2) den Radius verdoppelt; verdreifacht; …; um $10\,\%$ vergrößert;
  (3) zugleich die Höhe und den Radius verdoppelt; verdreifacht; …; um $10\,\%$ vergrößert?
  Begründe.

ÜBEN

5. Berechne das Volumen des Zylinders. Runde die Ergebnisse sinnvoll.

a) $r = 12\,cm$ **b)** $r = 12,3\,cm$ **c)** $r = 28,4\,cm$ **d)** $d = 27\,mm$
     $h = 7\,cm$ $h = 7,8\,cm$ $h = 3,75\,m$ $h = 3,6\,cm$

6. Bei Kanalbauarbeiten wird unter einer Straße ein kreisrundes Bohrloch gebohrt. Wie viel m^3 Erdaushub fallen an?

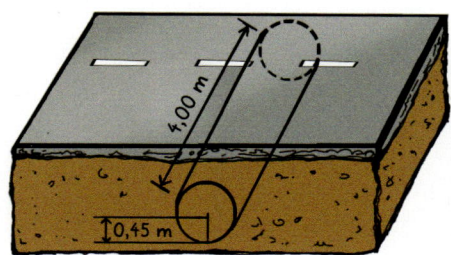

> $1\,dm^3 = 1\,l$

7.

Der Durchmesser eines $80\,cm$ langen Fasses für Altöl beträgt $60\,cm$ (Innenmaße). Das Fass hat ungefähr die Form eines Zylinders.
(1) Berechne das Fassungsvermögen in Liter. Schätze zunächst.
(2) Das leere Fass wiegt $28\,kg$.
$1\,l$ Öl wiegt $0,94\,kg$.
Wie viel wiegt das Ölfass, wenn es gefüllt ist?
(3) Die Auffangwanne ist $1,20\,m$ lang, $80\,cm$ breit und $40\,cm$ hoch.
Ist sie ausreichend bemessen?

8. Ein Würfel aus Blei mit der Kantenlänge $10,0\,cm$ wird zu einem gleich hohen Zylinder umgeschmolzen.
Welchen Radius hat der Zylinder?

9. Im Baumarkt werden zylinderförmige Eimer angeboten, deren Markierungen helfen, die erforderliche Kleistermischung anzurühren.

    a) Der Eimer hat einen Innendurchmesser von 30 cm. In welcher Höhe befinden sich die Markierungen?

    b) Die Angaben in Klammern geben das Mischungsverhältnis zwischen Pulver und Wasser an. Wie viel g Pulver enthält eine Kleisterpackung?

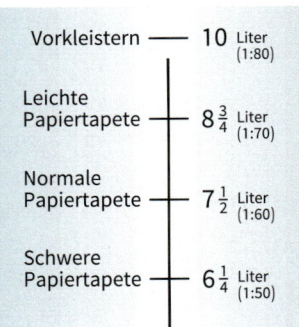

Vorkleistern	—	10 Liter (1:80)
Leichte Papiertapete	—	$8\frac{3}{4}$ Liter (1:70)
Normale Papiertapete	—	$7\frac{1}{2}$ Liter (1:60)
Schwere Papiertapete	—	$6\frac{1}{4}$ Liter (1:50)

10. Kosmetikartikel werden oft aufwändig verpackt. Welche Verpackung ist am aufwendigsten? Begründe.

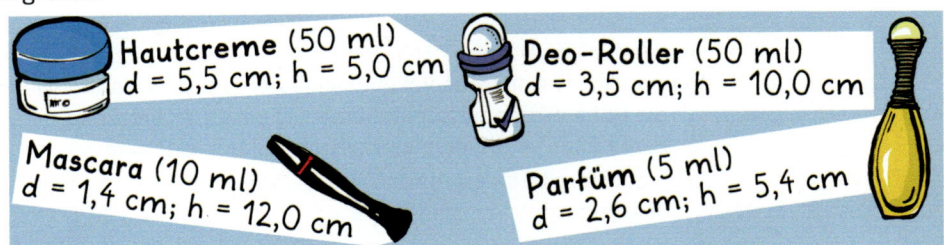

Hautcreme (50 ml) d = 5,5 cm; h = 5,0 cm

Deo-Roller (50 ml) d = 3,5 cm; h = 10,0 cm

Mascara (10 ml) d = 1,4 cm; h = 12,0 cm

Parfüm (5 ml) d = 2,6 cm; h = 5,4 cm

11. Janice hat Formeln zum Zylinder umgeformt. Kontrolliere.

$$V = \pi\, r^2\, h$$
$$= \pi\, \frac{d}{2}\, h$$
$$= \frac{\pi\, d\, h}{2}$$

$$V = \pi\, r^2\, h$$
$$\sqrt{V} = \pi\, r\, h$$
$$r = \frac{\sqrt{V}}{\pi\, h}$$

$$O = 2\,\pi\, r^2 + 2\,\pi\, r\, h$$
$$= 4\,\pi\, r^3\, h$$

12. Ein Messzylinder hat den inneren Durchmesser 8,0 cm.
In welcher Höhe müssen die Markierungen für

    a) $\frac{1}{2}l$; $\frac{1}{4}l$; $\frac{1}{8}l$; $\frac{3}{8}l$

    b) 100 ml; 200 ml; 500 ml

    angebracht werden?

13. Überladen oder nicht?
Fahrer und Ladung des chinesischen Motorrads dürfen 120 kg nicht überschreiten.
Der Schaumstoff wiegt 35 kg pro m³.
Was meinst du?
Begründe.

14.

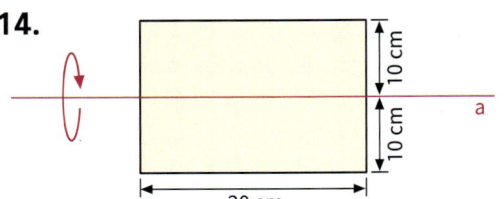

30 cm

10 cm, 10 cm, 10 cm

a

Das rechteckige Papierblatt wird um die Achse a gedreht. So entsteht ein *Rotationskörper*. Wie groß ist sein Volumen?

BERECHNUNGEN AN ZUSAMMENGESETZTEN KÖRPERN

EINSTIEG

Der abgebildete Körper stellt einen Rohling dar, aus dem Schrauben hergestellt werden.

» Beschreibe den Körper möglichst genau (Maße in mm).
» Wie viele Rohlinge sind in einer 1-kg-Packung?
Die Dichte von Eisen beträgt $7{,}86 \frac{g}{cm^3}$.

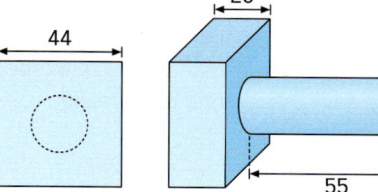

AUFGABE

1. Beschreibe den abgebildeten Körper. Berechne sein Volumen.

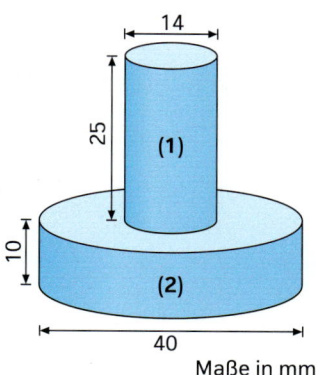

Maße in mm

Lösung

Der Körper ist aus zwei Zylindern zusammengesetzt. Wir berechnen das Volumen für jeden Einzelkörper und addieren die Ergebnisse.

Volumen des Zylinders (1)
$V_1 = \pi \cdot (7\,mm)^2 \cdot 25\,mm$
$V_1 \approx 3\,848{,}5\,mm^3$

Volumen des Zylinders (2)
$V_2 = \pi \cdot (20\,mm)^2 \cdot 10\,mm$
$V_2 \approx 12\,566{,}4\,mm^3$

Gesamtvolumen: $V = 3\,848{,}5\,mm^3 + 12\,566{,}4\,mm^3$
$V = 16\,414{,}9\,mm^3$
$V \approx 16{,}4\,cm^3$

Ergebnis: Der abgebildete Körper hat ein Volumen von ungefähr $16{,}4\,cm^3$.

AUFGABE

2. Aus einem Würfel wurde ein Zylinder ausgefräst. Den dabei entstandenen Körper nennen wir *Restkörper*.
Berechne die Oberfläche des Restkörpers.
Beschreibe dein Vorgehen.

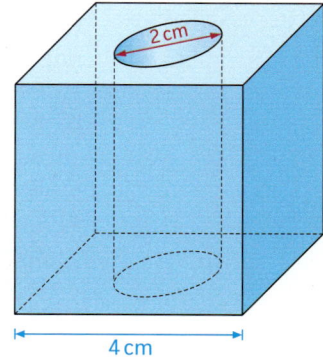

Lösung

Die Oberfläche des Körpers setzt sich zusammen aus:
* sechs quadratischen Seitenflächen des Würfels vermindert um die beiden Grundflächen des ausgefrästen Zylinders
* Mantelfläche des Zylinders

Oberfläche des Würfels: $O_W = 6 \cdot (4\,cm)^2 = 96\,cm^2$
Mantelfläche des Zylinders: $M = 2\,\pi \cdot 1\,cm \cdot 4\,cm = 8\,\pi\,cm^2 \approx 25{,}1\,cm^2$
Grundflächen des Zylinders: $2\,G = 2\,\pi \cdot (1\,cm)^2 \approx 6{,}3\,cm^2$
Oberfläche des Restkörpers: $O = 96\,cm^2 + 25{,}1\,cm^2 - 6{,}3\,cm^2 = 114{,}8\,cm^2$

Ergebnis: Der Restkörper hat eine Oberfläche von ungefähr $114{,}8\,cm^2$.

a) Strategie zur Berechnung des Volumens zusammengesetzter Körper

Das Volumen zusammengesetzter Körper kann man auf zwei Wegen berechnen:

(1) Zerlege den Körper in geeignete Teilkörper. Berechne die Volumen dieser Teilkörper und addiere sie.

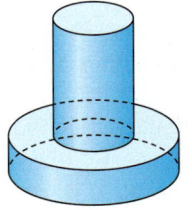

(2) Ergänze den Körper und subtrahiere vom Gesamtvolumen das Volumen des ergänzten Körpers.

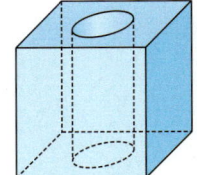

b) Oberfläche zusammengesetzter Körper

Die Oberfläche zusammengesetzter Körper besteht aus den Teilflächen, die man anfassen bzw. anstreichen kann. Bei dem nebenstehenden Körper setzt sie sich zusammen aus:

- Grundfläche G_1 des Zylinders
- Mantelfläche des Zylinders
- Grundfläche G_2 des Zylinders vermindert um eine Seitenfläche des Würfels
- fünf Seitenflächen des Würfels

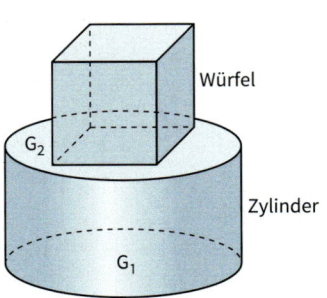

---

3. Herr Durm hat aus Holzzylindern einen kleinen Gartentisch gebaut. Der Fuß ist 50 cm hoch und hat einen Durchmesser von 25 cm. Die Tischplatte ist 16 cm dick und hat einen Durchmesser von 55 cm.

a) Bestimme das Volumen des Tischs.

b) Beschreibe, aus welchen Flächen sich die Oberfläche zusammensetzt und berechne sie.

4. *Volumen eines Hohlzylinders*

Ein Stahlring ist ein Hohlzylinder. Der abgebildete Stahlring hat die Maße $r_a = 29$ cm, $r_i = 26$ cm, $h = 24$ cm.

a) Berechne das Volumen des Stahlrings.

b) Stelle eine Formel für das Volumen des Hohlzylinders auf.

c) Berechne die Oberfläche des Stahlrings.

d) Stelle eine Formel für die Oberfläche des Hohlzylinders auf.

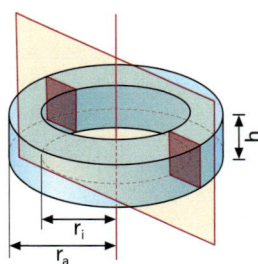

5. Berechne (1) das Volumen und (2) die Oberfläche des Werkstücks.

a)

b)

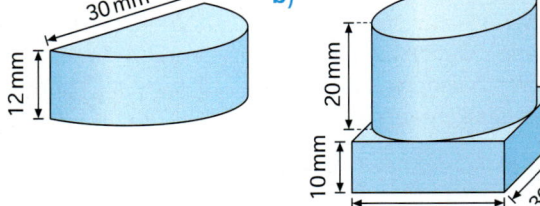

c) Maße in mm

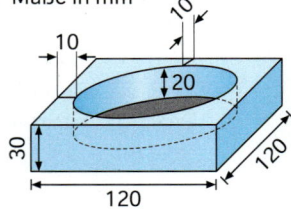

Im Motor bezeichnet man den Raum zwischen der höchsten und der niedrigsten Kolbenstellung als *Hubraum* (im Bild rot gefärbt). Die Länge s des Weges, den der Kolben zurücklegt, heißt *Hub*.
Den Innendurchmesser d des Zylinders nennt man *Bohrung*. Der Hubraum eines Motors setzt sich aus den Hubräumen aller Zylinder des Motors zusammen.

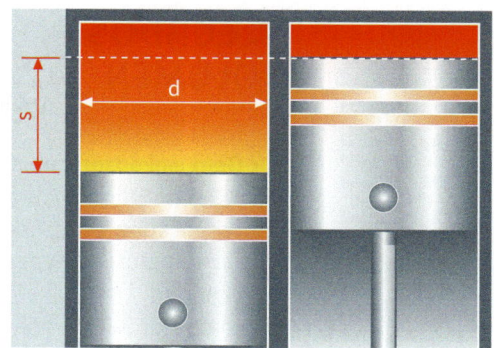

★★

Ein Zylinder eines Lanz-Bulldogs hat eine Bohrung von d = 190 mm und einen Hub von s = 220 mm. Der sogenannte „Felddank-Motor" hat zwei Zylinder und 38 PS.
Berechne den Hubraum eines Zylinders und des gesamten Motors.

★★★

Berechne die fehlenden Werte.

Motor	Bohrung	Hub	Zylinder	Hubraum
A	76 mm	86 mm	8	?
B	81 mm	86 mm	?	2 215,79 cm³

★★★★

Eine offene Zylinderhülse hat einen Außendurchmesser von 78 mm, einen Innendurchmesser von 74 mm und eine Höhe von 180 mm.
Die Metalllegierung hat eine Dichte von 7,35 g/cm³.
Welches Gewicht besitzt die Zylinderhülse?

★★

Berechne näherungsweise, wie viel Kubikmeter Holz der Eichenstamm hat (siehe Angaben rechts).

★★★

Aus dem abgebildeten Stamm sollen Sitzblöcke hergestellt werden. Sie sollen 50 cm hoch sein. Wie schwer ist ein solcher Sitzblock ungefähr?

Der Eichenstamm ist 12 m lang.
Der vordere Durchmesser beträgt 80 cm,
der hintere Durchmesser 50 cm.
1 cm³ Eiche hat ein Gewicht von ca. 0,86 g.

★★★★

Rohe Eichenstämme werden mit Rinde zum Preis von 369 € pro m³ verkauft.
Drei Jahre gelagertes und in Bretter geschnittenes Eichenholz erhält man für 1 636 € pro m³. Beim Verkauf wird eine 2,5 cm breite Schicht für die Rinde abgezogen.
Welchen Erlös bringt der Eichenstamm, wenn er nach der Lagerzeit als Eichenbretter verkauft wird?

BLECHDOSEN – ZYLINDER MIT VORGEGEBENEM VOLUMEN

Für Gemüsekonserven, Fruchtsäfte oder Farben werden oft zylinderförmige Blechdosen als Verpackung verwendet. Dabei ist häufig eine bestimmte Füllmenge (z. B. 1 *l*; 0,7 *l*; 0,5 *l*) vorgegeben.

Durchmesser und Höhe können nach unterschiedlichen Gesichtspunkten festgelegt werden.

Hinweis:

» Besprecht die folgenden Aufgaben gemeinsam, rechnet und zeichnet arbeitsteilig.

» Besprecht und kontrolliert die Ergebnisse in der Gruppe.

» Wählt geeignete Ergebnisse für einen Gruppenvortrag oder ein Ausstellungsplakat aus.

Im Folgenden sehen wir aus Gründen der Einfachheit davon ab, dass die Dosen nicht vollständig gefüllt werden können. Wir betrachten sie immer als Zylinder, deren Volumen der Füllmenge entspricht.

Höhe und Durchmesser bzw. Radius betrachten wir immer als Innenmaße.

1. a) Ein Erfrischungsgetränk wird in 0,33-*l*-Dosen und in 0,5-*l*-Dosen angeboten.
Beide Dosen haben einen Durchmesser von 6,4 cm.
Wie hoch ist jede Dose?

b) Wie hoch müsste eine (1) 0,7-*l*-Dose; (2) 1-*l*-Dose sein, die den gleichen Durchmesser hat wie die 0,5-*l*-Dose in Teilaufgabe a)?

2. Eine Firma will eine Serie von *Qualitäts-Fertigsuppen* in Dosen auf den Markt bringen. In einer Werbekampagne sollen diese Fertigsuppen als etwas Besonderes herausgestellt werden.
Form und Aufmachung der Dosen sollen diesem Produktimage entsprechen.
Die Füllmenge soll 500 ml betragen.

a) Legt für die Funktion *Radius → Höhe einer zylinderförmigen 500-ml-Dose* eine Tabelle für folgende Radien an:
3 cm; 3,5 cm; 4 cm; ...; 5,5 cm.

b) Wählt für mehrere verschiedene Entwürfe Werte für r bzw. h aus, die euch geeignet erscheinen.
Stellt je ein Modell der Dose aus Papier her.

c) Vergleicht die verschiedenen Modelle und entscheidet euch für einen Entwurf.
Berücksichtigt auch Aspekte des Umweltschutzes.

3. a) Legt für die Funktion *Radius → Höhe einer zylinderförmigen 1-l-Dose* eine Tabelle für folgende Radien an:
2 cm; 4 cm; ...; 12 cm.

b) Zeichnet den Graphen der Funktion.
Welche Informationen kann man aus diesem Graphen entnehmen?

c) Zeichnet den Graphen der Funktion *Höhe → Radius einer zylinderförmigen 1-l-Dose*.
Vergleicht den Graphen mit dem Graphen aus Teilaufgabe b). Was fällt auf?

Mit einem Tabellenkalkulationsprogramm könnt ihr verschiedene Maße und den Materialbedarf für Blechdosen berechnen und vergleichen.

4. a) Erstellt ein Tabellenblatt und berechnet für verschiedene Durchmesser die Höhe einer Blechdose mit dem Volumen 0,5 l.
Der abgebildete Ausschnitt einer Kalkulationstabelle kann euch als Vorlage dienen.

b) Erläutert die Formel, die ihr in den Zellen B7 bis B12 eingegeben habt.

c) Verdoppelt und verdreifacht das Volumen in Zelle B3. Beschreibt die Auswirkungen dieser Änderung auf die Höhe der Blechdose.

	A	B
1	Zylinderberechnungen	
3	Volumen (in cm³)	500
5	Durchmesser d	Höhe h
6	(in cm)	(in cm)
7	3,00	70,74
8	4,00	39,79
9	5,00	25,46
10	6,00	17,68
11	7,00	12,99
12	8,00	9,95

5.

	A	B	C
1	Zylinderberechnungen		
3	Volumen (in cm³)	500	
5	Durchmesser d	Höhe h	Material
6	(in cm)	(in cm)	(in cm²)
7	3,00	70,74	680,80
8	4,00	39,79	525,13
9	5,00	25,46	439,27
10	6,00	17,68	389,88
11	7,00	12,99	362,68
12	8,00	9,95	350,53

a) Erweitert euer Tabellenblatt wie in der Abbildung links. Berechnet den Materialbedarf der zylinderförmigen Dose.

b) Bestimmt mithilfe der Kalkulationstabelle den kleinstmöglichen Materialbedarf für eine zylinderförmige Blechdose mit dem Volumen
(1) 500 cm³;   (2) 750 cm³.

6. Im Handel gibt es unterschiedliche Dosen, z. B. (Maße in cm)

Material/ Inhalt	Aluminium 0,33 l	Aluminium 0,25 l	Weißblech 850 ml	Weißblech 580 ml	Weißblech 425 ml	Weißblech 300 ml	Weißblech 290 ml
Durchmesser	6,6	5	10	8,3	8,3	9,8	6,4
Höhe	11,5	12	11,2	10,8	8,0	4,2	9,3

a) Die Dosen können aus technischen Gründen nicht ganz gefüllt werden. Übertragt die Daten in ein Tabellenblatt.
Berechnet für jede Dose das tatsächliche Volumen und die prozentuale Füllung.

b) Überprüft, ob die Dosen optimiert sind, das heißt, ob für das tatsächliche Volumen der kleinstmögliche Materialbedarf verwendet wird.

c) Besprecht, welche Gründe es gibt, eine Dose nicht zu optimieren.

7. Entwickelt in Partnerarbeit selbst eine ideale Verpackung.
Macht euch gegenseitig Vorgaben, z. B. Volumen und Höhe einer Dose, und ermittelt dann Vorschläge für sinnvolle Maße.
Präsentiert eure Ergebnisse.

VERMISCHTE UND KOMPLEXE ÜBUNGEN

1. a) Ein Zylinder ist 4,6 cm hoch und besitzt den Radius 1,8 cm.
Berechne   (1) das Volumen,   (2) die Oberfläche.

b) Ein Zylinder ist 6,5 cm hoch und seine Grundfläche ist 50,27 cm² groß.
Berechne   (1) die Oberfläche,   (2) das Volumen.

c) Ein Zylinder besitzt den Radius 3,2 cm und seine Mantelfläche ist 180,56 cm² groß.
Berechne   (1) die Oberfläche,   (2) das Volumen.

d) Das Volumen eines 18 cm hohen Zylinders beträgt 905 dm³. Berechne die Oberfläche.

2. Ein Zylinder hat den Radius r = 2,7 cm und die Höhe 4,2 cm.

a) Skizziere ein Schrägbild des Zylinders (stehend und liegend).

b) Berechne das Volumen und die Oberfläche des Zylinders.

c) Wie verändert sich das Volumen des Zylinders, wenn
   (1) die Höhe um 15 % vergrößert wird;
   (2) der Radius um 15 % vergrößert wird?

3. Eine Firma bietet 550 g Weinsauerkraut in einer zylinderförmigen Dose mit dem Radius 4,2 cm und der Höhe 11 cm an.
Die Füllmenge einer neuen Dose soll um 20 % erhöht werden. Gib drei verschiedene Möglichkeiten für Radius und Höhe der neuen Dose an.

4. Ein Stahlrohr hat die Form eines Hohlzylinders. Der Außendurchmesser eines Rohres beträgt 18 cm, der Innendurchmesser 17 cm.
Berechne das Volumen eines 15 m langen Rohres.

5. Der Flachkollektor einer Solaranlage enthält ein Kupferrohr mit 20 m Länge und einem Innendurchmesser von $\frac{3}{4}$ Zoll. In diesem Rohr wird Wasser erwärmt.
Wie viel *l* Wasser können im Flachkollektor gleichzeitig erwärmt werden?

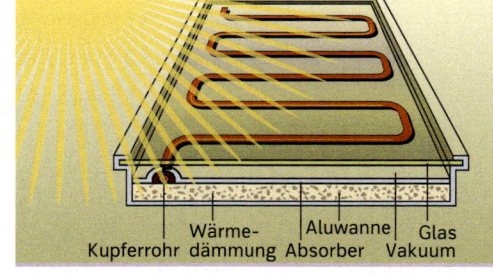

Wärme-   Aluwanne   Glas
Kupferrohr dämmung Absorber   Vakuum

1 Zoll
1" = 25,4 mm

6. Gib eine Formel für die Oberfläche eines Zylinders mit dem Radius r und der Höhe h an, wenn gilt:

a) h ist genau so lang wie r;

b) r ist halb so lang wie h;

c) h ist 3 cm kürzer als r;

d) h ist 10 % länger als r.

7. Aus einem Rundstahl (Länge 450 mm) soll ein Metallstab mit dem angegebenen Querschnitt (Maße in mm) gefräst werden. 1 cm³ des Stahls wiegt 7,8 g.

a) Wie viel wiegt der Metallstab?

b) Wie viel Abfall entsteht? Wie viel Prozent sind das?

(1)

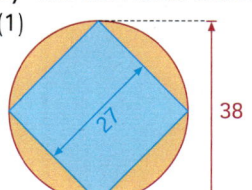

(2)

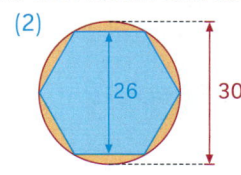

(3)

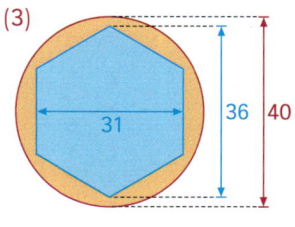

8. Deutschlands längste Autoröhre, der Rennsteigtunnel in Thüringen, besteht aus zwei getrennten Röhren, die annähernd die Form von Halbzylindern besitzen.
Eine Röhre ist 7 916 m lang und in Höhe der Fahrbahn 9,50 m breit.

a) Wie viel m³ Gestein mussten etwa herausgebohrt werden?
Welche Kantenlänge hätte ein Würfel mit dem gleichen Volumen?

b) Die Innenwände des Tunnels mussten verschalt werden.
Wie groß war die zu verschalende Fläche?

9. Im Bild siehst du die Grundfläche eines Metallteils (Maße in mm). Seine Höhe beträgt 45 mm.
Welche Masse hat das Metallteil aus Stahl mit der Dichte 7,8 $\frac{g}{cm^3}$?

Im Alltag sagt man auch Gewicht statt Masse.

a)

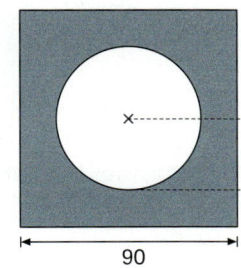

90 · 30

b)

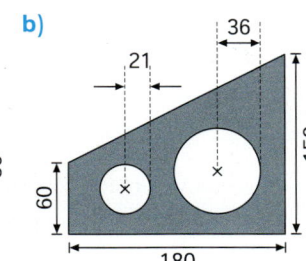

21 · 36 · 60 · 150 · 180

c)

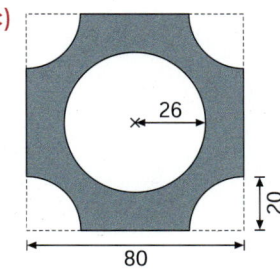

26 · 20 · 80

Wie viel m³ Gas fasst ein Rohr?

Die Rohre erhalten innen und außen eine Schutzschicht. Gib deren Größe
(1) für ein Rohr,
(2) für die gesamte Schutzrohrleitung in Quadratmeter an.

10. Von einem norwegischen Gasfeld kommend führt die Erdgasleitung „Europipe" durch die Nordsee zur ostfriesischen Küste. Für die Verlegung wurde das Wattenmeer mit einer 2 524 m langen Schutzrohrleitung untertunnelt.
Maße der Rohre:
Länge: 4,00 m
innerer Durchmesser: 3,00 m
äußerer Umfang: 10,68 m
Beton: ρ = 2,3 $\frac{g}{cm^3}$

Drei Rohre werden mit einem Lkw transportiert.

Es wäre auch möglich gewesen, Rohre mit einer anderen Länge zu verwenden. Diese hätten ein Volumen im Inneren des Rohres von 38,88 m³ gehabt.
Ermittle die Länge dieser Rohre.

11. Berechne die fehlenden Größen des Zylinders.
Runde die Ergebnisse sinnvoll.

	Radius r	Höhe h	Größe G der Grundfläche	Größe M der Mantelfläche	Größe O der Oberfläche	Volumen V
a)	3,4 cm	7,1 cm				
b)	28 cm	4,8 m				
c)		1,1 dm	265,9 cm²			
d)	16 cm			623 cm²		
e)	3,1 dm			46,9 dm²		
f)	6,2 cm					584,00 cm³

12. Die kanadische Goldmünze „Maple Leaf" hat einen Durchmesser von 30 mm und eine Dicke von 2,3 mm. Da sie Gold
der feinsten Reinheit enthält, wiegt 1 cm³ der Münze 19,3 g.
Wie schwer ist die kanadische Goldmünze?

13. Berechne   (1) das Volumen,   (2) die Oberfläche   des Hohlzylinders. (vgl. Seite 148 Aufgabe 4).
a) $r_a = 27{,}0$ cm $r_i = 16{,}0$ cm $h = 12{,}0$ cm
b) $r_a = 1{,}74$ dm $r_i = 12{,}5$ cm $h = 85{,}0$ cm
c) $d_a = 0{,}870$ m $d_i = 4{,}90$ dm $h = 14{,}0$ cm

14. Ein Rohr hat die Form eines *Hohlzylinders*.
a) Der Außendurchmesser eines Rohres beträgt 18 cm, der Innendurchmesser 17 cm. Das
Rohr ist 15 m lang.
(1) Berechne das Volumen des Rohres als Hohlzylinder.
(2) Wie viel Liter Wasser fasst das Rohr?
b) Stelle für das Volumen eines Rohres als Hohlzylinder mit dem Innendurchmesser d_i,
dem Außendurchmesser d_a und der Länge l eine Formel auf.

15. Schätze das Volumen der abgebildeten Kä-
sestücke. Beschreibe deine Überlegungen.

16. a) Eine Firma stellt aus Beton die rechts abgebildeten
Schornsteinelemente her.
Wie viel dm³ Beton benötigt man für ein solches Element?
b) Welches Gewicht hat ein solches Element, wenn 1 dm³
Beton 2,4 kg wiegt?
c) Welches Gewicht könnte man sparen, wenn man das
Bauteil als Betonrohr mit einer Wandstärke von 7 cm
herstellt? Gib diesen Anteil auch in Prozent an.

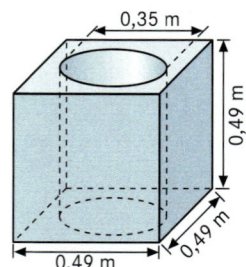

17. Jeder Rundstahl einer bestimmten Sorte ist 6,40 m lang und hat einen Durchmesser von 12 mm. 1 cm³ des Stahls wiegt 7,85 g.
Wie viel wiegt ein Bund mit 50 Stück?

18. a) Ein Zylinder hat den Radius r = 5 cm und das Volumen V = 549,5 cm³.
   Wie hoch ist der Zylinder?
   b) Ein Zylinder ist 7 cm hoch. Seine Mantelfläche ist 197,92 cm² groß.
   Berechne das Volumen des Zylinders.

19. Shorttrack ist eine olympische Disziplin des Eislaufs, bei der über mehrere Runden im K.-O.-System der Sieger ermittelt wird. Eine Runde auf der Innenbahn hat eine Länge von 111 Metern. Die geraden Abschnitte sind 29 m lang. Hieran schließen sich halbkreisförmige Kurven an.

a) Bestimme Umfang und Radius der Kurven auf der Innenbahn.
Runde auf volle Meter.

b) Der gesamte Innenraum soll für eine Siegerehrung mit Teppichboden ausgelegt werden. Wie viel m² Teppichboden werden benötigt?

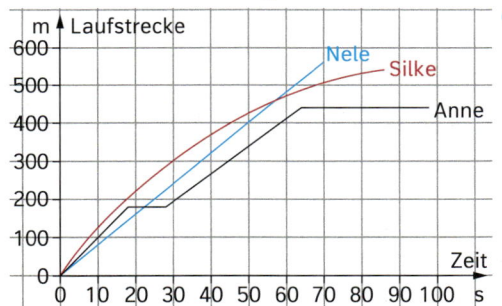

c) Die abgebildeten Graphen beschreiben für drei Läuferinnen (Anne, Nele und Silke) den Verlauf eines 500-m-Rennens auf dieser Bahn.
Wie lange haben die drei Läuferinnen jeweils für diese Strecke gebraucht?

20.

Spezifisches Gewicht von Fichtenholz: 0,47 g/cm³

Frankenpost, 28. Dezember 2013:
Maibaum-Diebe scheitern kläglich
Sechs Unholde hatten es auf das 26 m lange Prachtstück der Feuerwehr Rothenbürg-Hüttung abgesehen.

a) Die sechs Unholde stießen auf gewaltige Probleme. Warum?
b) Wie viele Leute braucht man, um den Stamm zu transportieren?

WAS DU GELERNT HAST

Zylinder – Eigenschaften
Jeder Zylinder hat zwei parallele Kreisflächen als **Grundflächen G**. Die gekrümmte Seitenfläche heißt **Mantelfläche M**.

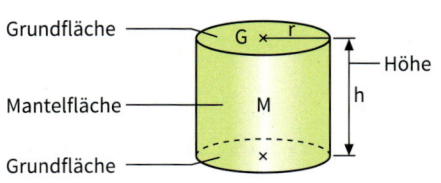
Grundfläche   G   ×   r
Höhe
Mantelfläche   M
h
Grundfläche   ×

Zylinder – Darstellungen
Schrägbild eines stehenden Zylinders
Es gibt zwei Möglichkeiten:
(1) Die Tiefenstrecken werden, wie z. B. beim Quader, in einem Winkel von 45° gezeichnet und auf die Hälfte verkürzt.
(2) Die Tiefenstrecken werden auf die Hälfte verkürzt, aber in einem Winkel von 90° gezeichnet.

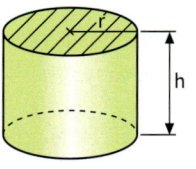 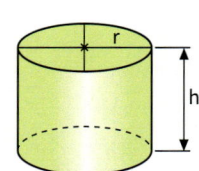

Winkel 45°   Winkel 90°
Verkürzung $\frac{1}{2}$ Verkürzung $\frac{1}{2}$

Netz eines Zylinders

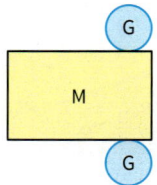

G

M

G

Ansichten eines Zylinders
(1) stehend   (2) liegend

von vorne   *von der Seite*

Zylinder – Oberfläche
Grundfläche: $G = \pi\,r^2$
Mantelfläche: $M = u \cdot h$ bzw. $M = 2\,\pi\,r \cdot h$
Oberfläche: $O = 2\,G + M$
$\qquad\qquad O = 2\,\pi\,r^2 + 2\,\pi\,r \cdot h$

Gegeben: r = 2,5 cm, h = 6,5 cm
$G = \pi \cdot (2{,}5\,\text{cm})^2 \approx 19{,}63\,\text{cm}^2$
$M = 2\,\pi \cdot 2{,}5\,\text{cm} \cdot 6{,}5\,\text{cm} \approx 102{,}18\,\text{cm}^2$
$O = 2 \cdot 19{,}63\,\text{cm}^2 + 102{,}10\,\text{cm}^2$
$O = 141{,}36\,\text{cm}^2$

Zylinder – Volumen
Volumen: $V = G \cdot h$
$\qquad\qquad V = \pi\,r^2 \cdot h$

Gegeben: r = 1,8 cm, h = 4,0 cm
$G = \pi \cdot (1{,}8\,\text{cm})^2 \approx 10{,}18\,\text{cm}^2$
$V = 10{,}18\,\text{cm}^2 \cdot 4{,}0\,\text{cm}$
$V = 40{,}72\,\text{cm}^3$

Zusammengesetze Körper
Um das Volumen zusammengesetzer Körper zu berechnen, berechnet man das Volumen geeigneter Teilkörper.

2 cm
3 cm
1,2 cm
4 cm
4 cm

Die Oberfläche zusammengesetzter Körper besteht aus den Teilflächen, die man anstreichen kann.

Volumen = Volumen des Quaders
            + Volumen des Zylinders

Oberfläche = Grundfläche des Quaders
        + 4 Seitenflächen des Quaders
        + Grundfläche des Quaders
        − Grundfläche des Zylinders
        + Mantelfläche des Zylinders
        + Grundfläche des Zylinders

BIST DU FIT?

1. Berechne (1) das Volumen, (2) die Oberfläche des Zylinders.
a) $r = 4\,cm$, $h = 7\,cm$ b) $G = 21{,}8\,cm^2$, $h = 6{,}5\,cm$ c) $M = 56{,}4\,cm^2$, $r = 3{,}4\,cm$

2. Ein Zylinder hat den Radius $r = 2{,}7\,cm$ und die Höhe $4{,}2\,cm$.
a) Zeichne drei verschiedene Schrägbilder des Zylinders (stehend und liegend).
b) Zeichne Ansichten des stehenden und liegenden Zylinders.
c) Zeichne ein Netz des Zylinders.
d) Berechne das Volumen und die Oberfläche des Zylinders.
e) Wie verändert sich das Volumen des Zylinders, wenn
   (1) die Höhe um 30 % vergrößert wird;
   (2) der Radius um 20 % vergrößert wird?

3. Ein $2{,}50\,m$ langes Rohr hat den Durchmesser $d_i = 2{,}7\,cm$. Die Rohrwand ist $2\,mm$ dick. Berechne das Volumen des Rohres als Hohlzylinder.

4. Eine Firma soll für verschiedene Zwecke zylinderförmige Blechdosen liefern. Alle Dosen sollen das Volumen $\frac{3}{4}\,l$ haben.
a) Wie hoch muss eine Dose sein, wenn der Radius (1) $3{,}5\,cm$; (2) $3\,cm$; (3) $4{,}5\,cm$ sein soll?
b) Welchen Radius muss eine Dose haben, wenn sie (1) $13\,cm$; (2) $8\,cm$; (3) $6\,cm$ hoch sein soll?

5. Die Mantelfläche eines Zylinders ist $400\,cm^2$. Berechne die Höhe des Zylinders für folgende Radien: (1) $2{,}5\,cm$; (2) $5{,}4\,cm$; (3) $7{,}9\,cm$.

6. Wie viel wiegt der Hohlzylinder aus Gusseisen im Bild rechts (Maße in mm)? $1\,cm^3$ Gusseisen wiegt $7{,}3\,g$.

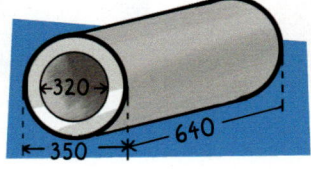

7. Der Käse am Brandenburger Tor war eine Werbeaktion der Niederländer zur „Grünen Woche" in Berlin. Schätze das Volumen des Käserades.

8. Der Kerzenständer im Bild rechts ist aus Messing. $1\,cm^3$ Messing wiegt $8{,}6\,g$.
a) Wie viel wiegt der Kerzenständer?
b) Wie groß ist die Oberfläche des Kerzenständers?

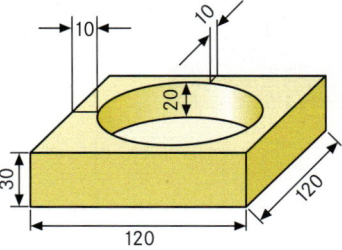

KAPITEL 6

ZUFÄLLIGE EREIGNISSE UND IHRE WAHRSCHEINLICHKEITEN

Pasch

Zeigen beim Werfen von mehreren Würfeln zwei oder mehr Würfel dieselbe Augenzahl, spricht man von einem Pasch. Ein Zweierpasch liegt vor, wenn zwei der geworfenen Würfel dieselbe Augenzahl zeigen.

» Wie groß ist die Wahrscheinlichkeit, dass beim Werfen eines roten und eines blauen Würfels ein Zweierpasch geworfen wird?

» Ändert sich die Wahrscheinlichkeit für einen Zweierpasch, wenn mit zwei weißen Würfeln gewürfelt wird?

» Beim Werfen von drei Würfeln wurde dreimal die Sechs geworfen.
Wie groß ist die Wahrscheinlichkeit für einen Dreierpasch beim Werfen von drei Würfeln?

Rot oder grün an der Fußgängerampel

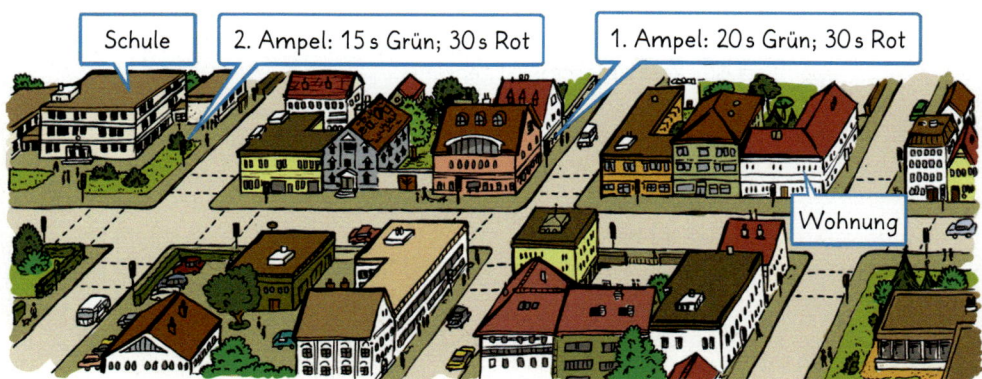

Schule

2. Ampel: 15 s Grün; 30 s Rot

1. Ampel: 20 s Grün; 30 s Rot

Wohnung

Marlene muss auf ihrem Schulweg zwei Straßen mit Fußgängerampeln überqueren. Manchmal muss sie sich beeilen, manchmal hat sie Zeit. Ob die Ampeln rot oder grün zeigen, hängt für sie vom Zufall ab.

» Was kommt häufiger vor, dass *beide Ampeln rot* oder *beide Ampeln grün* zeigen?
» Schätze, wie oft sie in einem Schuljahr bei Rot an beiden Ampeln warten muss.

AIDS-Schnelltest

» Wie viele Personen sind ungefähr in einer Millionenstadt HIV-infiziert und wie viele nicht?
» Nimm an, dass sich alle Einwohner der Millionenstadt dem AIDS-Test unterziehen. Wie viele Personen werden schätzungsweise positiv getestet?
» Die positiv getesteten Personen machen sich große Sorgen, dass sie tatsächlich AIDS haben.
  Wie viel Prozent dieser Personen sind wahrscheinlich nicht mit HIV infiziert?

GIB AIDS KEINE CHANCE

Qualität der AIDS-Tests verbessert
In Deutschland sind ungefähr 0,09 % der Bevölkerung mit HIV infiziert. Gegenüber den frühen 90er Jahren gelten die heute benutzten Schnelltestverfahren zur Testdiagnostik als relativ sicher; nur bei 0,1 % der HIV-Erkrankten versagt der Test.
Probleme bereitet allerdings die Tatsache, dass auch bei 0,2 % der Nicht-Infizierten ein zunächst positives Testergebnis für Aufregung sorgt; diese Probanden müssen dann ein weiteres Mal getestet werden.

IN DIESEM KAPITEL LERNST DU ...

... was mehrstufige Zufallsexperimente sind und wie man sie mit Baumdiagrammen darstellen kann.

... wie man mit der Pfadregel in Baumdiagrammen Wahrscheinlichkeiten berechnen kann.

ZUFALLSEXPERIMENTE UND WAHRSCHEINLICHKEITEN – GRUNDLAGEN

EINSTIEG

Das Glücksrad rechts wird gedreht.

» Wie groß ist die Wahrscheinlichkeit für jede einzelne Farbe?
» Bestimme die Wahrscheinlichkeit für
 (1) Blau oder Gelb;
 (2) nicht Rot.

INFORMATION

(1) Zufallsexperiment

Ein Zufallsexperiment kann beliebig oft wiederholt werden.

Man kennt die möglichen Ergebnisse, kann aber nicht vorhersagen, welches Ergebnis eintreten wird.

Werfen eines Würfels oder einer Münze:

(2) Laplace-Experiment

Alle Ergebnisse haben die gleiche Wahrscheinlichkeit. Für die Wahrscheinlichkeit eines Ereignisses E gilt:

$$P(E) = \frac{\text{Anzahl der günstigen Ergebnisse}}{\text{Anzahl der möglichen Ergebnisse}}$$

Ereignis E: *Augenzahl ist eine Primzahl*.
mögliche Ergebnisse: 1, 2, 3, 4, 5, 6
günstige Ergebnisse: 2, 3, 5

$$P(E) = \frac{3}{6} = \frac{1}{2} = 50\,\%$$

(3) Glücksrad

Bei einem Glücksrad gibt der Anteil des Kreisausschnitts am ganzen Kreis die Wahrscheinlichkeit an.

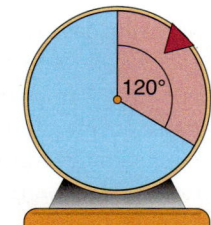

$$P(\text{Rot}) = \frac{120°}{360°} = \frac{1}{3}$$

(4) Relative Häufigkeit – Wahrscheinlichkeit

Bei einer langen Versuchsreihe gilt näherungsweise:

relative Häufigkeit ≈ Wahrscheinlichkeit

$P(\text{Rot}) = \frac{1}{3}$ bedeutet:

Wird das Glücksrad sehr häufig gedreht, so kommt in etwa einem Drittel aller Fälle das Ergebnis *Rot*.

(5) Summenregel

Die Wahrscheinlichkeit eines Ereignisses ist die Summe der Wahrscheinlichkeiten der zugehörigen Ergebnisse.

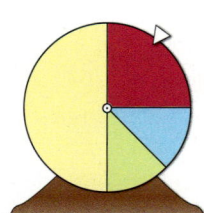

$$P(\text{Rot oder Blau})$$
$$= P(\text{Rot}) + P(\text{Blau})$$
$$= \frac{1}{4} + \frac{1}{8}$$
$$= \frac{3}{8}$$

ÜBEN

1. Was ist sicher, was ist sehr wahrscheinlich, was ist weniger wahrscheinlich, was ist Können? Begründe.
(1) Thilo würfelt 3-mal hintereinander eine Sechs.
(2) Vera räumt beim Kegeln mit einem Wurf alle neun ab.
(3) Daniels Vater gewinnt nicht im Lotto.
(4) Wasser gefriert bei 0 °C.
(5) Lisa schreibt eine gute Deutscharbeit.
(6) Dynamo Dresden gewinnt gegen Schalke 04.

2. Aus einem Gefäß mit 5 weißen, 4 gelben und 7 roten Kugeln wird mit verbundenen Augen eine Kugel gezogen.
a) Wie groß ist die Wahrscheinlichkeit, dass diese Kugel
(1) gelb ist;   (2) rot oder weiß ist;   (3) nicht rot ist?
b) Zeichne ein Glücksrad mit den gleichen Wahrscheinlichkeiten.

3. Aus einem Behälter mit insgesamt 20 roten, blauen und grünen Kugeln wird verdeckt eine Kugel gezogen und wieder zurückgelegt. Dieses Zufallsexperiment wurde mehrmals wiederholt. In der Tabelle siehst du die Ergebnisse. Schätze, wie viele Kugeln von jeder Farbe in dem Behälter sind. Begründe deine Schätzwerte.

rot	blau	grün
54	28	68

4. Bei einem Fußballspiel kennt man vor Beginn den Ausgang des Spiels nicht.
a) Welche Ergebnisse sind möglich?
b) Ist es sinnvoll anzunehmen, dass es sich um ein Laplace-Experiment handelt? Diskutiert und begründet eure Ansichten.

5. Die Wahrscheinlichkeit für die Geburt eines Jungen beträgt 51 %.
a) Wie groß ist die Wahrscheinlichkeit für die Geburt eines Mädchens?
b) Familie Möller hat bereits ein Mädchen und erwartet das zweite Kind.
Herr Möller meint:
„Jetzt ist die Wahrscheinlichkeit für einen Jungen aber größer als 51 %."

6. Oft ist es günstig, Wahrscheinlichkeiten mit dem Gegenereignis zu bestimmen.
Das Gegenereignis $\overline{E}$ (lies: E quer) besagt, dass ein Ereignis E nicht eintritt. Die Wahrscheinlichkeit P(E) des Ereignisses kann man dann mit der Wahrscheinlichkeit P($\overline{E}$) berechnen: P(E) = 1 – P($\overline{E}$).
Ein Glücksrad mit gleichgroßen Sektoren und den Zahlen von 1 bis 16 wird gedreht. Gib für das Ereignis und das zugehörige Gegenereignis jeweils die Menge der günstigen Ergebnisse an. Beschreibe das Gegenereignis auch mit Worten.
Berechne die Wahrscheinlichkeit für das Ereignis mithilfe des Gegenereignisses.
Die Augenzahl ist
a) keine Primzahl,
b) kein Vielfaches von 3,
c) größer als 5,
d) kleiner als 10,
e) kleiner als 7 oder größer als 10,
f) durch 2, 3 oder 5 teilbar.

> *Beispiel:*
> Glücksrad mit den Zahlen 1 bis 12 und gleich großen Sektoren.
> Ereignis E: Zahl ist nicht durch 5 teilbar.
> Gegenereignis $\overline{E}$: Zahl ist durch 5 teilbar.
>
> Günstige Ergebnisse für E:
> 1, 2, 3, 4, 6, 7, 8, 9, 11, 12
>
> Günstige Ergebnisse für $\overline{E}$: 5, 10
> $$P(E) = 1 - \frac{2}{12} = \frac{10}{12} = \frac{5}{6}$$

WAHRSCHEINLICHKEIT BEI MEHRSTUFIGEN ZUFALLSEXPERIMENTEN – PFADREGELN

Mehrstufige Zufallsexperimente und Baumdiagramme

EINSTIEG

Eine Münze und ein Würfel werden gleichzeitig geworfen. Das Ergebnis (Z|5) bedeutet, dass mit der Münze *Zahl* und mit dem Würfel eine *Fünf* geworfen wurde.

» Welche möglichen Ergebnisse hat dieses *zweistufige Zufallsexperiment*?
Schreibe die Ergebnisse möglichst systematisch auf.

AUFGABE

1. Bei einem Schulfest kann man an einem Stand mit den beiden Glücksrädern spielen. Gewinner ist, wer für beide Glücksräder richtig vorhersagt, auf welchen Feldern die Zeiger stehen bleiben.

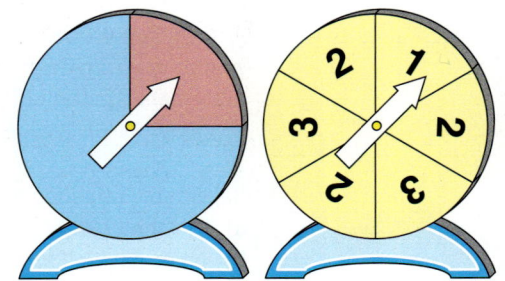

a) Welche Ergebnisse sind bei diesem *zweistufigen Zufallsexperiment* möglich? Stelle sie systematisch dar.

b) Auf welches Ergebnis würdest du setzen? Begründe.

Lösung

a) Bleibt das linke Glücksrad z. B. auf **Blau** stehen und das rechte Rad auf 1, so kürzen wir dies mit (B|1) ab.

Für das linke Glücksrad gibt es zwei Möglichkeiten, **Rot** oder **Blau**.

Bleibt es auf **Rot** stehen, so sind beim rechten Glücksrad drei Ergebnisse möglich: **1**, **2** oder **3**. Ebenso sind beim rechten Rad drei Ergebnisse möglich, wenn das linke auf **Blau** stehen bleibt. Diese Überlegungen kann man durch ein *Baumdiagramm* oder eine *Tabelle* veranschaulichen.

Baumdiagramm:

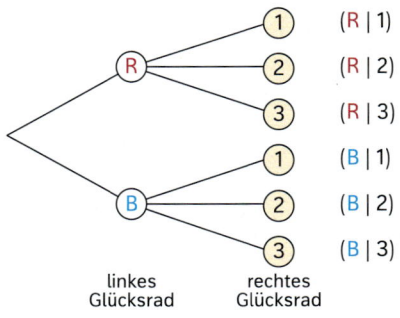

linkes Glücksrad   rechtes Glücksrad

Tabelle:

	1	2	3
R	(R|1)	(R|2)	(R|3)
B	(B|1)	(B|2)	(B|3)

Ergebnis: Insgesamt sind somit folgende sechs Ergebnisse möglich:
(R|**1**); (R|**2**); (R|**3**); (B|**1**); (B|**2**); (B|**3**).

b) Dieses zweistufige Zufallsexperiment ist *kein* Laplace-Experiment, da bei beiden Glücksrädern die möglichen Ergebnisse (**Rot** oder **Blau** bzw. **1**, **2** oder **3**) nicht gleichwahrscheinlich sind. Beim linken Glücksrad wird am häufigsten **Blau** und beim rechten Rad am häufigsten **2** auftreten. Man sollte also auf das Ergebnis (B|2) setzen.

FESTIGEN UND WEITERARBEITEN

2. Bei der Aufgabe 1 (Seite 162) ist nicht beschrieben, ob zunächst das linke und dann das rechte Glücksrad gedreht wird. Deshalb ist es auch möglich, das Zufallsexperiment durch ein Baumdiagramm zu beschreiben, bei dem zunächst die möglichen Ergebnisse des rechten Glücksrades und dann die des linken Glücksrades erfasst werden.
Zeichne ein solches Baumdiagramm.

INFORMATION

Mehrstufiges Zufallsexperiment

Ein Zufallsexperiment, das in zwei oder mehr Schritten nacheinander durchgeführt wird, heißt mehrstufiges Zufallsexperiment. Die Ergebnisse eines mehrstufigen Zufallsexperiments können übersichtlich in einem Baumdiagramm dargestellt werden.

Beispiel:
- Eine Münze wird zweimal hintereinander geworfen.
- Eine Münze wird geworfen und ein Glücksrad wird gedreht (siehe Baumdiagramm).

Häufig kann man Zufallsexperimente, bei denen mehrere Vorgänge gleichzeitig erfolgen, als mehrstufige Experimente auffassen.

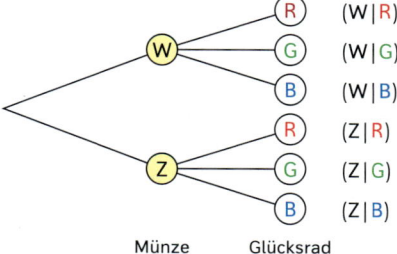

ÜBEN

3. Das Glücksrad rechts wird zweimal nacheinander gedreht.
   a) Stelle die möglichen Ergebnisse dieses zweistufigen Zufallsexperiments dar
   (1) durch ein Baumdiagramm;
   (2) in einer Tabelle.
   b) Welches Ergebnis ist am wahrscheinlichsten? Begründe.

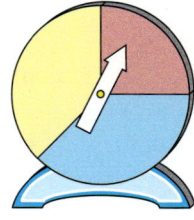

4. a) Das Glücksrad aus Aufgabe 3 wird gedreht und danach ein Tetraeder geworfen. Zeichne ein Baumdiagramm.
   b) Nun wird zuerst das Tetraeder geworfen und dann das Glücksrad gedreht. Zeichne wiederum ein Baumdiagramm und vergleiche.
   c) Sind die Ergebnisse dieser Zufallsexperimente gleichwahrscheinlich? Begründe.

5. a) Zwei Glücksräder werden gedreht. Stelle das Zufallsexperiment in einem Baumdiagramm dar. Welche der Pfade gehören zum Ereignis *zweimal dieselbe Farbe*?

b) Zwei Glücksräder werden gedreht. Ergänze die Eintragungen am Baumdiagramm. Gib an, wie groß die verschiedenen Sektoren des Glücksrades sind.

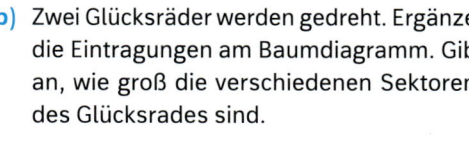

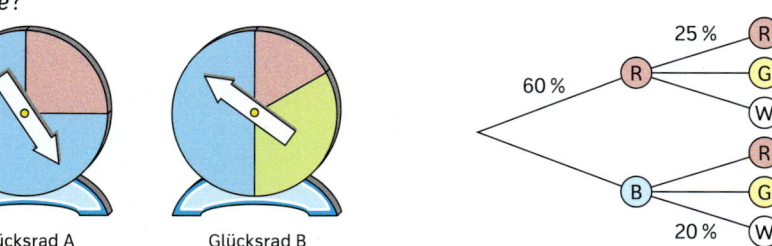

Glücksrad A   Glücksrad B

Pfadregeln zum Berechnen von Wahrscheinlichkeiten

EINSTIEG

Bei der Herstellung eines hochwertigen Glases darf
- das fertige Glas keine kleinen Luftblasen enthalten,
- das Gewicht maximal 3 % vom vorgegebenen Wert abweichen und
- die Form nicht ungleichmäßig sein.

In Qualitätskontrollen lässt der Fabrikant die Gläser prüfen und in Güteklassen einteilen.
Die Kontrolle von 1 000 Gläsern hatte folgende Ergebnisse:

Blasenbildung		Gewicht		Form	
nicht vorhanden	940	Abweichung max. 3 %	964	gleichmäßig	925
vorhanden	60	Abweichung über 3 %	36	nicht gleichmäßig	75

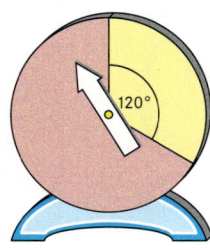

» Welchen Näherungswert würdet ihr für die Wahrscheinlichkeit angeben, dass bei einem zufällig ausgesuchten Glas die Form nicht gleichmäßig ist?

» Berechnet auch Näherungswerte für die anderen Kontrollergebnisse.

» Zeichnet für das dreistufigen Zufallsexperiment *Kontrolle der Blasenbildung, des Gewichts und der Form eines Glases* ein Baumdiagramm.

» Wie viel Prozent einer großen Anzahl unsortierter Gläser werden näherungsweise weder eine Blasenbildung noch Mängel bei der Form oder bei dem Gewicht aufweisen?

» Präsentiert eure Ergebnisse.

AUFGABE

1. Das abgebildete Glücksrad wird dreimal gedreht.

   a) Zeichne ein Baumdiagramm und schreibe an die einzelnen Zweige die zugehörigen Wahrscheinlichkeiten.

   Untersuche, ob ein Laplace-Experiment vorliegt.

   b) Angenommen, das dreistufige Zufallsexperiment wird 540-mal ausgeführt. Wie oft kann man dabei das Ergebnis (Rot|Gelb|Rot) erwarten?

   c) Welche Wahrscheinlichkeit hat das Ergebnis (Rot|Gelb|Rot)?
   Wie kann man diese Wahrscheinlichkeit direkt berechnen?

   d) Wie groß ist die Wahrscheinlichkeit, dass das Glücksrad zweimal auf Gelb und einmal auf Rot stehen bleibt?

Lösung

a)

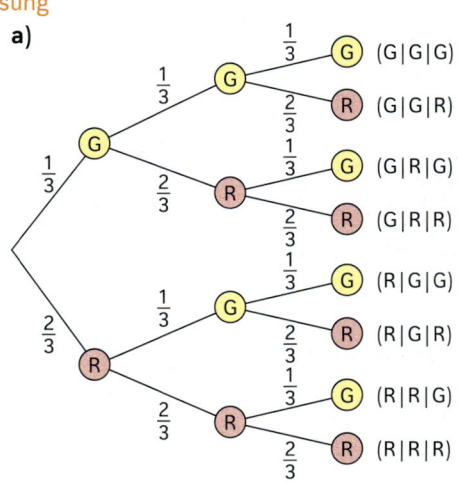

Das Experiment ist ein dreistufiges Zufallsexperiment. Jeder Pfad beschreibt ein Ergebnis des Experiments.

(R|G|R) bedeutet z.B.: Zunächst bleibt der Zeiger auf Rot, dann auf Gelb und zum Schluss wieder auf Rot stehen.

Es handelt sich nicht um ein Laplace-Experiment, da die Wahrscheinlichkeiten nicht für alle Ergebnisse gleich groß sind.

b) Bei ungefähr $\frac{2}{3}$ aller Drehungen des Glücksrades bleibt der Zeiger auf Rot stehen, d. h. bei ungefähr 360 der 540 Versuchsdurchführungen.
Bei ungefähr $\frac{1}{3}$ aller Drehungen hält der Zeiger auf dem gelben Feld, also auch bei ungefähr einem Drittel von 360 Drehungen, bei denen es zuvor auf Rot stehen blieb. Das sind 120.
Bei ungefähr $\frac{2}{3}$ dieser 120 Versuchsdurchführungen, also bei ca. 80, bleibt das Rad dann wieder auf Rot stehen.

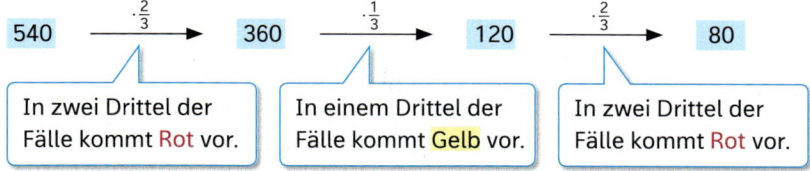

Das Ergebnis (Rot | Gelb | Rot) kommt also bei 540 Dreifachdrehungen ungefähr 80-mal vor.

c) Bei ungefähr 80 von 540 Versuchsdurchführungen kommt das Ergebnis (Rot | Gelb Rot) vor. Die Wahrscheinlichkeit für dieses Ergebnis ist also $\frac{80}{540} = \frac{4}{27}$.
Die Wahrscheinlichkeit für das Ergebnis (Rot | Gelb | Rot) kann auch als Produkt der Wahrscheinlichkeiten $\frac{2}{3}$, $\frac{1}{3}$ und $\frac{2}{3}$ längs des zugehörigen Pfades berechnet werden.
Begründung:
Bei $\frac{2}{3}$ der Versuchsdurchführungen erwartet man Rot und bei $\frac{1}{3}$ davon Gelb, das sind $\frac{2}{3} \cdot \frac{1}{3} = \frac{2}{9}$. Bei $\frac{2}{3}$ hiervon erwartet man dann wieder Rot, das sind $\frac{2}{9} \cdot \frac{2}{3} = \frac{4}{27}$.

d) Von den 8 Ergebnissen (Pfaden) führen 3 Pfade zu dem Ereignis zweimal Gelb und einmal Rot. Die Wahrscheinlichkeiten für die einzelnen Ergebnisse berechnen wir wie in Teilaufgabe c) als Produkt der einzelnen Wahrscheinlichkeiten längs der Pfade.

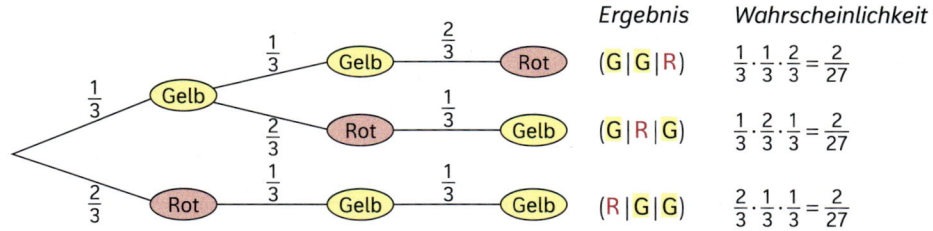

Mit der Summenregel erhalten wir:
$$P(\text{zweimal Gelb und einmal Rot}) = \frac{2}{27} + \frac{2}{27} + \frac{2}{27} = \frac{6}{27} = \frac{2}{9}$$

INFORMATION

Mehrstufiges Zufallsexperiment

Ein Zufallsexperiment, das in zwei oder mehr Schritten nacheinander durchgeführt wird, heißt mehrstufiges Zufallsexperiment.
Die Ergebnisse können übersichtlich in einem Baumdiagramm dargestellt werden.

Beispiel:

- Jemand wirft dreimal hintereinander eine Münze.
- Auch das gleichzeitige Werfen mit drei Würfeln kann als mehrstufiges Zufallsexperiment aufgefasst werden.

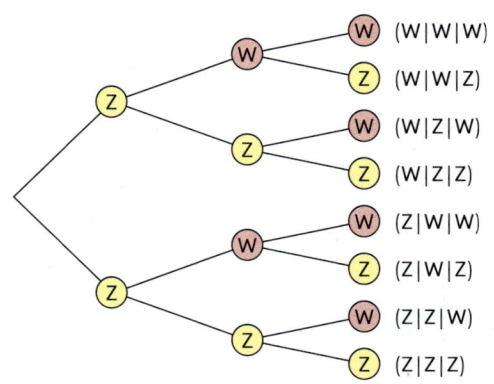

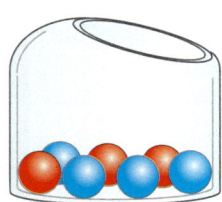

Regeln zur Berechnung von Wahrscheinlichkeiten bei mehrstufigen Zufallsexperimenten

Beispiel:
Aus einem Behälter mit 4 blauen und 3 roten Kugeln werden nacheinander drei Kugeln gezogen, ohne sie zurückzulegen.

(1) *Multiplikationsregel*
Man erhält die Wahrscheinlichkeit für ein Ergebnis, indem man die Wahrscheinlichkeiten entlang des zugehörigen Pfades multipliziert.

$$P(b\,|\,r\,|\,r) = \frac{4}{7} \cdot \frac{3}{6} \cdot \frac{2}{5} = \frac{4}{35}$$

(2) *Additionsregel*
Besteht ein Ereignis aus mehreren Ergebnissen, so addiert man die zugehörigen Wahrscheinlichkeiten.

$$P(\text{drei gleichfarbige Kugeln}) =$$
$$P(b\,|\,b\,|\,b) + P(r\,|\,r\,|\,r) = \frac{4}{35} + \frac{1}{35} = \frac{5}{35} = \frac{1}{7}$$

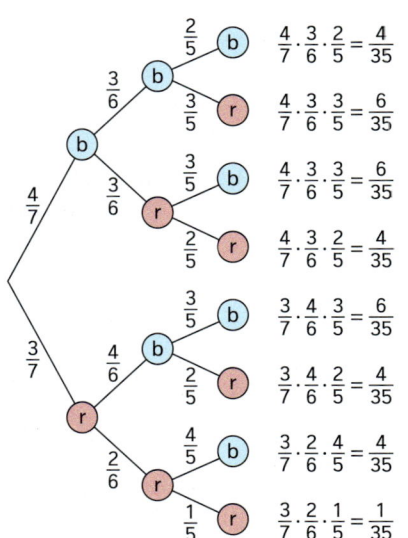

2. a) Eine 50-Cent-Münze wird dreimal geworfen. Wie groß ist die Wahrscheinlichkeit, dass dreimal
    (1) dieselbe Seite oben liegt;   (2) genau einmal *Zahl* oben liegt?
 b) Nun wird mit einer Spielmünze geworfen, bei der mit einer 70-prozentigen Wahrscheinlichkeit *Zahl* geworfen wird.

> Manchmal ist es einfacher, die Wahrscheinlichkeit des Gegenereignisses zu bestimmen.

3. Drei Würfel werden gleichzeitig geworfen. Es ist hier nur wichtig, ob eine Sechs gewürfelt wird oder nicht.
 a) Erkläre das Baumdiagramm. Welche Wahrscheinlichkeiten sind an die Pfade zu schreiben?
 b) Berechne die Wahrscheinlichkeiten für folgende Ereignisse:
    (1) Es wird keine Sechs gewürfelt.
    (2) Es wird genau eine Sechs gewürfelt.
    (3) Es werden genau zwei Sechsen gewürfelt.
    (4) Es wird mindestens eine Sechs gewürfelt.
    (5) Es wird höchstens eine Sechs gewürfelt.

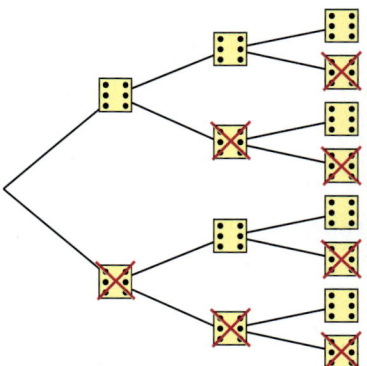

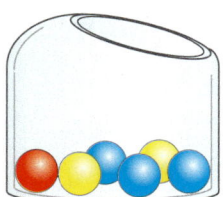

4. In einem Gefäß sind 6 gleichartige Kugeln: 1 rote, 2 gelbe und 3 blaue Kugeln.
 a) Nacheinander zieht man verdeckt zweimal je eine Kugel, wobei vor dem zweiten Zug die zuerst gezogene Kugel wieder in das Gefäß zurückgelegt wird. Man gewinnt, wenn beide Kugeln verschiedene Farben haben.
 b) Nun wird vor dem zweiten Zug die zuerst gezogene Kugel nicht wieder in das Gefäß zurückgelegt.
    Wie groß ist jetzt die Gewinnwahrscheinlichkeit?
 c) Ändert sich die Gewinnwahrscheinlichkeit aus Teilaufgabe b), wenn man beide Kugeln auf einen Griff aus dem Gefäß zieht?
    Begründe.

INFORMATION

Urne
Gefäß

Ziehvorgänge mit dem Urnenmodell

In der Wahrscheinlichkeitsrechnung betrachtet man häufig Ziehvorgänge, wie das Ziehen eines Loses oder die Auswahl von Personen für Umfragen. Solche Ziehvorgänge können mit dem Urnenmodell simuliert werden:

Aus einem Gefäß, der so genannten Ziehungsurne, werden gleichartige, aber z. B. durch Färbung oder Nummerierung unterscheidbare Kugeln gezogen.

Dabei unterscheidet man folgende drei Fälle:

(1) Beim **Ziehen mit Zurücklegen** legt man die gezogene Kugel vor dem nächsten Zug wieder in das Gefäß zurück. Damit stellt man den ursprünglichen Zustand der Urne wieder her, sodass die Wahrscheinlichkeiten bei jeder Ziehung übereinstimmen.

(2) Beim **Ziehen ohne Zurücklegen** ändern sich dagegen bei der nächsten Ziehung die Wahrscheinlichkeiten für das Ziehen der Kugeln. Man sagt, die Wahrscheinlichkeit ist *abhängig* vom Ergebnis der vorangegangenen Ziehung.

(3) Das **Ziehen auf einen Griff** kann in gewisser Weise als ein Ziehen ohne Zurücklegen betrachtet werden. Der Unterschied besteht darin, dass man auf die Reihenfolge nicht achtet.

Beispiel:

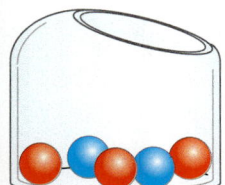

Wie groß ist die Wahrscheinlichkeit, aus der Ziehungsurne links mit einem Griff eine rote und eine blaue Kugel zu ziehen?

Das Baumdiagramm beschreibt das Ziehen ohne Zurücklegen. Wir berechnen die Wahrscheinlichkeiten für die Ergebnisse (rot | blau) und (blau | rot) und addieren sie.

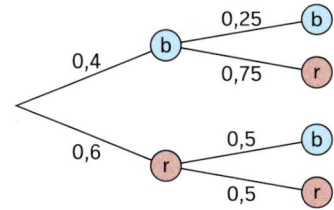

Ergebnis:

$P(\text{blau und rot}) = 0{,}4 \cdot 0{,}75 + 0{,}6 \cdot 0{,}5$
$= 0{,}6 = 60\,\%$

ÜBEN

5. In einem Gefäß sind 4 rote, 3 weiße und 2 grüne Kugeln. Nacheinander werden 2 Kugeln gezogen

    a) mit Zurücklegen;   **b)** ohne Zurücklegen.

        (1) Zeichne jeweils ein Baumdiagramm.

        (2) Berechne jeweils die Wahrscheinlichkeiten für folgende Ereignisse:

            E_1: Beide Kugeln sind rot. E_3: Genau eine Kugel ist grün.

            E_2: Die erste Kugel ist grün. E_4: Beide Kugeln sind verschiedenfarbig.

    c) Jetzt werden zwei Kugeln auf einen Griff gezogen.

        Wie groß ist die Wahrscheinlichkeit, dass zwei gleichfarbige Kugeln gezogen werden?

6. Anne hat in ihrem Mäppchen drei rote und zwei blaue Farbstifte. Sie nimmt ohne hinzusehen zwei Stifte heraus. Zeichne ein Baumdiagramm und bestimme, mit welcher Wahrscheinlichkeit sie

    a) zwei verschiedenfarbige Stifte,   **b)** zwei rote Stifte herausgenommen hat.

7. Marlenes Schulweg auf der Einführungsseite 159 kann als zweistufiges Zufallsexperiment betrachtet werden.

    Berechne die Wahrscheinlichkeiten für folgende Ereignisse auf Marlenes Schulweg.

    E_1: Beide Ampeln zeigen für Marlene grün. E_3: Mindestens eine Ampel zeigt grün.

    E_2: Keine Ampel zeigt für sie grün. E_4: Genau eine Ampel zeigt grün.

8. Ein Glücksrad wird dreimal nacheinander gedreht. Bei welchem der drei Räder ist es günstig, auf das Ereignis
a) dreimal dieselbe Farbe,   **b)** drei verschiedene Farben zu setzen?

(1) 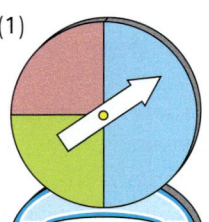   (2) 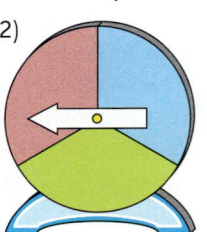   (3)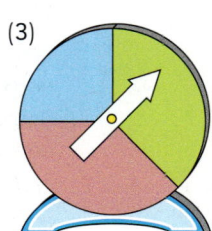

9. Das Kreisdiagramm rechts zeigt die Verteilung der Blutgruppen in Mitteleuropa. Zwei Personen kommen zur Blutspende. Wie groß ist die Wahrscheinlichkeit, dass
(1) die erste Person Blutgruppe A, die zweite Blutgruppe B hat,
(2) die erste Person Blutgruppe 0, die zweite eine andere hat,
(3) die beiden Personen verschiedene Blutgruppen haben?

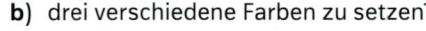

10. Gib ein Zufallsexperiment an, das durch das folgende Baumdiagramm beschrieben wird. Ergänze die fehlenden Wahrscheinlichkeiten. Beschreibe dein Vorgehen.

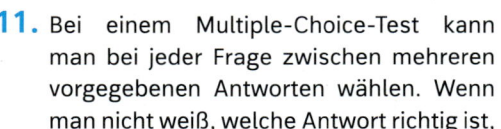

11. Bei einem Multiple-Choice-Test kann man bei jeder Frage zwischen mehreren vorgegebenen Antworten wählen. Wenn man nicht weiß, welche Antwort richtig ist, kann man raten. Wie groß ist die Wahrscheinlichkeit, dass man bei einem Text mit drei Fragen und jeweils vier möglichen Antworten
(1) genau zwei Antworten,   (2) nur eine Antwort,   (3) mindestens eine Antwort richtig rät?

12. Im Jahre 2013 wurde beim Kauf eines Pkws in 39 % aller Fälle die Farbe Grau (einschließlich Silbergrau) gewählt, in 31 % der Fälle die Farbe Schwarz, in 14 % der Fälle die Farbe Blau, in 4 % der Fälle die Farbe Grün.

a) Nimm an, dass sich dies nicht geändert hat.
An einem Tag verkauft ein Autohändler drei Autos. Wie groß ist die Wahrscheinlichkeit, dass
(1) alle drei Autos grau sind;
(2) zwei Autos grün und ein Auto blau ist;
(3) ein Auto blau, ein Auto schwarz und ein Auto grün ist?
b) Auf einem Parkplatz stehen 250 Autos.
(1) Wie viele graue Autos erwartest du?
(2) Wie viele Autos erwartest du, die keine der genannten Farben haben?

COMPUTERSIMULATIONEN

Es gibt Zufallsexperimente, bei denen man die gesuchten Wahrscheinlichkeiten nur mithilfe langer Versuchsreihen näherungsweise aus den relativen Häufigkeiten bestimmen kann. Solche langen und zeitaufwändigen Versuchsreihen kann man mit zufällig erzeugten Zahlenfolgen nachahmen. Eine solche Nachahmung nennt man eine **Simulation**.

Eine Simulation kann man z. B. mit einem Tabellenkalkulationsprogramm durchführen. Dazu werden von dem Programm Zufallszahlen erzeugt. Diese werden dazu benutzt, zufällige Ereignisse zu simulieren. Bei der Auswertung von Zufallsexperimenten kann man ebenfalls ein Tabellenkalkulationsprogramm einsetzen.

Simulation [lat.]
Nachahmung

simulieren [lat.]
nachahmen

In der Tabelle links wird mit der Formel **=zufallsbereich(1;6)** eine ganzzahlige Zufallszahl von 1 bis 6 erzeugt. Mit dieser Zufallszahl kann man z. B. das Werfen eines Würfels simulieren.

Erkundige dich, ob dein Kalkulationsprogramm mit den angegebenen Funktionen ganzzahlige Zufallszahlen erzeugt. Benutze ansonsten die Funktionsnamen deines Programms.

1. Simuliere das 75-malige Werfen eines Würfels.
    a) Werte deine Simulation aus. Berechne auch die relativen Häufigkeiten.
    b) Führe die Simulation mehrfach durch.

Erzeuge zunächst 75 ganzzahlige Zufallszahlen von 1 bis 6 im Bereich von A3 bis E17.

In der Tabelle „Auswertung" wird mithilfe der Funktion **=zählenwenn(A3:E17;"=1")** die Simulation ausgewertet. Diese Funktion gibt an, wie oft die Zahl 1 im Bereich A3 bis E17 vorkommt. In der Zelle H12 wird die relative Häufigkeit für die Augenzahl 1 mithilfe der Formel **=H4/75** berechnet.

Für die anderen Augenzahlen werden die Funktionen entsprechend angepasst.

Sicherlich hast du schon bemerkt, dass bei jeder Änderung an deiner Tabelle die Zufallszahlen neu erzeugt werden.

Wenn du dies verhindern möchtest, kannst du im Menü Formeln die Berechnung auf manuell einstellen.

2. Erweitere die Tabelle. Simuliere das 200-malige und 500-malige Werfen eines Würfels.
    a) Berechne jeweils die absoluten und relativen Häufigkeiten.
    b) Vergleiche die relativen Häufigkeiten mit den Wahrscheinlichkeiten.

3. Ein Glücksrad wurde in vier gleich große Sektoren eingeteilt. Zwei werden rot, einer blau und ein Sektor schwarz gefärbt.

Erstelle ein Tabellenblatt und simuliere mittels **=zufallsbereich(1;4)** das Drehen des Glücksrades.

Deute die Zufallszahlen 1 und 2 als rot, 3 als blau und 4 als schwarz.

    a) Erweitere das Tabellenblatt wie in der Abbildung auf das 40-malige Drehen des Rades.
    b) Vergleiche die relativen Häufigkeiten mit den Wahrscheinlichkeiten.

Z VIERFELDERTAFELN

Mädchen machen in der Bildung das Rennen

Hannover. Obwohl mehr Jungen als Mädchen eine weiterführende Schule in Niedersachsen besuchen (224 366 von 437 034), haben die Mädchen an der Schulform Gymnasium einen deutlichen Vorsprung:
54 595 Schülerinnen besuchen Schulen dieses Typs und nur 46 418 Schüler.

>> Wie viele Mädchen besuchen eine weiterführende Schule?
Wie viele davon besuchen ein Gymnasium?
>> Wie viele Schülerinnen und Schüler besuchen insgesamt ein Gymnasium?
>> Wie viele Schülerinnen und Schüler besuchen eine andere Schulform?
Wie viele davon sind Jungen?
>> Versucht die gegebenen und gewonnenen Daten übersichtlich darzustellen.
>> Wie viel Prozent aller Schülerinnen besuchen ein Gymnasium, wie viel eine andere Schulform? Vergleicht diese Anteile mit den entsprechenden Anteilen für die Jungen.

 1.

2014 waren in Deutschland 29,2 Millionen Pkws zugelassen, die auch in Deutschland hergestellt wurden. Davon hatten 21,1 Millionen einen Benzinmotor. Insgesamt gab es zu diesem Zeitpunkt in Deutschland 32,3 Mio. zugelassene Pkws mit einem Benzinmotor und 12,1 Mio. mit einem Dieselmotor.

a) Erschließe aus dem Text weitere Daten und stelle sie übersichtlich dar.
b) Ist für die Wahl der Motorart (Diesel- oder Benzinmotor) das Herkunftsland von Bedeutung?

Lösung

a) Da die Angabe der Daten unübersichtlich ist, bietet es sich an, in einem ersten Schritt die gegebenen Daten (blaue Zahlen) in einer Tabelle übersichtlich darzustellen.
Die Autos werden nach den beiden Beurteilungsmerkmalen *Herstellungsland* und *Motorart* unterschieden. Für das Merkmal Herstellungsland gibt es die beiden Auswahlmöglichkeiten *Deutschland* oder *Ausland*, für das Merkmal Motorart die Möglichkeiten *Benzinmotor* oder *Dieselmotor*.
In einem zweiten Schritt werden dann durch Addition und Subtraktion weitere Daten (rote Zahlen) berechnet.
Somit erhalten wir folgende Tabelle:

	Deutschland	**Ausland**	**gesamt**
Benzinmotor	21,1 Mio.	11,2 Mio.	32,3 Mio.
Dieselmotor	8,1 Mio.	4,0 Mio.	12,1 Mio.
gesamt	29,2 Mio.	15,2 Mio.	44,4 Mio.

Der Tabelle entnehmen wir:

- 8,1 Mio. Autos haben einen Dieselmotor und wurden in Deutschland hergestellt.
- Von den im Ausland hergestellten Autos haben 4,0 Mio. einen Dieselmotor.
- 11,2 Mio. Autos haben einen Benzinmotor und wurden im Ausland hergestellt.
- Insgesamt gab es 2014 in Deutschland 44,4 Mio. Autos, davon wurden 15,2 Mio. im Ausland hergestellt.

b) (1) Von 29,2 Mio. in Deutschland produzierten Autos haben 8,1 Mio. einen Dieselmotor. Das sind 27,7 %

(2) Von 15,2 Mio. im Ausland produzierten Autos haben 4,0 Mio.einen Dieselmotor. Das sind 26,5 %

Da sich beide Anteile kaum unterscheiden, hat das Herkunftsland offensichtlich für die Wahl der Motorart keine Bedeutung.

INFORMATION

(1) Vierfeldertafel

Im Einstieg und in Aufgabe 1 haben wir statistische Daten von Objekten nach zwei *Merkmalen* unterschieden. Für jedes Merkmal gab es zwei *Auswahlmöglichkeiten*.

Beispiel (Befragung von Fluggästen):

Merkmale: *Geschlecht* *Gefühl beim Fliegen*

Auswahlkriterien: *Männer* *Frauen* *Flugangst* *keine Flugangst*

	Flugangst	keine Flugangst	gesamt
Männer	23	372	395
Frauen	18	165	183
gesamt	41	537	578

Die so entstandene Tabelle heißt **Vierfeldertafel**, da die Gesamtzahl der befragten 578 Personen auf die vier inneren, gelb gefärbten Felder verteilt werden. In den Randfeldern stehen dann jeweils die zugehörigen Summen.

(2) Auswertung einer Vierfeldertafel

Mithilfe dieser Tabelle können wir z. B. merkmalspezifische Anteile berechnen und Bewertungen vornehmen.

Beispiel:

23 von 395 befragten männlichen Fluggästen gaben an, beim Fliegen Angst zu haben, das sind 5,8 %. Bei den weiblichen Fluggästen sind dies 18 von 183, also 9,8 %.

Die obige Befragung ergab somit, dass Frauen beim Fliegen eher unter Flugangst leiden.

23 von 395
$$= \frac{23}{395}$$
$$= 0{,}058$$
$$= 5{,}8\,\%$$

FESTIGEN UND WEITERARBEITEN

2. 152 Schülerinnen und Schüler besuchen die Jahrgangsstufen 8 bis 10 einer Schule. 26 Schüler besitzen einen Mofa-Führerschein. 54 der insgesamt 73 Schülerinnen besitzen keinen Mofa-Führerschein.

a) Erstelle eine Vierfeldertafel.

b) Wie viel Prozent der Schüler besitzen einen Mofa-Führerschein?

c) Bestimme weitere Anteile und vergleiche.

Z 3. Die Schülerinnen und Schüler einer Schule wurden danach befragt, ob sie ein Musikinstrument spielen. Die folgende Vierfeldertafel enthält geschlechtsspezifische Informationen zu dieser Befragung.

	Mädchen	Jungen	gesamt
Musikinstrument		48	
kein Musikinstrument	167		
gesamt		286	542

a) Vervollständige die Vierfeldertafel.
b) Werte die Tabelle aus und schreibe einen kurzen Zeitungsartikel.
Denke dir auch eine passende Schlagzeile aus.

ÜBEN

Z 4. In den Jahrgangsstufen 7 bis 10 einer Schule werden statistische Daten zur zweiten Fremdsprache erhoben. Von den 154 Mädchen haben 84 die zweite Fremdsprache belegt, bei den Jungen sind es 91. Insgesamt gehen 336 Schülerinnen und Schüler in die Jahrgangsstufen 7 bis 10.
Erstelle eine Vierfeldertafel.
Haben relativ mehr Mädchen oder mehr Jungen die zweite Fremdsprache belegt?

Z 5. Die folgenden Vierfeldertafeln enthalten Informationen zur Zusammensetzung verschiedener Abteilungen eines Sportvereins nach Geschlecht (**m**ännlich, **w**eiblich) und Altersgruppe (**J**ugendliche, **E**rwachsene).

(1)

Schwimmen	m	w	gesamt
J		12	
E		34	
gesamt	17	63	

(2)

Rudern	m	w	gesamt
J		14	45
E		21	
gesamt	38		

a) Vervollständige die Vierfeldertafeln.
b) Ist der Anteil der weiblichen Mitglieder in den Abteilungen bei den Jugendlichen oder bei den Erwachsenen größer?
Begründe mit Rechnungen.

Z 6. Eine Firma stellt Isolierglasscheiben sowohl mit einer Silberbeschichtung als auch mit einer Goldbeschichtung her. Diese Metallbeschichtung erhöht die Wärmereflektion und führt somit zu einer besseren Isolation.
Im Rahmen einer Qualitätskontrolle wurde festgestellt, dass 15 von 232 Glasscheiben mit Silberbeschichtung nicht in Ordnung waren. Bei den 167 mit Gold beschichteten Scheiben waren 9 fehlerhaft.

a) Erstelle mit diesen Daten eine Vierfeldertafel.
b) Untersuche, ob die Häufigkeit der Beschädigungen von der Art der Beschichtung abhängt.

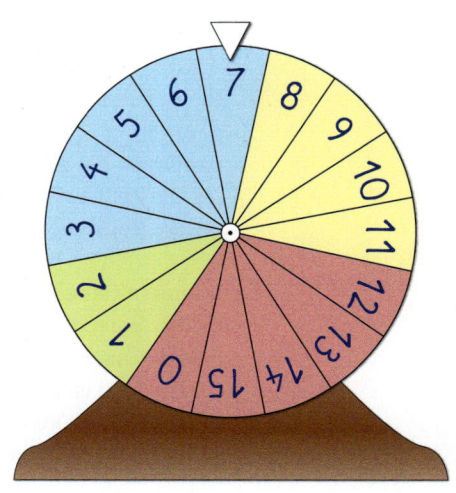

★★

Das Glücksrad wird 200-mal gedreht.
Wie oft erwartest du eine Primzahl?

★★★

Das Glücksrad wird zweimal nacheinander gedreht.
Wie groß ist die Wahrscheinlichkeit, dass es zweimal auf der gleichen Farbe stehen bleibt?

★★★★

Ein anderes Glücksrad besteht aus drei Sektoren mit den Farben Blau, Rot und Grün. Es wird zweimal gedreht.
Die Wahrscheinlichkeit für zweimal Rot beträgt 9 %.
Die Wahrscheinlichkeit für Rot und Grün in beliebiger Reihenfolge beträgt 15 %.
Stelle den Zufallsversuch in einem Baumdiagramm dar.
Wie groß sind die drei Farbsektoren?

In einer Fabrik wird Porzellangeschirr hergestellt.
Jedes Teil wird zunächst auf Form und dann auf Farbe geprüft.
Erfahrungsgemäß wird bei $\frac{1}{6}$ die Form beanstandet.
Bei der anschließenden Überprüfung der Farbe weisen $\frac{1}{10}$ der Teile Mängel auf.

★★

Stelle die Kontrolle in einem Baumdiagramm dar.

★★★

Es werden 1500 Teller hergestellt.
Wie viele davon kann man
(1) nur mit einem Formfehler,
(2) nur mit einem Farbfehler,
(3) mit Formfehler und Farbfehler erwarten?

★★★★

Durch eine Verbesserung im Produktionsprozess bei der Farbgestaltung wird der Anteil der Produkte ohne Fehler auf 80 % erhöht.
Welcher Anteil der Produkte ist ohne Farbfehler?

VERMISCHTE UND KOMPLEXE ÜBUNGEN

1. In einer Lostrommel liegen Lose, die von 1 bis 1 000 nummeriert sind. Ein Los wird zufällig gezogen.
Bestimme die Wahrscheinlichkeit für das Eintreten folgender Ereignisse:
(1) Die Zahl auf dem Los endet auf 00.   (3) Die Zahl ist durch 8 teilbar.
(2) Die Zahl ist ein Vielfaches von 25.   (4) Die Zahl hat zwei gleiche Ziffern.

2. In einem Behälter sind 15 Kugeln mit den Zahlen 1 bis 15. Eine Kugel wird verdeckt gezogen. Berechne für folgende Ereignisse die Wahrscheinlichkeit mithilfe des Gegenereignisses. Beschreibe das Gegenereignis vorher mit Worten und gib es durch eine Menge an.
(1) Die Zahl ist größer als 2.   (4) Die Zahl ist nicht durch 5 teilbar.
(2) Die Zahl ist kleiner als 15.   (5) Die Zahl ist durch 2 oder 3 teilbar.
(3) Die Zahl ist keine Primzahl.   (6) Die Zahl ist einstellig und gerade.

3. Bevor ein Buch gedruckt wird, werden alle Seiten auf Fehler durchgesehen. Der erste Korrekturleser findet erfahrungsgemäß 75 % der Fehler und korrigiert sie. Dann bekommt alle Seiten ein zweiter Korrekturleser, der von den übrig gebliebenen Fehlern noch ca. 60 % entdeckt und korrigiert.

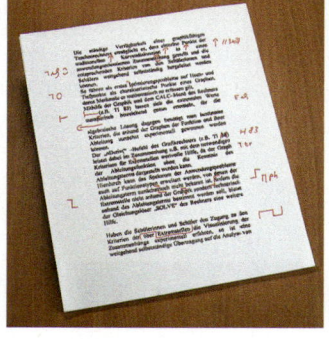

   a) Mit welcher Wahrscheinlichkeit ist ein Fehler, der ursprünglich in einem Drucktext vorhanden war, nach beiden Korrekturen noch nicht entdeckt worden?
   b) In zwei Korrekturen wurden 194 Fehler entdeckt.
   Wie viele Fehler sind schätzungsweise nach der zweiten Korrektur noch im Drucktext?

4. Ein Glücksrad hat die Sektoren R und B, ein zweites Glücksrad hat die Sektoren R, G und W. Die beiden Glücksräder werden nacheinander gedreht. Ergänze die Eintragungen am Baumdiagramm.
Gib an, wie groß die verschiedenen Sektoren des Glücksrades sind.

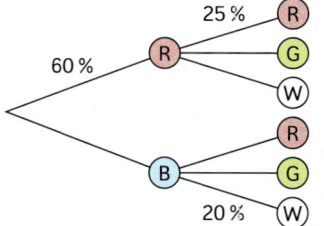

5. An der Gutenbergschule sind 56 % der Schülerschaft Jungen. 40 % der Jungen kommen mit dem Fahrrad zur Schule. Insgesamt fahren 35 % mit dem Fahrrad zur Schule.
   a) Stelle die Angaben in einem Baumdiagramm dar.
   b) Wie viel Prozent der Mädchen fahren mit dem Fahrrad zur Schule?

6. Die Wahrscheinlichkeit, dass sich bei einem neuen Auto innerhalb der ersten drei Monate ein Mangel herausstellt, liegt für Fahrzeuge, die an einem Montag hergestellt werden, bei ca. 1,5 %. Bei den anderen Arbeitstagen (Dienstag bis Samstag) liegt diese Wahrscheinlichkeit bei durchschnittlich 0,8 %.
Mit welcher Wahrscheinlichkeit wird sich bei einem zufällig ausgesuchten Auto ein Mangel herausstellen? Schätze vorher.

7. Maximilian hat ein Paar braune, ein Paar schwarze Schuhe und ein paar weiße Turnschuhe im Schrank. Da er meist nicht aufräumt, stehen die Schuhe unsortiert nebeneinander. Maximilian greift nacheinander im Dunkeln zwei Schuhe heraus.
Wie groß ist die Wahrscheinlichkeit, dass er dabei
(1) einen linken und einen rechten Schuh,
(2) ein richtiges Paar,
(3) die Turnschuhe gegriffen hat?

In dem Gefäß sind drei rote und vier gelbe Kugeln. Wie groß ist die Wahrscheinlichkeit, zwei Kugeln mit gleicher Farbe zu ziehen?

Die Wahrscheinlichkeit, aus dem Gefäß eine gelbe Kugel zu ziehen, soll 65 % betragen. Es sind sieben rote und fünf gelbe Kugeln im Gefäß. Wie viele gelbe Kugeln müssen noch dazugelegt werden?

8.

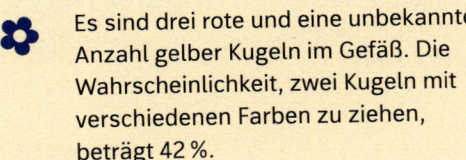

Aus einem Gefäß mit roten und gelben Kugeln werden nacheinander zwei Kugeln verdeckt gezogen, wobei vor dem zweiten Zug die zuerst gezogene Kugel zurückgelegt wird.

Es sind drei rote und eine unbekannte Anzahl gelber Kugeln im Gefäß. Die Wahrscheinlichkeit, zwei Kugeln mit verschiedenen Farben zu ziehen, beträgt 42 %.

Nun sollen die beiden Kugeln auf einen Griff gezogen werden. Wie groß ist die Wahrscheinlichkeit, eine rote und eine gelbe Kugel zu ziehen, wenn sechs gelbe und vier rote Kugeln im Gefäß sind?

9. Beschreibe, wie man mit dem Ziehen von Kugeln aus einem Behälter das folgende Zufallsexperiment simulieren kann.
(1) Eine Münze soll dreimal geworfen werden.
(2) Bei einer Tombola mit 100 Losen sollen die drei Gewinner ermittelt werden.
(3) In jedem siebten Überraschungsei ist eine besondere Figur versteckt. Man kauft vier Überraschungseier.
(4) Man weiß, dass in 80 % der Haushalte ein Tiefkühlschrank vorhanden ist.
Welche Ergebnisse erhält man, wenn man 10 Haushalte befragt?

10. Bei einer Wahl erhielt die Partei A 45 % aller Stimmen. Ein Drittel ihrer Stimmen bekam sie von den über 50-jährigen Wählerinnen und Wählern. Die übrigen Parteien bekamen 25 % ihrer Stimmen aus dieser Altersgruppe.
a) (1) Wie viel Prozent aller Wähler waren älter als 50 Jahre?
(2) Wie viel Prozent der Wähler bis 50 Jahre haben die Partei A gewählt?
b) Sind die folgenden Zeitungsmeldungen richtig? Begründe.
Korrigiere gegebenenfalls eine falsche Meldung.

(1) Die Partei A verdankt ihr gutes Abschneiden den älteren Wählern.
(2) Jeder dritte Wähler über 50 hat Partei A gewählt.
(3) Jeder dritte Wähler der Partei A ist über 50 Jahre alt.

11. Aus dem Gefäß wird eine Kugel gezogen, der Buchstabe wird notiert und die Kugel wieder in das Gefäß zurückgelegt.

a) Zeichne ein Baumdiagramm für das Zufallsexperiment, dass dreimal nacheinander gezogen und wieder zurückgelegt wird.
Wie groß ist die Wahrscheinlichkeit, dass TIM gezogen wird?
Wie groß ist die Wahrscheinlichkeit, dass TIM oder MIT gezogen wird?

b) Zeichne ein Baumdiagramm dafür, dass dreimal ohne Zurücklegen gezogen wird.
Wie groß sind dann die Wahrscheinlichkeiten für TIM bzw. TIM oder MIT?

c) Nun wird viermal gezogen
(1) mit Zurücklegen,
(2) ohne Zurücklegen.
Wie groß ist jeweils die Wahrscheinlichkeit für TIMO?

WAS DU GELERNT HAST

Mehrstufige Zufallsexperimente – Baumdiagramme

Ein Zufallsexperiment, das in zwei oder mehr Schritten nacheinander oder gleichzeitig durchgeführt wird, nennen wir mehrstufiges Zufallsexperiment.

Die Ergebnisse eines mehrstufigen Zufallsexperiments können übersichtlich in einem Baumdiagramm veranschaulicht werden.

Gleichzeitiges Werfen eines Würfels und einer Münze

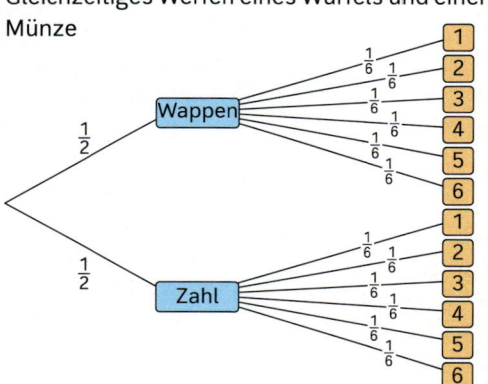

Pfadregeln für mehrstufige Zufallsversuche

Multiplikationsregel
Man erhält die Wahrscheinlichkeit für ein Ergebnis, indem man die Wahrscheinlichkeiten entlang des zugehörigen Pfades multipliziert.

$$P(\text{rot} | \text{blau}) = \frac{3}{5} \cdot \frac{2}{4} = \frac{6}{20} = \frac{3}{10} = 30\,\%$$

Ziehen ohne Zurücklegen

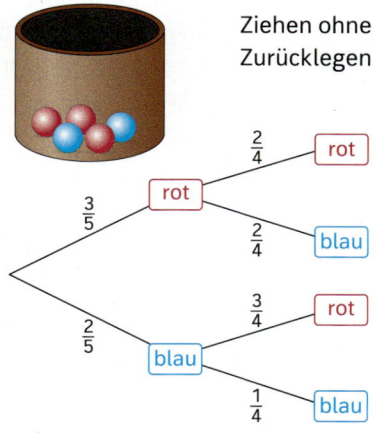

Additionsregel
Man erhält die Wahrscheinlichkeit für ein Ereignis, indem man die Wahrscheinlichkeiten der zugehörigen Ergebnisse addiert.
$$P(\text{gleiche Farben})$$
$$= P(\text{rot} | \text{rot}) + P(\text{blau} | \text{blau})$$
$$= \frac{3}{5} \cdot \frac{2}{4} + \frac{2}{5} \cdot \frac{1}{4} = \frac{8}{20} = \frac{4}{10} = 40\,\%$$

BIST DU FIT?

1. Berechne für das Glücksrad möglichst einfach die Wahrscheinlichkeit der angegebenen Ereignisse.

(1) Die Zahl ist größer als 1.

(2) Die Zahl ist kleiner als 5.

(3) Die Zahl ist nicht durch 4 teilbar.

(4) Die Zahl ist 3 oder größer.

(5) Die Zahl ist durch 2 oder durch 3 teilbar.

2. Das Glücksrad aus Aufgabe 1 wird zweimal gedreht.
Berechne die Wahrscheinlichkeit für das angegebene Ereignis:

(1) zweimal Gelb.

(2) zweimal die gleiche Farbe.

(3) zwei gleiche Zahlen.

(4) Summe der Zahlen beträgt 10.

3. a) Ein Würfel wird zweimal geworfen. Wie groß ist die Wahrscheinlichkeit,

(1) zwei verschiedene Zahlen, (2) die Augensumme 6 zu werfen?

b) Beschreibe, wie man herausfinden kann, ob ein Würfel gezinkt ist, d. h. ob die Ergebnisse 1 bis 6 nicht gleichwahrscheinlich sind.

4. Bei einer Produktion von Tongefäßen gibt es erfahrungsgemäß bei 15 % Farbfehler. Diese Gefäße werden als zweite Wahl verkauft.
Wie groß ist die Wahrscheinlichkeit, dass bei der Herstellung von drei Gefäßen

(1) alle, (2) genau zwei erste Wahl sind? Zeichne ein Baumdiagramm.

5. In einem Gefäß sind 10 gleichartige Kugeln: 2 rote, 3 gelbe und 5 blaue Kugeln.

(1) Nacheinander zieht man verdeckt zweimal je eine Kugel, wobei vor dem zweiten Zug die zuerst gezogene Kugel wieder in das Gefäß zurückgelegt wird. Man gewinnt, wenn beide Kugeln die gleiche Farbe haben.

(2) Nun wird vor dem zweiten Zug die zuerst gezogene Kugel nicht wieder in das Gefäß zurückgelegt. Wie groß ist die Gewinnwahrscheinlichkeit jetzt?

6. Jemand hat in der Tasche vier Schlüssel, die er blindlings einen nach dem anderen herauszieht, von denen aber nur einer passt. Mit welcher Wahrscheinlichkeit hat er

(1) gleich beim 1. Griff,

(2) spätestens beim 2. Griff, d. h. beim 1. oder 2. Griff,

(3) frühestens beim 3. Griff

den richtigen Schlüssel erfasst?

Stellt eure Überlegungen der Klasse vor.

7. Auf einem Würfel wurden nur die Zahlen 1, 3 und 5 notiert.
Es wird zweimal gewürfelt.
Die Wahrscheinlichkeit, zweimal eine 1 zu würfeln, ist 25%, die Wahrscheinlichkeit für zweimal hintereinander eine 5 ist $\frac{1}{9}$.

a) Zeichne für das Zufallsexperiment ein Baumdiagramm und bestimme, wie oft jede Zahl auf dem Würfel vorkommt.

b) Berechne die Wahrscheinlichkeit, dass zwei verschiedene Zahlen geworfen werden.

KAPITEL 7
QUADRATISCHE FUNKTIONEN UND GLEICHUNGEN

Praktischer Bogen

Die Schiwopisny-Brücke in Moskau wurde am 30. Dezember 2007 für den Autoverkehr freigegeben. Es handelt sich hierbei um eine sogenannte Schrägseilbrücke, die über den Fluss Moskwa führt. Sie ist die höchste Brücke dieser Art in Europa.

» Welche Form hat der Bogen der Schiwopisny-Brücke? Versuche, sie möglichst genau zu beschreiben.

» Finde weitere Informationen über die Brücke heraus.

» Suche in deiner Umgebung, im Internet, auf Bildern oder in Büchern nach ähnlichen Bögen.

Wasser marsch!

Der abgebildete Wasserstrahl tritt etwa auf Höhe der Wasseroberfläche aus einer Düse aus und trifft dann in einem Abstand von 2,40 m wieder auf die Wasseroberfläche.
Etwa in der Mitte zwischen diesen beiden Stellen erreicht der Wasserstrahl seine maximale Höhe von 1,60 m.

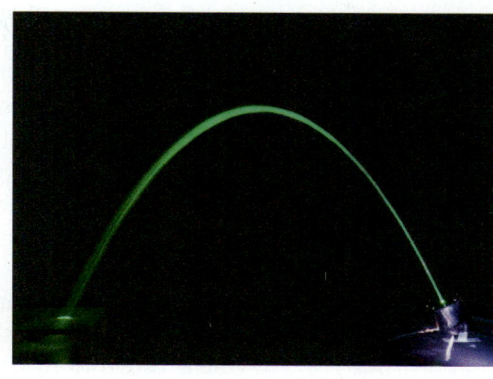

» Übertrage den Wasserstrahl in ein geeignetes Koordinatensystem in dein Heft. Dabei soll die y-Achse durch den höchsten Punkt des Wasserstrahls gehen und die x-Achse die Wasseroberfläche darstellen.
» Lies aus deinem Koordinatensystem ab, welche Höhe der Wasserstrahl 20 cm vor der x-Koordinate des höchsten Punktes und 20 cm hinter der x-Koordinate des höchsten Punktes hat.
» Ermittle die Höhe für weitere x-Werte und erstelle daraus eine Wertetabelle für den Wasserstrahl.

Bremsen

Wenn man schneller fährt, wird der Bremsweg länger. Das ist klar – und gilt für Autos genauso wie für Lkw oder Motorräder.
Aber um wie viel Meter verlängert sich der Bremsweg?
In der Abbildung sind Daten für normale Pkw, Lkw und Motorräder dargestellt.

» Wie lang ist ihr Bremsweg bei 30 $\frac{km}{h}$, bei 50 $\frac{km}{h}$, bei 100 $\frac{km}{h}$ ...?
» Wie verändert sich der Bremsweg, wenn sich die Geschwindigkeit verdoppelt?

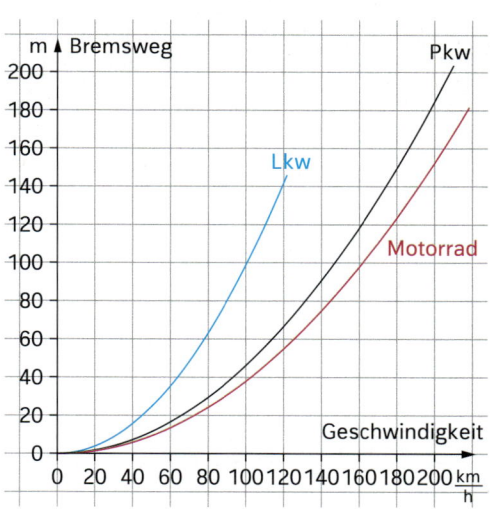

IN DIESEM KAPITEL LERNST DU ...

... *Parabeln und ihre Eigenschaften kennen.*
... *wie man Parabeln zeichnet.*
... *wo quadratische Funktionen und Gleichungen vorkommen.*
... *erste Möglichkeiten zum Lösen von quadratischen Gleichungen kennen.*

DIE QUADRATISCHE FUNKTION $y = x^2$

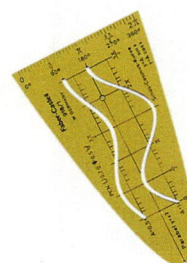

Ein wichtiges Hilfsmittel für den Mathematik-unterricht in den Klassen 9 und 10 ist die Parabelschablone. In der Abbildung hat jemand mit einer solchen Schablone einen Funktions-graphen in ein Koordinatensystem gezeichnet.

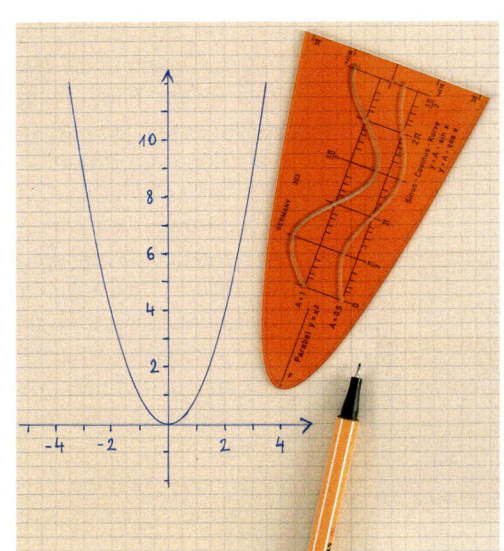

» Wenn du eine Parabelschablone hast, dann zeichne auch einen solchen Funktions-graphen in ein Koordinatensystem.

» Welche y-Werte gehören zu den x-Werten $-3, -2, -1, 0, 1, 2$ und 3? Erstelle eine Wer-tetabelle.

» Versuche, eine Funktionsgleichung zu dem Graphen anzugeben.

» Welche y-Werte gehören zu den x-Werten $0,5, 1,5$ und $2,5$?

1. Der Flächeninhalt eines Quadrates hängt nur von der Seitenlänge des Quadrates ab.

Bezeichnen wir die Seitenlänge mit x, dann gilt für den Flächeninhalt $A = x^2$.

Für die Funktion *Seitenlänge x (in cm)* $\rightarrow$ *Flächeninhalt (in cm^2)* erhalten wir also die Gleichung: $y = x^2$.

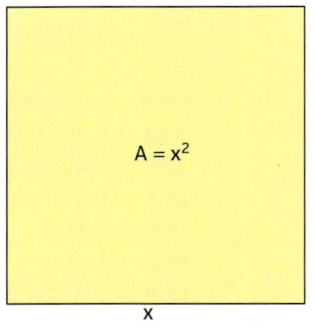

a) Berechne den Flächeninhalt von Qua-draten mit den folgenden Seitenlän-gen:

x (in cm)	0,25	0,5	0,75	1	1,25	1,5	1,75	2	2,25	2,5
A (in cm²)										

Stelle deine Ergebnisse in einer Wertetabelle zusammen.

Trage die Werte in ein Koordinatensystem ein.

b) Setze jetzt in die Funktionsgleichung $y = x^2$ auch negative Zahlen und die Null ein:

x	−2,5	−2,25	−2	−1,75	−1,5	−1,25	−1	−0,75	−0,5	−0,25	0
y											

Nutze die Ergebnisse aus a) und zeichne damit den Graphen der Funktion möglichst genau.

Wenn du eine Parabelschablone hast, dann lege diese auf den Funktionsgraphen und vergleiche beide miteinander.

Beschreibe die Eigenschaften des Funktionsgraphen.

Berücksichtige dabei besondere Punkte, den Verlauf des Graphen und Symmetrien.

Lösung

a) Wertetabelle

Koordinatensystem

Seitenlänge (in cm)	Flächeninhalt (in cm²)
0,25	0,0625
0,5	0,25
0,75	0,5625
1	1
1,25	1,5625
1,5	2,25
1,75	3,0625
2	4
2,25	5,0625
2,5	6,25

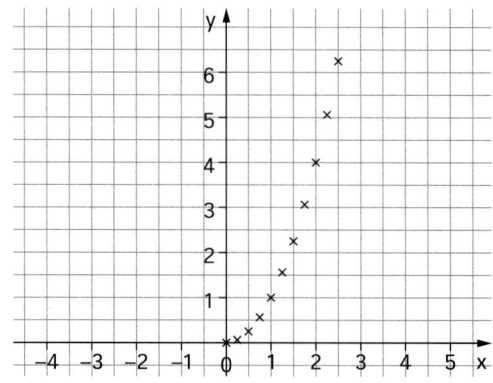

b) Wertetabelle

Funktionsgraph

x	$y = x^2$
−2,5	6,25
−2,25	5,0625
−2	4
−1,75	3,0625
−1,5	2,25
−1,25	1,5625
−1	1
−0,75	0,5625
−0,5	0,25
−0,25	0,0625
0	0

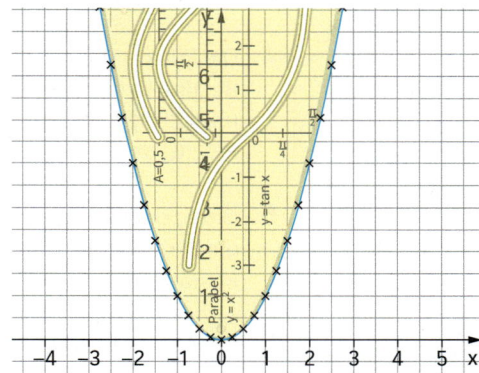

Der Funktionsgraph fällt (von links nach rechts gesehen) bis zum Koordinatenursprung O(0|0). Der Koordinatenursprung O(0|0) ist der tiefste Punkt des Graphen. Ab dem Koordinatenursprung werden die y-Werte immer größer, der Funktionsgraph steigt.
Der Graph ist achsensymmetrisch mit der y-Achse als Symmetrieachse. Diese Symmetrie kann man auch an den Wertetabellen aus a) und b) erkennen.

INFORMATION

Die Funktion mit der Gleichung $y = x^2$ ist eine **quadratische Funktion**. Ihr Graph heißt **Normalparabel**.

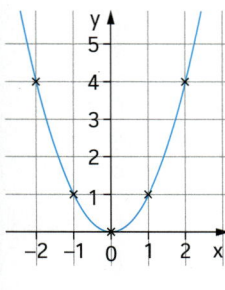

Eigenschaften der Normalparabel

(1) Von links nach rechts fällt die Normalparabel bis zum Koordinatenursprung O(0|0) und steigt dann an.

(2) Die Parabel ist nach oben geöffnet.

(3) An der Stelle 0 tritt auch der y-Wert 0 auf. An allen anderen Stellen sind die y-Werte positiv. Der Punkt O(0|0) ist also der tiefste Punkt der Normalparabel. Er wird **Scheitelpunkt** genannt.

(4) Die Normalparabel ist symmetrisch zur y-Achse.

**FESTIGEN UND
WEITERARBEITEN**

2. Zeichne die Normalparabel für $-3 \leq x \leq 3$.

   a) Lies an der Normalparabel ab:

     $0{,}7^2$; $1{,}3^2$; $2{,}6^2$; $(-0{,}4)^2$; $(-1{,}7)^2$; $(-2{,}1)^2$. Kontrolliere rechnerisch.

   b) Lies an der Normalparabel ab:

     An welchen Stellen x nimmt die quadratische Funktion mit $y = x^2$ die Werte

     (1) 4; (2) 3,5; (3) 0,5; (4) 0 an?

     Kontrolliere rechnerisch.

   c) Lies an der Normalparabel mögliche Werte für x ab:

     (1) $x^2 = 4{,}5$ (2) $x^2 = 2{,}2$ (3) $x^2 = 1$ (4) $x^2 = -1$

3. Entscheide, welche der Punkte auf der Normalparabel liegen und welche nicht.

$P_1(-0{,}9 \,|\, 0{,}81)$; $P_3(2{,}5 \,|\, 6{,}25)$;

$P_2(1{,}4 \,|\, -1{,}96)$; $P_4(2{,}4 \,|\, 5{,}67)$

> *Punktprobe*
> $P(-1{,}2 \,|\, 1{,}44)$ liegt auf der Normalparabel,
> denn Einsetzen der Koordinaten in die
> Funktionsgleichung $y = x^2$ ergibt:
> $1{,}44 = (-1{,}2)^2$ (wahre Aussage)

ÜBEN

4. Die Punkte P_1 bis P_8 liegen auf der Normalparabel.

Bestimme die fehlende Koordinate.

$P_1(1{,}2 \,|\, \blacksquare)$ $P_3(-1{,}4 \,|\, \blacksquare)$ $P_5(\blacksquare \,|\, 2{,}25)$ $P_7(\blacksquare \,|\, 6{,}25)$

$P_2(2{,}6 \,|\, \blacksquare)$ $P_4(\blacksquare \,|\, 0)$ $P_6(\blacksquare \,|\, 1{,}21)$ $P_8(\blacksquare \,|\, 2{,}56)$

5. Gib zu den Punkten $A(0{,}5 \,|\, 0{,}25)$; $B(-1{,}5 \,|\, 2{,}25)$; $C(3 \,|\, 9)$; $D(-4 \,|\, 16)$ der Normalparabel jeweils die zur y-Achse symmetrisch liegenden Punkte A', B', C', D' an.

Bestätige durch eine Punktprobe, dass sie auch auf der Normalparabel liegen.

6. Gegeben ist die Funktion mit $y = x^2$.

Wie verändert sich der y-Wert, wenn man x verdoppelt?

7. Lukas hat den Graphen von $y = x^2$ gezeichnet. Kontrolliere seine Zeichnung.

8. Zeichne in ein gemeinsames Koordinatensystem die Graphen zu $y = x^2$; $y = 2\,x$ und $y = -2\,x$.

Vergleiche den Verlauf der Graphen.

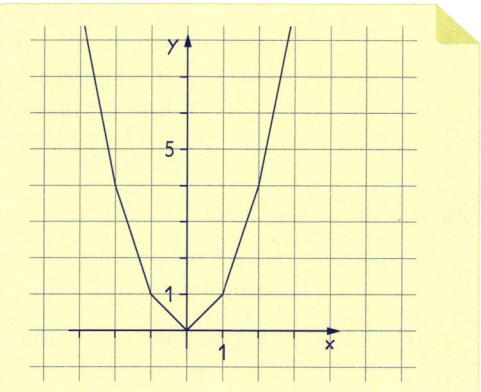

9. Die Seitenlänge eines Quadrates wird verdoppelt. Wie ändert sich der Flächeninhalt?

10. Wie muss die Seitenlänge eines Quadrates verändert werden, damit sich der Flächeninhalt verdoppelt?

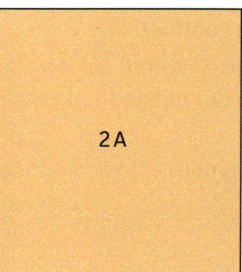

QUADRATISCHE FUNKTIONEN MIT $y = a \cdot x^2$

EINSTIEG

Untersuche mit einem dynamischen Geometrie-System (DGS) die Graphen der quadratischen Funktionen mit $y = a\,x^2$.
Beachte, dass du die Funktionsgleichung in der Form $f(x) = a \cdot x^2$ eingeben musst.
Gestalte das Grafikfenster so, dass du den Wert für a mit einem Schieberegeler verändern kannst.

» Wie verändert sich der Graph, wenn man für a zunächst positive Werte wählt? Vergleiche mit der Normalparabel.
» Zeichne den Graphen für $a = -1$. Wie erhälst du diesen Graphen aus der Normalparabel?
» Wie verändert sich der Graph, wenn man für a negative Werte wählt? Vergleiche mit der Normalparabel.

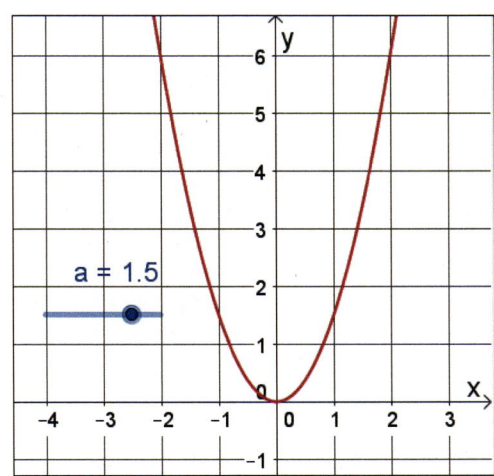

AUFGABE

1. a) Zeichne den Graphen der Funktion mit $y = 2\,x^2$. Beschreibe, wie der Graph dieser Funktion aus der Normalparabel hervorgeht.
b) Zeichne den Graphen der Funktion mit $y = \frac{1}{2}\,x^2$.
Beschreibe, wie der Graph dieser Funktion aus der Normalparabel hervorgeht.
c) Zeichne die Normalparabel. Spiegele diese an der x-Achse, indem du die y-Koordinate eines jeden Parabelpunktes mit (-1) multiplizierst.
Wie lautet die Funktionsgleichung der neuen Funktion?

Lösung

a) Wir gehen von der Normalparabel aus. Bei jedem Punkt P der Normalparabel wird die y-Koordinate mit dem Faktor 2 multipliziert. Die x-Koordinate wird beibehalten. Aus den jeweiligen Bildpunkten P′ erhalten wir so einen neuen Graphen (rot).

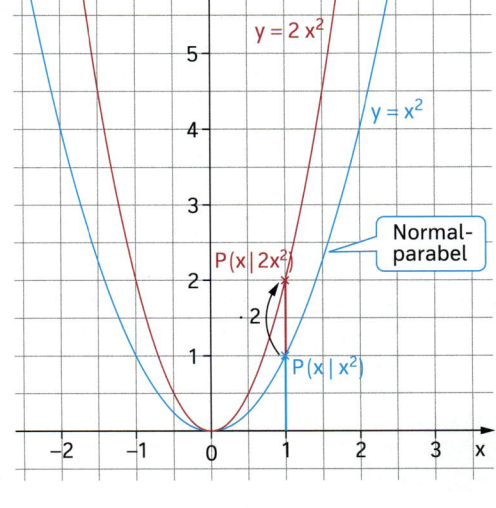

x	−2	−1	0	1	2
x^2	4	1	0	1	4
$2 \cdot x^2$	8	2	0	2	8

$\cdot 2$

Man erhält jeweils den neuen y-Wert, indem man den alten y-Wert x^2 mit 2 multipliziert:
$y = 2 \cdot x^2$
Durch das Multiplizieren der alten y-Werte x^2 mit dem Faktor 2 wird die Normalparabel *gestreckt*. Dabei bleibt die y-Achse als Symmetrieachse erhalten, ebenso der Scheitelpunkt.

b)

	x	−2	−1	0	1	2
	x²	4	1	0	1	4
$\cdot\frac{1}{2}$	$\frac{1}{2}\cdot x^2$	2	$\frac{1}{2}$	0	$\frac{1}{2}$	2

Wir gehen von der Normalparabel aus.
Bei jedem Punkt P der Normalparabel wird die y-Koordinate mit dem Faktor $\frac{1}{2}$ multipliziert.
Die x-Koordinate wird beibehalten.
Dadurch wird die Normalparabel *gestaucht*.
Dabei bleiben die Symmetrieachse der Parabel und die Lage des Scheitelpunktes erhalten.

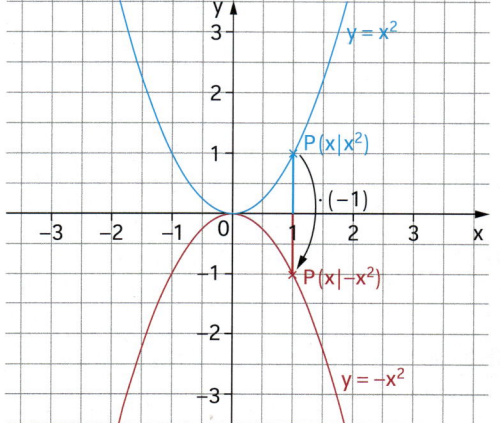

c)

	x	−2	−1	0	1	2
	x²	4	1	0	1	4
$\cdot(-1)$	−x²	−4	−1	0	−1	−4

Man erhält den y-Wert der neuen Funktion, indem man x² mit (−1) multipliziert:
$y = -x^2$
Der Graph der neuen Funktion entsteht durch Spiegeln der Normalparabel an der x-Achse.

INFORMATION

Die Parabel mit $y = a \cdot x^2$ erhält man aus der Normalparabel durch Strecken oder Stauchen und ggf. Spiegeln an der x-Achse.

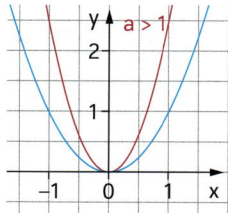

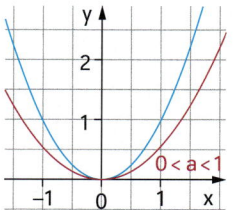

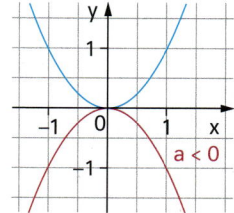

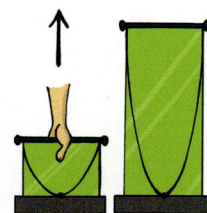

Durch das Multiplizieren des Funktionsterms x² mit einem Faktor a > 1 wird die Normalparabel in y-Richtung **gestreckt**.

Wenn der Faktor a zwischen 0 und 1 liegt (z. B. a = $\frac{1}{2}$), sagt man, die Parabel wird **gestaucht**.

Ist a negativ (z. B. a = −1), sagt man, die Parabel wird **gespiegelt**.

Im Bild links wird ein Gummituch, auf dem eine Normalparabel gezeichnet ist, nach oben *gestreckt*.

FESTIGEN UND
WEITERARBEITEN

2. Zeichne den Graphen der Funktion mit:

a) $y = 2{,}5\,x^2$　　**b)** $y = \frac{1}{4}\,x^2$　　**c)** $y = -2\,x^2$　　**d)** $y = -\frac{1}{2}\,x^2$

Wie ist er aus der Normalparabel entstanden?
Gib die Eigenschaften des Graphen an und begründe sie.

3. Zeichne mit einer Schablone die Normalparabel. Strecke sie in y-Richtung, indem du die y-Koordinate eines jeden Parabelpunktes

(1) mit $\frac{3}{4}$;　(2) mit (-3);　(3) mit $(-0{,}4)$　multiplizierst.

Wie lauten die Funktionsgleichungen der neuen Funktionen?

4. Zeichnet in das gleiche Koordinatensystem die Graphen der Funktionen mit:

(1) $y = x^2$;　　(3) $y = 0{,}5\,x^2$;　(5) $y = \frac{1}{4}\,x^2$;　(7) $y = 2\,x^2$;　(9) $y = 3\,x^2$;

(2) $y = -x^2$;　(4) $y = -0{,}5\,x^2$;　(6) $y = -\frac{1}{4}\,x^2$;　(8) $y = -2\,x^2$;　(10) $y = -3\,x^2$.

a) Welche Graphen sind gestreckt, gestaucht bzw. gespiegelt?
b) Wie ändert sich die Form der Graphen der Funktion mit $y = a\,x^2$, wenn für a ein größerer Faktor gewählt wird?
Unterscheide die Fälle $a > 0$ und $a < 0$.

5. Bestimme den Faktor a so, dass der Punkt P zum Graphen der quadratischen Funktion mit der Gleichung $y = a\,x^2$ gehört.
Beschreibe dein Vorgehen und begründe.

a) $P(1\,|\,4)$　　**b)** $P(2\,|\,1)$　　**c)** $P(-2\,|\,8)$　　**d)** $P(3\,|\,-9)$　　**e)** $P\!\left(\frac{1}{2}\,\middle|\,4\right)$

INFORMATION

Der Graph einer **quadratischen Funktion mit $y = a\,x^2$** $(a \neq 0)$ geht aus der Normalparabel hervor, indem alle y-Werte mit dem Faktor a multipliziert werden.

Wir fassen die Eigenschaften noch einmal zusammen:

(1) Der Graph ist symmetrisch zur y-Achse.
(2) Der Scheitelpunkt $S(0\,|\,0)$ liegt im Ursprung des Koordinatensystems.
(3) *Für $a > 0$ gilt:*
Der Graph ist nach oben geöffnet.
Der Scheitelpunkt ist der *tiefste* Punkt des Graphen.
Bei $a > 1$ ist der Graph gestreckt, bei $a < 1$ gestaucht.
(4) *Für $a < 0$ gilt:*
Der Graph ist nach unten geöffnet.
Der Scheitelpunkt ist der *höchste* Punkt des Graphen.

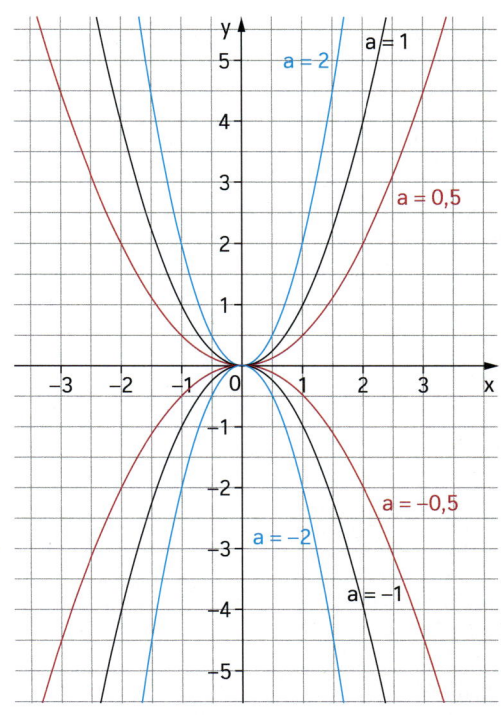

6. Zeichne den Graphen. Wie ist der Graph der Funktion aus der Normalparabel entstanden? Welche Eigenschaften hat er?

a) $y = 1{,}8\,x^2$ **b)** $y = \frac{7}{2}\,x^2$ **c)** $y = 0{,}8\,x^2$ **d)** $y = -2{,}5\,x^2$ **e)** $y = -0{,}7\,x^2$

7. Zeichne den Graphen. Zu welcher Funktion gehört er? Gib die Funktionsgleichung an.
  a) Die Normalparabel wird in y-Richtung mit
    (1) dem Faktor 3 und   (2) dem Faktor $(-1{,}2)$ gestreckt.
  b) Die Normalparabel wird an der x-Achse gespiegelt, die gespiegelte Parabel wird dann in y-Richtung mit dem Faktor 0,6 gestaucht.

8. Welcher der Punkte $P_1(3\,|\,18)$, $P_2(-2{,}5\,|\,-6{,}25)$, $P_3(1{,}5\,|\,-11{,}25)$, $P_4(-4\,|\,12)$ liegt auf dem Graphen zu
  (1) $y = -x^2$;   (2) $y = 2\,x^2$;   (3) $y = \frac{3}{4}\,x^2$;   (4) $y = 5\,x^2$?

9. $P_1(1\,|\,\blacksquare)$; $P_2(-1\,|\,\blacksquare)$; $P_3(5\,|\,\blacksquare)$; $P_4(-1{,}5\,|\,\blacksquare)$; $P_5(\blacksquare\,|\,0)$
  Bestimme jeweils die fehlende Koordinate so, dass der Punkt zum Graphen der Funktion mit der Gleichung
  (1) $y = 0{,}2\,x^2$;   (2) $y = -1{,}4\,x^2$ gehört.

10. Die quadratische Funktion hat die Gleichung $y = a\,x^2$.
  Bestimme den Wert des Faktors a, für den der Graph durch den Punkt P geht.
  a) $P(-1{,}2\,|\,-1{,}44)$ **b)** $P(-0{,}8\,|\,3{,}2)$ **c)** $P(6\,|\,-2{,}4)$ **d)** $P(-4\,|\,4)$

11. Notiere die zugehörige Funktionsgleichung.

a)
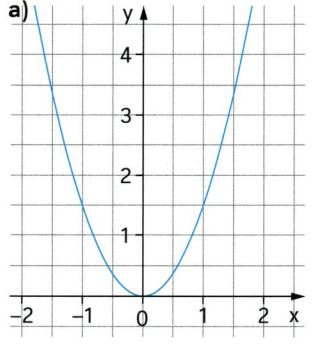

c)
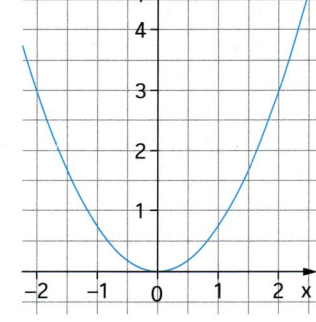

e)
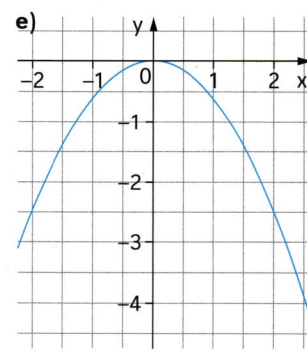

b)
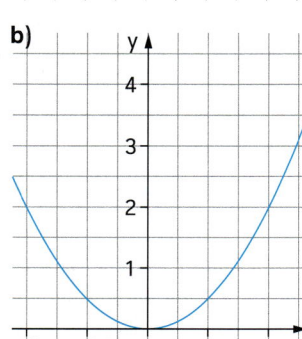

d)
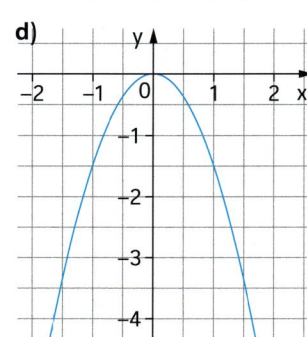

f)
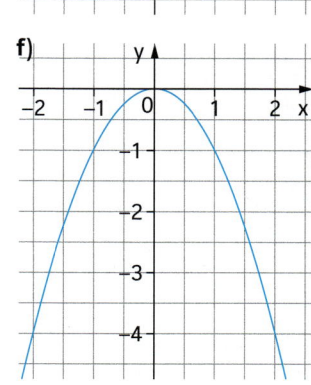

12. a) Jedem Kreis mit dem Radius r ist der Flächeninhalt des Kreises zugeordnet.
  Wie lautet die Funktionsgleichung? Zeichne den Graphen.
  b) Jedem Würfel mit der Kantenlänge a ist die Oberfläche O zugeordnet.
  Wie lautet die Funktionsgleichung? Zeichne den Graphen.

LÄNGER ALS MAN DENKT: DER ANHALTEWEG

Zu hohe Geschwindigkeit ist die häufigste Unfallursache im Straßenverkehr. Wenn etwa in einer Tempo-30-Zone ein Fußgänger angefahren wird, stellen sich zwangsläufig Fragen wie: „Ist das Auto zu schnell gefahren? Hätte es noch anhalten können, wenn es nur 30 $\frac{km}{h}$ gefahren wäre?"

In diesem Blickpunkt erfahrt ihr mehr darüber, wie der Anhalteweg mit der gefahrenen Geschwindigkeit zusammenhängt.

1. Vom Erkennen einer Gefahr bis zum Niedertreten des Bremspedals vergeht bei einem aufmerksamen Fahrer etwa eine Sekunde, die so genannte *Schrecksekunde*. In dieser Zeit fährt das Fahrzeug ungebremst weiter. Den Weg, den ein Fahrzeug in der Schrecksekunde zurücklegt, nennt man **Reaktionsweg**.

a) Erstelle mit einem Kalkulationsprogramm eine Tabelle für die Zuordnung
Geschwindigkeit (in $\frac{km}{h}$) →
Länge des Reaktionsweges (in m)
für Geschwindigkeiten bis 150 $\frac{km}{h}$.
Rechne zunächst die Geschwindigkeitsangabe $\frac{km}{h}$ in die Einheit $\frac{m}{s}$ um.
Bestimme dann aus der Geschwindigkeit in $\frac{m}{s}$ die Länge des Reaktionsweges.

	A	B	C
1	**Länge des Reaktionsweges (in m)**		
2			
3	**Geschwindigkeit**		**Reaktionsweg (in m)**
4	**(in km/h)**	**(in m/s)**	
5	0	0,0	0,0
6	10	2,8	2,8
7	20	5,6	5,6
8	30	8,3	8,3
9	40	11,1	11,1

b) Wie ändert sich die Länge des Reaktionsweges, wenn die Geschwindigkeit
(1) verdoppelt; (2) verdreifacht wird?

c) Erzeuge mit deinem Kalkulationsprogramm den Graphen der Zuordnung. Welche Art von Zuordnung liegt vor? Begründe mithilfe der Tabelle und anhand des Graphen.

Länge des Reaktionsweges

Reaktionsweglänge (in m) / Geschwindigkeit (in km/h)

2. Die Dauer der so genannten Schrecksekunde ist je nach Verkehrssituation und Aufmerksamkeit des Fahrers unterschiedlich lang. Bei einer müden Person ist die Reaktionszeit z.B. wesentlich länger als bei einem bremsbereiten Fahrer.
Ergänze die Tabelle aus Aufgabe 1. Berechne auch die Länge des Reaktionsweges für eine Reaktionszeit von 0,8 s und 1,2 s. Erzeuge alle drei Graphen. Vergleiche.

Vom Niedertreten des Bremspedals bis zum Stillstand legt ein Fahrzeug einen bestimmten Weg zurück. Dieser Weg wird **Bremsweg** genannt.

Die Länge des Bremsweges lässt sich ungefähr mit folgender Formel berechnen:

$b = \frac{1}{2 \cdot a} \cdot v^2$ (v Geschwindigkeit in $\frac{m}{s}$).

Der Faktor a im Nenner wird *Verzögerungswert* genannt. Er hängt vom Fahrzeug und der Fahrbahnbeschaffenheit ab. Die Tabelle rechts zeigt einige Werte.

Verzögerungswerte	
1,0	Pkw auf vereister Fahrbahn
2,0	Pkw auf schneebedeckter Fahrbahn
5,0	Pkw auf nasser Fahrbahn
8,0	Pkw auf trockener Fahrbahn
3,5	Lkw (beladen) auf trockener Fahrbahn
4,5	Lkw (leer) auf nasser Fahrbahn
5,0	Lkw (leer) auf trockener Fahrbahn
10,0	Motorrad auf trockener Fahrbahn
3,5	Fahrrad auf trockener Fahrbahn

3. a) Erstelle mit einem Kalkulationsprogramm für einen Pkw und verschiedene Fahrbahneigenschaften eine Tabelle für die Zuordnung

Geschwindigkeit $\left(in \frac{km}{h} \right) \rightarrow$ Länge des Bremsweges (in m).

Wähle Geschwindigkeiten bis 150 $\frac{km}{h}$.

b) Vergleiche die Länge des Bremsweges für eine Geschwindigkeit von 30 $\frac{km}{h}$, 50 $\frac{km}{h}$, 100 $\frac{km}{h}$, 120 $\frac{km}{h}$ und 150 $\frac{km}{h}$.

c) Wie ändert sich die Länge des Bremsweges, wenn die Geschwindigkeit
   (1) verdoppelt;
   (2) verdreifacht wird?

	A	B	C	D	E
1			Länge des Bremsweges (in m)		
2					
3	Geschwindigkeit		Verzögerungswert		
4	(in km/h)	(in m/s)	8,0	5,0	3,5
5	0	0,0	0,0	0,0	0,0
6	10	2,8	0,5	0,8	1,1
7	20	5,6	1,9	3,1	4,4
8	30	8,3	4,3	6,9	9,9
9	40	11,1	7,7	12,3	17,6
10	50	13,9	12,1	19,3	27,6

d) Lass auch die Graphen der Zuordnung zeichnen. Vergleiche.

Länge des Bremsweges

(Graph: Bremsweglänge (in m) gegen Geschwindigkeit (in km/h), mit Werten von 0 bis 300,0 auf der y-Achse und 0 bis 150 auf der x-Achse)

4. Vergleiche mithilfe einer Kalkulationstabelle die Bremswege für Pkw, Lkw (unbeladen) und Motorrad auf trockener Fahrbahn für verschiedene Geschwindigkeiten.
Stelle die Länge der Bremswege auch grafisch dar.

5. Die Länge des Bremsweges hängt auch von der Qualität der Reifen und dem richtigen Reifendruck ab. Abgefahrene Reifen oder falscher Reifendruck verlängern den Bremsweg.
Untersuche die Verlängerung des Bremsweges für einen Pkw auf trockener Fahrbahn. Gehe von einer Abnahme des Verzögerungswertes um 1,0 beziehungsweise 2,0 aus.
Erstelle eine Tabelle und erzeuge den Graphen.

Der Weg vom Erkennen einer Gefahr bis zum Stillstand des Fahrzeugs wird **Anhalteweg** genannt. Die Länge des Anhalteweges ist die Summe aus der Länge des Reaktionsweges und der Länge des Bremsweges.

6. a) Erstelle eine Kalkulationstabelle und vergleiche die Länge von Reaktionsweg, Bremsweg und Anhalteweg für verschiedene Geschwindigkeiten.
  b) Gestalte die Tabelle so, dass du verschiedene Werte für die Reaktionszeit und den Verzögerungswert eingeben kannst.
  c) Stelle die Graphen für Reaktionsweg, Bremsweg und Anhalteweg in einem gemeinsamen Diagramm dar. Vergleiche die Graphen.

	A	B	C	D	E
1			Länge des Anhalteweges (in m)		
2					
3				Reaktionszeit (in s):	1,0
4				Verzögerungswert:	8,0
5					
6	Geschwindigkeit		Reaktionsweg	Bremsweg	Anhalteweg
7	(in km/h)	(in m/s)	(in m)	(in m)	(in m)
8	0	0,0	0,0	0,0	0,0
9	10	2,8	2,8	0,5	3,3
10	20	5,6	5,6	1,9	7,5
11	30	8,3	8,3	4,3	12,7
12	40	11,1	11,1	7,7	18,8
13	50	13,9	13,9	12,1	25,9
14	60	16,7	16,7	17,4	34,0

7. Untersuche die Auswirkung verschiedener Fahrbahneigenschaften auf die Länge des Anhalteweges eines Pkws. Wähle als Reaktionszeit 1 Sekunde und entnimm die Daten für die Verzögerungswerte der Tabelle.

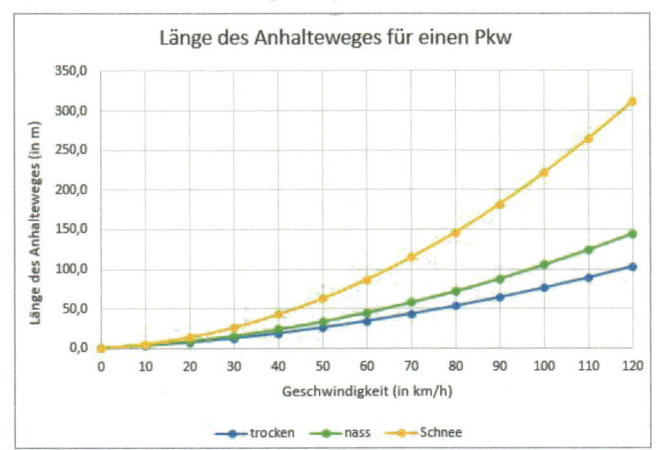

a) Gestalte ein Tabellenblatt für verschiedene Geschwindigkeiten und stelle die Ergebnisse grafisch dar.
b) Bei Nebel oder Regen ist die Sichtweite oft stark eingeschränkt. Lies aus dem Graphen aus Teilaufgabe a) die Höchstgeschwindigkeit ab, mit der ein Pkw fahren darf, um bei einer Sichtweite von 50 m noch rechtzeitig vor einem Hindernis anhalten zu können.
c) Mit welcher Geschwindigkeit darf ein Pkw höchstens fahren, um bei Regen und einer Sichtweite von 80 m noch rechtzeitig vor einem Hindernis anhalten zu können?

8. a) Gestalte eine Tabelle und berechne den Anhalteweg eines Fahrrades auf trockener Fahrbahn. Wähle geeignete Geschwindigkeiten und gehe von einer Reaktionszeit von 1 Sekunde aus.
  b) Vergleiche die Anhaltewege für Pkw und Fahrrad auf trockener Fahrbahn.
  c) Bestimme für eine Geschwindigkeit von $20 \frac{km}{h}$ den Sicherheitsabstand eines Fahrrades zu einem mit gleicher Geschwindigkeit vorausfahrenden Pkw. Berücksichtige, dass der Fahrradfahrer erst auf das Aufleuchten der Bremslichter reagiert.

QUADRATISCHE FUNKTIONEN MIT $y = a \cdot x^2 + c$

EINSTIEG

Untersuche mit einem DGS die Graphen quadratischer Funktionen der Form $y = a \cdot x^2 + c$ mit $a \neq 0$. Gestalte das Grafikfenster so, dass du die Werte für a und c mit zwei Schiebereglern verändern kannst.

>> Wähle zunächst a = 1 und für c verschiedene (auch negative) Zahlen. Wie wirkt sich die Wahl von c auf die Form und die Lage des Funktionsgraphen aus?
Wie viele Punkte hat der Funktionsgraph jeweils mit der x-Achse gemeinsam?

>> Wiederhole die Untersuchung nun auch für a = −1; a = −2; a = 0,5 und a = 2.

>> Beschreibe, wie der Graph der Funktion $y = a \cdot x^2 + c$ schrittweise aus der Normalparabel mit $y = x^2$ hervorgeht.

>> Gib den Scheitelpunkt der Parabel mit $y = a \cdot x^2 + c$ allgemein an.

>> Präsentiere deine Ergebnisse.

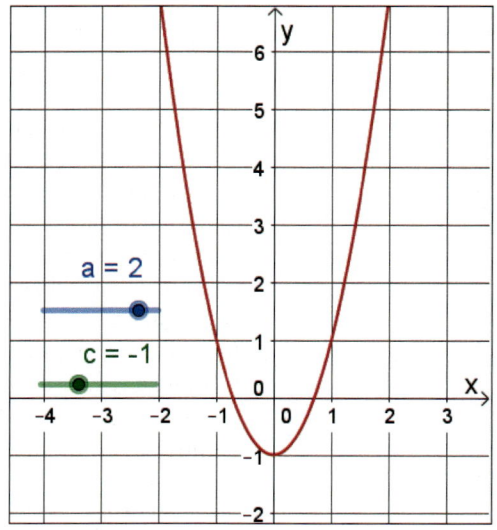

AUFGABE

1. Zeichne die Graphen der quadratischen Funktionen mit den Gleichungen
(1) $y = x^2 - 1$;
(2) $y = -0,5\,x^2 + 2$
in zwei verschiedene Koordinatensysteme.
Zeichne in das zweite Koordinatensystem zusätzlich den Graphen der quadratischen Funktion mit der Gleichung $y = 0,5 \cdot x^2$.
Beschreibe, wie die Graphen zu (1) bzw. (2) schrittweise aus der Normalparabel mit $y = x^2$ hervorgehen.
Gib auch die Eigenschaften der Graphen an.

Lösung

(1) $y = x^2 - 1$

hoch 2 ⟶   −1 ⟶

x	x^2	$x^2 - 1$
−3	9	8
−2	4	3
−1	1	0
0	0	−1
1	1	−2
2	4	−3
3	9	−10

(2) $y = -0,5\,x^2 + 2$

hoch 2 ⟶   ·(−0,5) ⟶   +2 ⟶

x	x^2	$-0,5x^2$	$-0,5x^2 + 2$
−3	9	−4,5	−2,5
−2	4	−2	0
−1	1	−0,5	1,5
0	0	−0	2
1	1	−0,5	1,5
2	4	−2	0
3	9	−4,5	−2,5

(1)

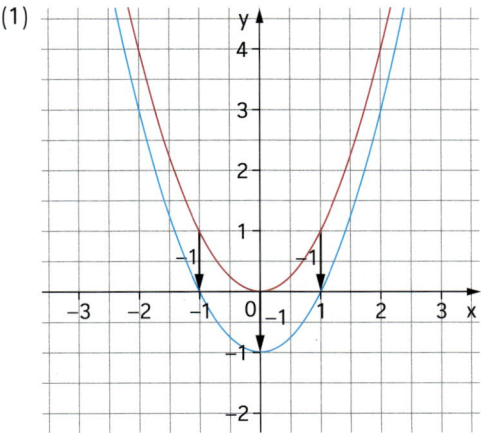

(2)

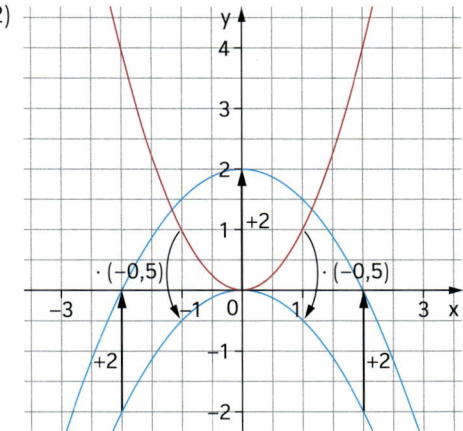

Den Graphen der Funktion mit $y = x^2 - 1$ erhält man aus der Normalparabel, indem man diese um 1 Einheit nach unten verschiebt.

Der Graph ist wieder eine Parabel.

Scheitelpunkt: $S(0|-1)$

Symmetrieachse: y-Achse

Der Scheitelpunkt ist der tiefste Punkt der Parabel.

Der Graph fällt bis zum Scheitelpunkt und steigt dann an.

Den Graphen der Funktion mit $y = -0,5 \cdot x^2 + 2$ erhält man aus der Normalparabel, indem man diese zunächst mit dem Faktor $-0,5$ staucht. Anschließend verschiebt man den Graph um 2 Einheiten nach oben.

Der Graph ist wieder eine Parabel.

Scheitelpunkt: $S(0|2)$

Symmetrieachse: y-Achse

Der Scheitelpunkt ist der höchste Punkt der Parabel. Der Graph steigt bis zum Scheitelpunkt und fällt dann.

INFORMATION

Den Graphen einer quadratischen Funktion der Form $y = a \cdot x^2 + c$ mit $a \neq 0$ erhält man schrittweise aus der Normalparabel mit $y = x^2$. Man streckt bzw. staucht die Normalparabel mit dem Faktor a. Dann verschiebt man diese Parabel um c Einheiten in y-Richtung:

Ist $c > 0$ verschiebt man den Graphen nach oben.

Ist $c < 0$ verschiebt man den Gaphen nach unten.

Eigenschaften:

(1) Der Scheitelpunkt S hat die Koordinaten $S(0|c)$.

(2) Die Symmetrieachse der Parabel ist die y-Achse.

(3) Für $a > 0$ ist der Scheitelpunkt der tiefste Punkt der Parabel. Bis zum Scheitelpunkt fällt sie und ab dann steigt sie.

Für $a < 0$ ist der Scheitelpunkt der höchste Punkt der Parabel. Bis zum Scheitelpunkt steigt sie und ab dann fällt sie.

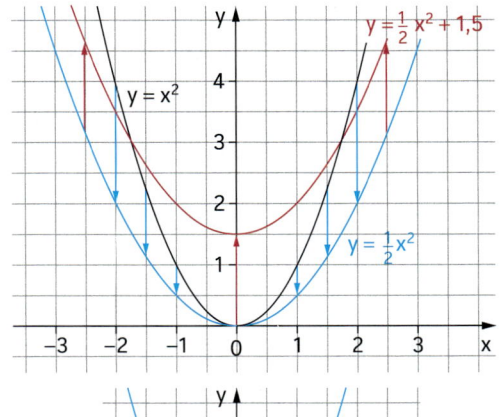

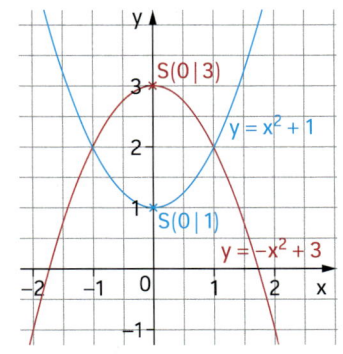

FESTIGEN UND
WEITERARBEITEN

2. Zeichne den Graphen der Funktion mit:

a) $y = x^2 + 2$ **b)** $y = 3 \cdot x^2 - 5$ **c)** $y = -2 \cdot x^2 + 3$ **d)** $y = 0,5 \cdot x^2 + 1$

Überlege zunächst, wie der Graph aus der Normalparabel entsteht.

Gib die Koordinaten des Scheitelpunkts an. Notiere weitere Eigenschaften; begründe sie.

3. Die Parabel mit $y = 2 \cdot x^2$ wird

(1) um 4 Einheiten nach unten verschoben;

(2) um 2,5 Einheiten nach oben verschoben.

Welche Funktionsgleichung gehört zu dem neuen Graphen?

Gib auch die Eigenschaften an.

4. Die nach oben oder unten verschobene Normalparabel geht durch den Punkt P. Gib die Gleichung der zugehörigen quadratischen Funktion an.

Beschreibe dein Vorgehen und begründe.

a) $P(0|-4,2)$ **b)** $P(1|1,8)$ **c)** $P(-1|4)$ **d)** $P(2|-6)$ **e)** $P(-2|-2)$

ÜBEN

5. Zeichne den Graphen der Funktion mit:

a) $y = x^2 - 2$ **c)** $y = 1,5 \cdot x^2 + 0,5$ **e)** $y = -x^2 - 2$ **g)** $y = -1,5 \cdot x^2 + 0,5$

b) $y = 2 \cdot x^2 - 3$ **d)** $y = 0,25 \cdot x^2 + 3$ **f)** $y = 2 \cdot x^2 + 3$ **h)** $y = -0,25 \cdot x^2 - 3$

Gib jeweils die Eigenschaften der Parabel an. Orientiere dich dabei an der Information auf Seite 191.

6. Die Parabel mit $y = 0,5 \cdot x^2$ wird verschoben

a) um 2 Einheiten nach oben;   **c)** um 0,75 Einheiten nach oben;

b) um 2 Einheiten nach unten;   **d)** um 0,75 Einheiten nach unten.

Welche Funktionsgleichung gehört zur neuen Parabel?

Gib auch ihre Eigenschaften an.

7. Entscheide, welcher der Punkte $P_1(2|2)$, $P_2(1|4)$, $P_3(-1|-3,5)$, $P_4(-2|-2)$ auf der Parabel mit   (1) $y = -2 \cdot x^2 + 6$;   (2) $y = 1,5 \cdot x^2 + -4$ liegen und welche nicht.

8. Der Graph gehört zu einer quadratischen Funktion. Gib die Funktionsgleichung an.

a)   **b)**   **c)**

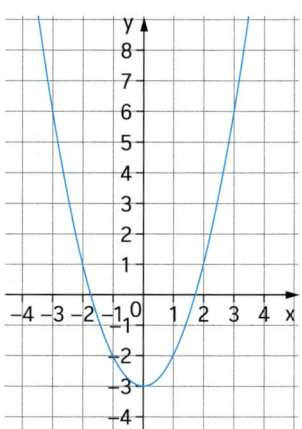
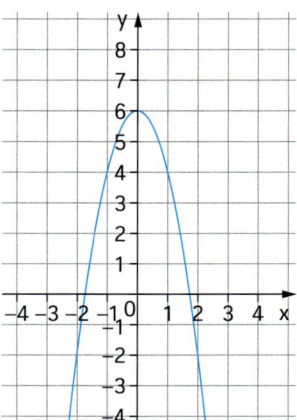

9. Wie muss man a und c wählen, so dass die Parabel mit der Gleichung $y = a \cdot x^2 + c$

(1) keinen; (2) genau einen; (3) zwei   gemeinsame Punkte mit der x-Achse hat?

NULLSTELLEN VON FUNKTIONEN

EINSTIEG

In dem abgebildeten Wasserbecken siehst du parabelförmige Wasserstrahlen, die aus einer Düse in Höhe der Wasseroberfläche austreten. Der höchste Punkt der Wasserstrahlen befindet sich 2,25 m über der Wasseroberfläche.

>> Der vordere Wasserstrahl lässt sich durch die Funktion mit der Gleichung $y = -x^2 + 2,25$ beschreiben. Skizziere den Graphen dieser Funktion.
>> Bestimme die Koordinaten des Punktes, an dem der Wasserstrahl aus der Düse austritt.
>> Wie weit von der Austrittsdüse entfernt trifft der Wasserstrahl wieder auf die Wasseroberfläche?

AUFGABE

1. Gegeben ist die quadratische Funktion mit der Gleichung $y = 1,6\,x^2 - 2,5$.
Versuche, die gemeinsamen Punkte des Funktionsgraphen mit der x-Achse zeichnerisch und mithilfe einer Tabellenkalkulation möglichst genau zu bestimmen.

Lösung

Der Graph entsteht aus der Normalparabel durch Strecken mit dem Faktor 1,6 und Verschieben um 2,5 Einheiten nach unten. Für das Zeichnen der Parabel erstellen wir eine Wertetabelle.

x	−2	−1	0	1	2
$1,6\,x^2 - 2,5$	3,9	−0,9	−2,5	−0,9	3,9

Am Graphen erkennen wir, dass es an zwei Stellen gemeinsame Punkte mit der x-Achse gibt.
Eine Stelle liegt zwischen −1,5 und −1, die andere zwischen 1 und 1,5.

Mithilfe einer Tabellenkalkulation erstellen wir eine Wertetabelle mit einer kleineren Schrittweite für die x-Werte.

x	−1,5	−1,25	−1	−0,75	−0,5	−0,25	0	0,25	0,5	0,75	1	1,25	1,5
$1,6\,x^2 - 2,5$	1,1	0	−0,9	−1,6	−2,1	−2,4	−2,5	−2,4	−2,1	−1,6	−0,9	0	1,1

Aus der Tabelle lesen wir ab, dass $P_1(-1,25\,|\,0)$ und $P_2(1,25\,|\,0)$ die gemeinsamen Punkte der Parabel mit der x-Achse sind.
Da die Funktion an den Stellen −1,25 und 1,25 jeweils den y-Wert 0 hat, werden diese Stellen auch *Nullstellen* der Funktion genannt.

2. a) Zeichne jeweils den Graphen der Funktion und bestimme die vorhandenen Nullstellen.
(1) $y = 0,5 \cdot x^2 - 1$ (2) $y = 0,5 \cdot x^2$ (3) $y = 0,5 \cdot x^2 + 2$

b) Wie viele Nullstellen kann eine quadratische Funktion der Form $y = a \cdot x^2 + c$ haben?
Begründe.

INFORMATION

Eine Stelle x, an der eine Funktion den Wert 0 annimmt, heißt **Nullstelle** der Funktion. An den Nullstellen hat der Graph gemeinsame Punkte mit der x-Achse.
Eine quadratische Funktion kann zwei, eine oder keine Nullstelle haben.

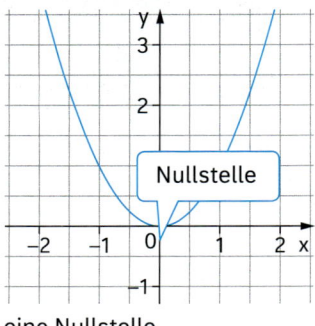

eine Nullstelle   zwei Nullstellen   keine Nullstelle

3. Zeichne den Graphen der Funktion und bestimme die vorhandenen Nullstellen.
a) $y = -2 \cdot x^2 + 0,5$ **c)** $y = 2 \cdot x^2 - 0,5$ **e)** $y = 0,5 \cdot x^2 - 2$
b) $y = -2 \cdot x^2 - 0,5$ **d)** $y = 0,25 \cdot x^2$ **f)** $y = 0,25 \cdot x^2 - 4$

4. a) Bestimme mithilfe einer Tabellenkalkulation möglichst gut Näherungswerte für die Nullstellen der folgenden Funktionen:
(1) $y = x^2 - 2$;   (2) $y = 2 \cdot x^2 - 6$;   (3) $y = -0,5 \cdot x^2 + 1$.

b) Woran liegt es, dass du die Nullstellen der Funktionen mit der Tabellenkalkulation nicht exakt bestimmen kannst?

5. Wird aus einem Flugzeug in der Höhe h (in m) mit der Geschwindigkeit v (in $\frac{m}{s}$) ein Gegenstand abgeworfen, so bewegt er sich näherungsweise auf einer Parabel mit der Gleichung $y = -\frac{5}{v^2} \cdot x^2 + h$. Dabei bezeichnet y die Höhe des Körpers und x die Entfernung von der Abwurfstelle.

a) Ein Flugzeug fliegt mit der Geschwindigkeit $30 \frac{m}{s}$ und wirft in einer Höhe von 320 m ein Versorgungspaket ab.
In welcher Entfernung von der Abwurfstelle landet das Paket?

b) Löse Teilaufgabe a) für eine viermal so große   (1) Höhe;   (2) Geschwindigkeit.
Was stellst du fest?

6. Gib die Gleichungen von drei verschiedenen Funktionen an.
a) Die Funktionen haben keine Nullstellen.
b) Die Funktionen haben eine Nullstelle.
c) Die Funktionen haben die Nullstellen −1 und 1.

LÖSEN QUADRATISCHER GLEICHUNGEN DER FORM $a \cdot x^2 + c = 0$

EINSTIEG

Die Länge des Bremsweges eines Personenzuges hängt vor allem von der Geschwindigkeit ab, mit der er fährt. Für viele Züge kann die Länge s des Bremsweges (in m) näherungsweise mithilfe der folgenden Funktionsgleichung berechnet werden, wobei v die Geschwindigkeit im $\frac{km}{h}$ angibt:
$s = 0{,}075 \cdot v^2$.

➤➤ Wie lang ist der Bremsweg, wenn der Zug 50 $\frac{km}{h}$, 100 $\frac{km}{h}$ bzw. 150 $\frac{km}{h}$ schnell fährt?

➤➤ Wie kann man bestimmen, für welche Geschwindigkeit der Bremsweg 1 080 m beträgt?

AUFGABE

1. Gegeben ist die quadratische Funktion mit der Gleichung $y = 0{,}9\,x^2 - 1{,}6$. Gesucht sind die Nullstellen der Funktion, also die Werte für x, für die y = 0 gilt. Dies soll mithilfe des Funktionsgraphen, mithilfe eines Kalkulationsprogramms oder durch Lösen einer Gleichung geschehen.

Lösung

Der Graph entsteht aus der Normalparabel durch Stauchung mit dem Faktor 0,9 und Verschiebung um 1,6 Einheiten nach unten. Eine einfache Wertetabelle liefert keine Nullstelle. Man kann am Graphen aber ablesen, dass die Nullstellen zwischen −2 und −1 bzw. zwischen 1 und 2 liegen.

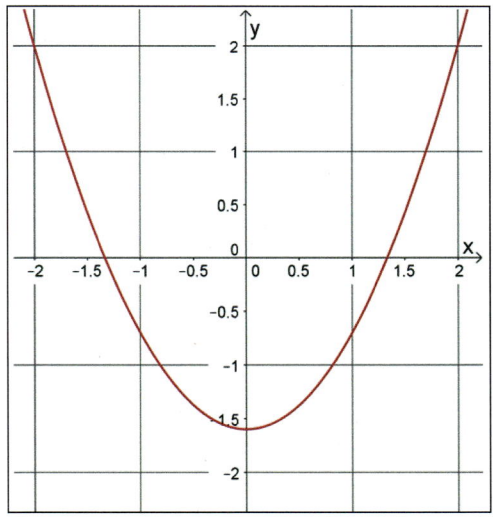

Die genauere Untersuchung dieser Bereiche mit einem Kalkulationsprogramm hilft dabei, die Nullstellen weiter anzunähern. Die Nullstelle rechts von der 0 liegt augenscheinlich zwischen 1,30 und 1,35. Aber auch wenn man die Suche weiter verfeinert, findet man auf diesem Weg die Nullstellen nicht exakt.

x	1	1,05	1,1	1,15	1,2	1,25	1,3	1,35	1,4	1,45	1,5
$0{,}9 \cdot x^2 - 1{,}6$	−0,7	−0,61	−0,51	−0,41	−0,3	−0,19	−0,08	0,04	0,164	0,292	0,425

Die exakten Werte liefert das Lösen der Gleichung, die bei der Suche nach Nullstellen entsteht. Die Frage lautet: Für welche x gilt y = 0, also für welche x gilt $0 = 0{,}5\,x^2 - 3$?

$$0 = 0{,}9\,x^2 - 1{,}6 \qquad |+1{,}6$$
$$1{,}6 = 0{,}9\,x^2 \qquad |:0{,}9$$
$$\frac{1{,}6}{0{,}9} = x^2$$
$$\frac{16}{9} = x^2$$
$$x = \frac{4}{3} \text{ oder } x = -\frac{4}{3}$$

> Es gibt hier zwei Lösungen für x, weil sowohl $\left(\frac{4}{3}\right)^2 = \frac{16}{9}$ als auch $\left(-\frac{4}{3}\right)^2 = \frac{16}{9}$ gilt.

2. Wir betrachten nun unterschiedliche Fälle beim Lösen von Gleichungen der Form $a \cdot x^2 + c = 0$.

Bestimme die Lösungen der Gleichung. Was fällt dir auf?

(1) $16\,x^2 - 9 = 0$ (2) $2\,x^2 + 20 = 20$ (3) $\frac{2}{3}\,x^2 + 6 = 0$

Lösung

(1)
$$16\,x^2 - 9 = 0 \quad |+9$$
$$16\,x^2 = 9 \quad |:16$$
$$x^2 = \frac{9}{16}$$
$$x_1 = \sqrt{\frac{9}{16}} \text{ und } x_2 = -\sqrt{\frac{9}{16}}$$
$$x_1 = \frac{3}{4} \quad \text{ und } x_2 = -\frac{4}{3}$$
Probe:
$$16 \cdot \left(\frac{3}{4}\right)^2 - 9 = 0 \text{ (wahr)}$$
$$16 \cdot \left(-\frac{4}{3}\right)^2 - 9 = 0 \text{ (wahr)}$$

(2)
$$2\,x^2 + 20 = 20 \quad |-20$$
$$2\,x^2 = 0 \quad |:2$$
$$x^2 = 0$$
$$x = 0$$
Probe: $2 \cdot 0^2 + 20 = 20$ (wahr)

(3)
$$\frac{2}{3}\,x^2 + 6 = 0 \quad |-6$$
$$\frac{2}{3}\,x^2 = -6 \quad |:\frac{2}{3}$$
$$x^2 = -9$$

Das Quadrat einer Zahl kann nicht negativ sein, also hat die Gleichung keine Lösung.

Eine quadratische Gleichung der Form $a \cdot x^2 + c = 0$ kann eine, zwei oder keine Lösung haben.

INFORMATION

Quadratische Gleichungen der Form $a \cdot x^2 + c = 0$

Gleichungen, die man auf die Form $a \cdot x^2 + c = 0$ ($a \neq 0$) bringen kann, sind Beispiele für **quadratische Gleichungen**.

Lösungen einer quadratischen Gleichung der Form $a \cdot x^2 + c = 0$

Eine quadratische Gleichung $a \cdot x^2 + c = 0$ kann man in der Form $x^2 = r$ schreiben. Die Funktionsgraphen veranschaulichen, dass eine solche Gleichung eine, keine oder zwei Lösungen haben kann.

Beachte: Beim Lösen der Gleichung $x^2 = 36$ sucht man alle Zahlen, welche die Gleichung erfüllen.
Man erhält: $x_1 = 6$ und $x_2 = -6$.

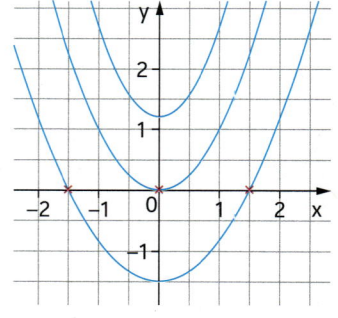

Dagegen bezeichnet $\sqrt{36}$ eine positive Zahl. Beim Bestimmen dieser Wurzel sucht man einen anderen (einfachen) Namen für diese Zahl. Es gilt: $\sqrt{36} = 6$.
Man muss also das Bestimmen der Lösungen der Gleichung $x^2 = 36$ und das Bestimmen von $\sqrt{36}$ unterscheiden.

---

3. Gib die Lösungen an. Führe auch die Probe durch.

a) $x^2 = 25$ **e)** $-4\,z^2 = 9$ **i)** $\frac{3}{4}(z^2 - 4) = 0$ **m)** $2\,y^2 - \frac{15}{2} = \frac{1}{4}$

b) $x^2 = -4$ **f)** $\frac{1}{3}\,x^2 = 27$ **j)** $0 = 9\,x^2 - \frac{1}{4}$ **n)** $2\,y^2 - \frac{15}{2} = \frac{1}{2}\,y^2$

c) $x^2 = 0$ **g)** $x^2 + 1 = 6$ **k)** $0 = 9\left(x^2 - \frac{1}{4}\right)$ **o)** $2\,y^2 - \frac{15}{2}\,y^2 = -\frac{2}{11}$

d) $0{,}16 = y^2$ **h)** $4(z^2 - 9) = 28$ **l)** $8\,x^2 = 6\,x^2$ **p)** $5{,}5\,z^2 - \frac{9}{4} = 1{,}5\,z^2$

Die Variable muss nicht immer x sein.

ÜBEN

4. Gib die Lösungen an.

a) $x^2 = \frac{49}{16}$ c) $x^2 = 3$ e) $\frac{1}{2} x^2 = \frac{25}{8}$ g) $\frac{1}{4} x^2 = 25$

b) $x^2 = 0{,}36$ d) $x^2 = 1{,}44$ f) $0{,}3 z^2 = 0{,}012$ h) $\frac{1}{4} y^2 = 0$

5. Löse rechnerisch. Mache auch die Probe.

a) $x^2 - 0{,}09 = 0$ c) $4 x^2 - 9 = 0$ e) $0{,}24 x^2 - 6 = 0$ g) $\frac{4}{5} x^2 - 2 = 0$

b) $x^2 + 0{,}49 = 0$ d) $4 y^2 + 1 = 0$ f) $\frac{3}{2} x^2 - \frac{10}{3} = 0$ h) $\sqrt{5} z^2 - \sqrt{80} = 0$

6. Kontrolliere die Rechnungen. Berichtige, wenn nötig.

(1) $x^2 + 9 = 0$
$x^2 = -9$
$x = -3$

(2) $4 x^2 = 0$
$x^2 = -\frac{1}{4}$
$x_1 = +\frac{1}{2}$ und $x_2 = -\frac{1}{2}$

(3) $3 x^2 = 75$
$x^2 = 25$
$x = 5$

7. Bestimme die Lösungen.

a) $11 x^2 = 36 + 2 x^2$ c) $9 x^2 - 4 = 5 x^2 - 4$ e) $13 y^2 - 8 = 9 y^2 + 1$

b) $5 x^2 = 343 - 2 x^2$ d) $7 x^2 + 2 = 1 + 5 x^2$ f) $16 z^2 - 20 = 5 - 20 z^2$

8. a) $x (x - 20) = 2 (72 - 10 x)$ e) $(x + 4)^2 + (x - 4)^2 = 34$

b) $9 x (x + 1) - 7 (x - 11) = 86 + 2 x$ f) $(z + 5)(z - 8) = -3 (z + 8)$

c) $3 x (x + 7) + 5 x (x - 2) = 11 x + 60{,}5$ g) $(5 x + 7)^2 - (7 x + 5)^2 = -72$

d) $14 x (x - 4) = 5 (9 - 22 x) + 9 x (x + 6)$ h) $\frac{1}{3}(x^2 + 5) - \frac{1}{5}(x^2 - 1) = 4$

9. a) $(x - 3)^2 = 25 - 6 x$ b) $(x + 1)^2 = 2 x + 37$ c) $(2 y + 5)^2 = 146 + 20 y$

10. a) $(2 x + 3)(2 x - 3) = 16$ c) $(3 x - 5)(3 x + 5) = -153 x^2 + 73$

b) $(y + 2)(y - 2) = 46 - 71 y^2$ d) $(3 - 2 x)(3 + 2 x) = -3 x^2 - 11$

11. Notiere zu den Lösungen eine passende quadratische Gleichung.

a) $x_1 = 7; x_2 = -7$ c) $x_1 = \frac{3}{2}; x_2 = -\frac{3}{2}$ e) keine Lösung

b) $x = 0$ d) $x_1 = 0{,}4; x_2 = -0{,}4$

12. Die Oberfläche eines Würfels beträgt 3456 cm². Wie lang ist eine Kante?

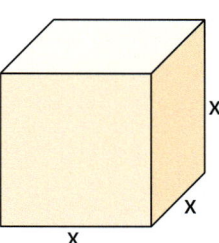

13. Drei gleich große quadratische Büroräume sowie der $18{,}25$ m² große Flur sollen mit neuem Teppichboden ausgelegt werden. Dazu werden insgesamt 55 m² benötigt.
Wie lang ist die Seitenlänge eines Büroraumes?

14. Ein quadratisches Blumenbeet in einem Park wird auf einer Seite um 7 m verkürzt und auf der benachbarten Seite um 7 m verlängert. Das neue, rechteckige Blumenbeet ist 435 m² groß.
Welche Seitenlänge hatte das ursprüngliche Blumenbeet?
Überprüfe dein Ergebnis.

★★

Welche Punkte liegen auf dem Graphen der quadratischen Funktion mit $y = 4 \cdot x^2 - 8$?

A$(-1|4)$ B$(0|-8)$ C$(2|8)$ D$(1|-4)$

★★★

Ein Rechteck, dessen eine Seite dreimal so lang ist wie die andere, hat den Flächeninhalt 147 cm². Welchen Umfang hat es?

★★★★

Gib die Gleichungen von drei quadratischen Funktionen mit den Nullstellen -2 und 2 an.

★★

Welcher Graph gehört jeweils zur Funktionsgleichung?

(1) $y = 0,5\,x^2 - 1$ (3) $y = 1,5\,x^2 - 3$
(2) $y = -1,5\,x^2 + 3$ (4) $y = 0,75\,x^2$

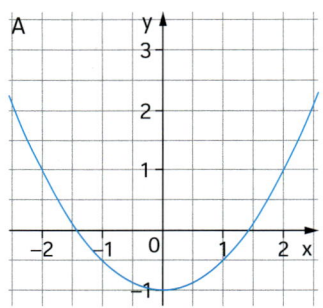
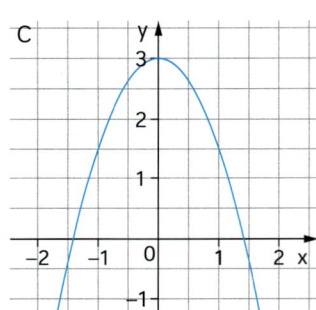
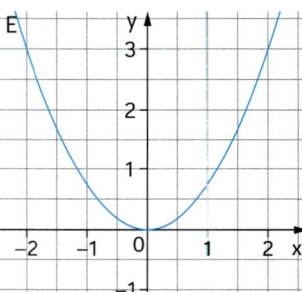
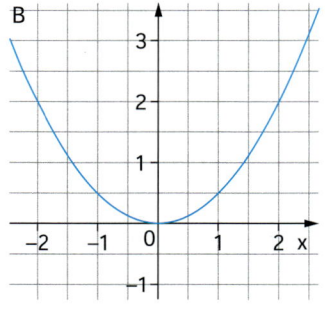
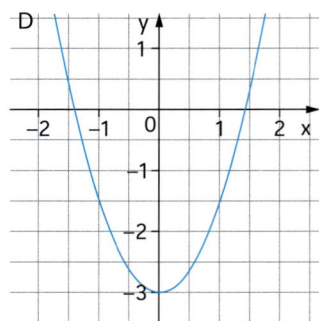
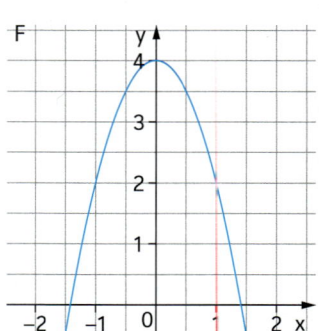

★★★

Ergänze bei den drei Punkten die fehlenden Koordinaten so, dass die Punkte auf dem Graphen der quadratischen Funktion mit $y = -0,25\,x^2 + 1,5$ liegen.

A$(\blacksquare|1,5)$ B$(4|\blacksquare)$ C$(\blacksquare|-2,5)$

★★★★

Eine Parabel mit dem Scheitelpunkt S$(0|-4)$ geht durch den Punkt P$(2|2)$.
Welche Funktionsgleichung gehört zu der Parabel?

VERMISCHTE UND KOMPLEXE ÜBUNGEN

1. Gegeben ist die quadratische Funktion mit:

a) $y = 3x^2 + 1;$ c) $y = 1,5x^2 - 2;$ e) $y = 4x^2 - 4;$

b) $y = 1,25x^2;$ d) $y = 5x^2 - 10;$ f) $y = 0,05x^2 - 2.$

(1) Bestimme den Scheitelpunkt der zugehörigen Parabel.

(2) Untersuche, ob die Funktion Nullstellen hat, und berechne diese gegebenenfalls.

2. Gegeben ist die quadratische Funktion mit $y = 0,25x^2 - 4$.

a) Zeichne den Graphen der Funktion.

b) Spiegele den Graphen der Funktion an der x-Achse und bestimme die Funktionsgleichung zum gespiegelten Graphen.

c) Die Schnittpunkte der beiden Graphen mit den beiden Koordinatenachsen bilden ein Viereck. Gib die Koordinaten seiner Eckpunkte an und bestimme seinen Flächeninhalt.

3. Ordne jeder Parabel die zugehörige Funktionsgleichung zu. Begründe deine Entscheidung.

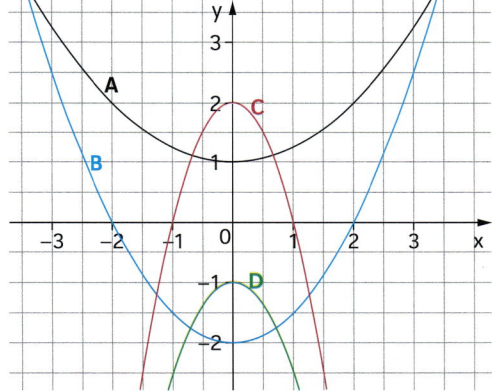

(1) $y = 0,5x^2 + 1$

(2) $y = 0,5x^2 - 2$

(3) $y = 0,25x^2 + 1$

(4) $y = -1,5x^2 + 2$

(5) $y = -1,5x^2 - 1$

(6) $y = -2x^2 + 2$

(7) $y = 2x^2 - 1$

4. Löse die quadratische Gleichung.

a) $0 = 2x^2 - 8$

b) $1,2 = 4x^2 + 1,2$

c) $0,2 = 0,5x^2 + 0,02$

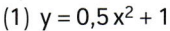 Zeichne die Parabel mit der Gleichung $y = 2x^2 + 3$.

 Eine Parabel hat den Scheitelpunkt $S(0|-3)$ und schneidet die x-Achse in den Punkten $A(-2|0)$ und $B(2|0)$. Gib eine zugehörige Funktionsgleichung an.

 5. Parabeln mit Gleichungen der Form $y = ax^2 + c$ kann man gut zeichnen, indem man von der Normalparabel ausgeht. Sie wird gestreckt bzw. gestaucht, ggf. an der x-Achse gespiegelt und in y-Richtung verschoben.

 Gegeben sei eine Parabel mit einer Gleichung der Form $y = ax^2 + c$. Wie wirkt sich das Spiegeln der Parabel an der x-Achse auf die Gleichung aus?

 Wie viele Punkte müssen von einer Parabel mit der Gleichung der Form $y = ax^2 + c$ bekannt sein, damit sie eindeutig bestimmt ist?

6. Ein Rechteck mit den Seitenlängen $4x$ und $x + 3$ soll den gleichen Flächeninhalt haben wie ein Quadrat mit der Seitenlänge $x + 6$. Wie lang sind die Seiten der beiden Figuren?

WAS DU GELERNT HAST

Quadratische Funktionen mit $y = x^2$

Der Graph von quadratischen Funktionen mit **$y = x^2$** heißt **Normalparabel.** Sein tiefster Punkt ist $S(0|0)$ und wird **Scheitelpunkt** genannt. Bis zum Scheitelpunkt fällt die Normalparabel, anschließend steigt sie. Sie hat die y-Achse als Symmetrieachse.

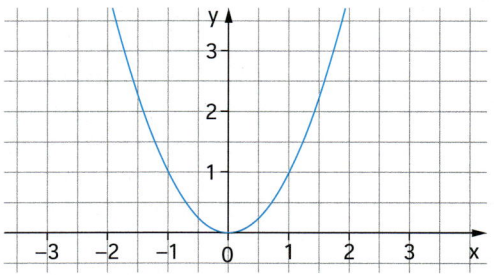

Quadratische Funktionen mit $y = a \cdot x^2$

Der Graph von quadratischen Funktionen mit **$y = a\,x^2$** heißt **Parabel.** Er geht durch Strecken ($a > 1$) oder Stauchen ($0 < a < 1$) aus der Normalparabel hervor. Für negative a ($a < 0$) kommt eine Spiegelung an der x-Achse hinzu. Der Punkt $S(0|0)$ ist Scheitelpunkt; für $a > 0$ ist er der tiefste Punkt, für $a < 0$ der höchste.

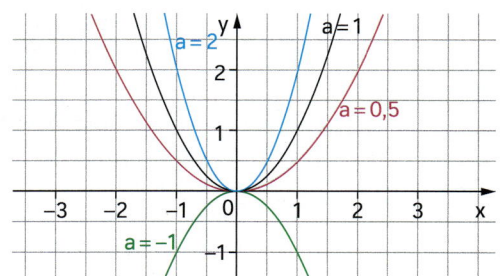

Quadratische Funktionen mit $y = a \cdot x^2 + c$

Der Graph von quadratischen Funktionen mit **$y = a\,x^2 + c$** ist ebenfalls eine Parabel. Er geht aus der Parabel zu $y = a\,x^2$ durch Verschieben hervor. Für $c > 0$ wird die Parabel nach oben verschoben, für $c < 0$ nach unten. Der Punkt $S(0|c)$ ist der Scheitelpunkt.

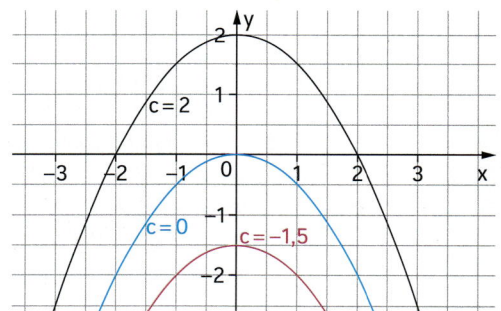

Nullstellen von Funktionen

Eine Stelle x, an der $y = 0$ gilt, heißt **Nullstelle** der Funktion f. An den Nullstellen schneidet der Funktionsgraph die x-Achse. Quadratische Funktionen mit $y = a\,x^2 + c$ können keine, genau eine oder zwei Nullstellen haben.

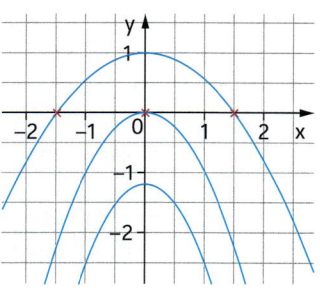

Einfache quadratische Gleichungen lösen

Quadratische Gleichungen können keine, genau eine oder zwei Lösungen haben.

$$0 = 2x^2 - 6 \quad |+6$$
$$6 = 2x^2 \quad |:2$$
$$3 = x^2$$
$$x_1 = \sqrt{3} \text{ und } x_2 = -\sqrt{3}$$

$$0 = 1,5x^2 + 3 \quad |-3$$
$$-3 = 1,5x^2 \quad |:1,5$$
$$-2 = x^2$$
$$\text{keine Lösung}$$

BIST DU FIT?

1. Gegeben ist die quadratische Funktion mit:

a) $y = x^2 - 4$ **c)** $y = x^2 - 6$ **e)** $y = -x^2 + 2$

b) $y = -x^2 + 4$ **d)** $y = -x^2 + 6$ **f)** $y = x^2 - 3$

(1) Zeichne die zugehörige Parabel mithilfe einer Parabelschablone.

(2) Lies die Nullstellen der quadratischen Funktion möglichst genau ab.

(3) Berechne die Nullstellen der quadratischen Funktion und vergleiche dein Ergebnis mit dem Ergebnis aus (2).

2. Erstelle eine Wertetabelle und zeichne die Parabeln zur quadratischen Funktion mit:

a) $y = 2x^2 - 2$ **c)** $y = 1{,}5x^2 + 1$ **e)** $y = 0{,}75x^2 + 1$

b) $y = 2x^2 + 2$ **d)** $y = -1{,}5x^2 + 1$ **f)** $y = 0{,}4x^2 - 1{,}5$

3. Der Graph gehört zu einer quadratischen Funktion. Gib die Funktionsgleichung an.

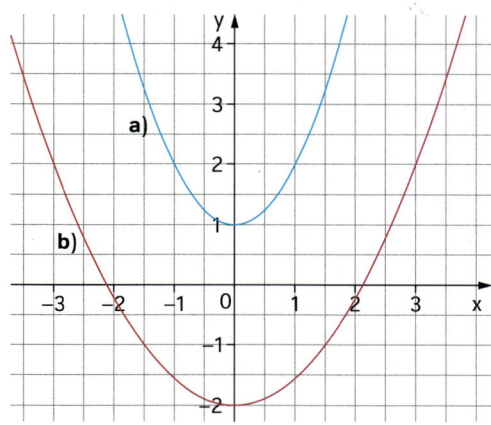 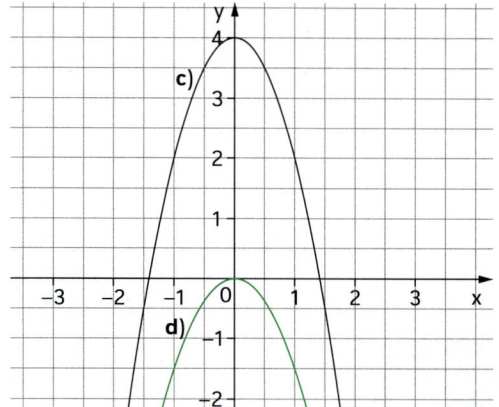

4. Gegeben ist die quadratische Funktion mit:

a) $y = 4x^2 + 2$ **c)** $y = 2{,}5x^2 - 1$ **e)** $y = -4x^2 - 1$

b) $y = 1{,}75x^2 + 2$ **d)** $y = -5{,}5x^2 + 10$ **f)** $y = 0{,}01x^2 - 0{,}1$

(1) Beschreibe, wie die zugehörige Parabel schrittweise aus der Normalparabel hervorgeht.

(2) Bestimme den Scheitelpunkt der zugehörigen Parabel.

(3) Untersuche, ob die Funktion Nullstellen hat, und berechne diese gegebenenfalls.

5. Löse die quadratische Gleichung.

a) $0 = x^2 - 2$ **b)** $-10 = -2x^2 + 2$ **c)** $4 = 0{,}01x^2 + 3$

6. Für ein Fahrrad kann die Länge des Bremsweges in Metern mit der Formel $s = \frac{1}{7}v^2$ berechnet werden, wobei v die gefahren Geschwindigkeit in Metern pro Sekunde angibt.

a) Wie lang ist der Bremsweg, wenn die Geschwindigkeit $8\,\frac{m}{s}$ beträgt?

b) Wie groß war die Geschwindigkeit, wenn der Bremsweg 5 m lang ist?

c) Rechne die Geschwindigkeiten aus b) und c) in $\frac{km}{h}$ um.

TOPFIT – VERMISCHTE ÜBUNGEN 1

1. Gegeben ist die Funktion mit:

a) $y = x^2 + 4$ **b)** $y = 0{,}5\,x^2 - 2$ **c)** $y = -1{,}5\,x^2 + 3$

(1) Bestimme den Scheitelpunkt der Parabel.

(2) Gib die Nullstellen, falls vohanden, an.

(3) Zeichne den Graphen der quadratischen Funktion.

Stoff	Dichte
Blei	$11{,}34\,\frac{g}{cm^3}$
Glas	$2{,}5\,\frac{g}{cm^3}$
Kupfer	$8{,}93\,\frac{g}{cm^3}$
Zink	$7{,}14\,\frac{g}{cm^3}$
Eisen	$7{,}86\,\frac{g}{cm^3}$
Gold	$19{,}3\,\frac{g}{cm^3}$
Silber	$10{,}51\,\frac{g}{cm^3}$

2. Von einem Quadrat wird auf einer Seite ein 1,5 cm breiter Streifen abgeschnitten. Das Reststück ist noch 59,5 cm² groß.
Wie groß war das ursprüngliche Quadrat?

3. Ein 3 m langes Eisenrohr hat einen Außendurchmesser von 36 mm und eine Wandstärke von 3 mm.

a) Berechne das Gewicht des Eisenrohrs.

b) Wie viel Prozent wiegt ein Kupferrohr mit den gleichen Abmessungen mehr als das Eisenrohr? Beschreibe, wie du vorgehst.

4. Der Radius des Kreises beträgt 5 cm.

a) Wie groß ist die grüne Fläche?

b) Wie groß ist eine der beiden roten Flächen?

c) Wie lang ist die Strecke $\overline{AB}$?

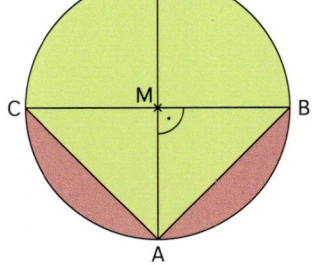

5. Thomas Müller schießt mit einer Ballgeschwindigkeit von ca. 70 km/h einen Elfmeter flach über den Rasen in das gegnerische Tor. Dabei streift der Ball den Innenpfosten.

a) Erkundige dich, wie breit ein Fußballtor ist und berechne die Länge der Strecke, die der Ball bis zur Torlinie zurückgelegt hat.

b) Wie viel Sekunden nach dem Schuss hätte der Torwart mit seiner Hand in der richtigen Ecke sein müssen, um den Elfmeter noch zu halten?

6. In Deutschland wurde eine gigantische Tunnelbohrmaschine gebaut, die einen Durchmesser von 15,4 m hat. Zwei dieser Tunnelbohrer haben sich in Shanghai unter dem Jangtse Fluss jeweils 7,4 km durch das Erdreich gebohrt, um die Flussinsel Changxing mit der Shanghaier Finanzmetropole Pudong zu verbinden. Für eine Tunnelbohrung brauchte eine Maschine zwei Jahre und drei Monate.

a) Wie viel Kubikmeter Erde haben beide Bohrer zusammen für den Bau der beiden Tunnel ungefähr bewegt? Erkläre deine Rechnungen.

b) Welche Kantenlänge hätte ein Würfel mit diesem Volumen?

c) Schätze ab, wie viel Kubikmeter Erdreich täglich während der Bohrphase von dieser Großbaustelle abtransportiert werden musste.
Wie viele Lkw-Ladungen waren das ungefähr pro Tag? Beschreibe, wie du vorgegangen bist.

TOPFIT – VERMISCHTE ÜBUNGEN 2

1. a) Berechne die Länge x der Dachschräge. **b)** Wie lang ist der See?

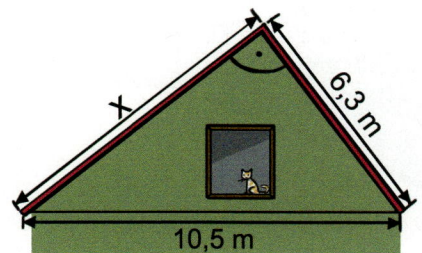
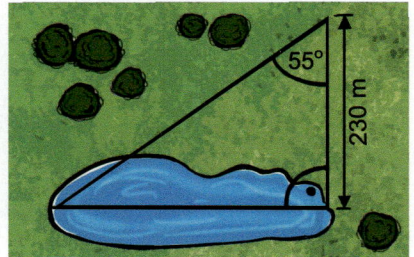

2. Auf einem Schulfest kann man an dem Stand der Klasse 9b für einen Einsatz von 0,60 € das Glücksrad zweimal drehen. Bleibt es jedes Mal auf demselben Feld stehen, gewinnt man:
bei *Grün/Grün* einen Trostpreis im Wert von 0,25 €,
bei *Gelb/Gelb* einen Sachpreis von 5 € und
bei *Rot/Rot* einen Hauptpreis im Wert von 25 €.
Wer *Blau/Blau* dreht, bekommt den doppelten Einsatz zurück.

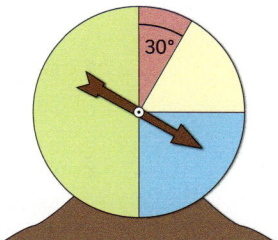

a) Zeichne ein Baumdiagramm und berechne mit der Pfadregel die Wahrscheinlichkeiten für die möglichen Ergebnisse.

b) Wie groß ist die Wahrscheinlichkeit, bei diesem Spiel [nicht] zu gewinnen?

c) Mit welchem Gewinn kann die Klasse im Mittel pro Spiel rechnen?
Hinweis: Nimm an, dass 1 000-mal gespielt wird.

d) Lars behauptet:

> Wenn wir den Einsatz von 60 Cent auf 80 Cent erhöhen, können wir im Mittel pro Spiel mit 20 Cent mehr Gewinn rechnen.

Hat er recht?

3. Die Mammutbäume Nordamerikas sind die höchsten und ältesten Bäume der Welt. Sie können über 100 m hoch und älter als 2 500 Jahre werden. Sie waren einst viel weiter verbreitet. Während des großen Goldrausches wurden leider Tausende abgeholzt. Heute stehen sie in Nationalparks unter Naturschutz.
Der dickste Baum der Welt ist der „General Sherman Tree" (siehe Bild), ein Riesenmammutbaum im kalifornischen Sequoia National Park.

a) Schätze ab, wir groß der Umfang des dicksten Baums der Welt direkt über dem Boden ist. Beschreibe dein Vorgehen.

b) Erkundige dich im Internet über weitere Daten des General Sherman Tree.

NEUGESTALTUNG EINES STÄDTISCHEN GRUNDSTÜCKS

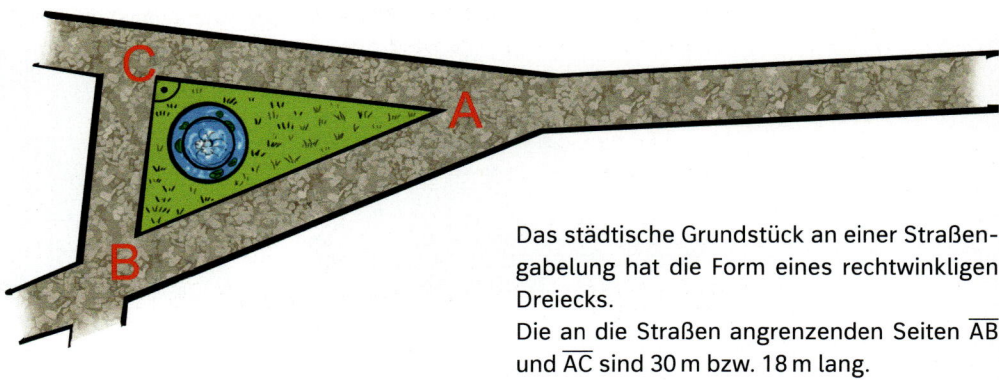

Das städtische Grundstück an einer Straßengabelung hat die Form eines rechtwinkligen Dreiecks.
Die an die Straßen angrenzenden Seiten $\overline{AB}$ und $\overline{AC}$ sind 30 m bzw. 18 m lang.

1. Es ist geplant, das Grundstück rundherum mit 40 cm langen Rasenkantensteinen einzufassen. Wie viele Steine werden benötigt?

2. Auf dem Grundstück soll ein kreisringförmiges Blumenbeet angelegt werden. Der äußere Kreis hat den Radius $r_a = 3,8$ m. Im inneren Kreis, der einen Radius von 1,3 m hat, ist eine Springbrunnenanlage geplant.

a) Erstelle eine Zeichnung des städtischen Grundstücks und des Blumenbeets in einem geeigneten Maßstab.
b) Das Blumenbeet soll außen mit einer kleinen Buchsbaumhecke eingefasst werden. Man rechnet mit 8 Pflanzen auf 1 m.
Wie viele Buchsbaumpflanzen werden benötigt?
c) Im Frühjahr wird das Blumenbeet mit Begonien und Petunien im Verhältnis von 2 : 5 bepflanzt. Auf 1 m² kommen 16 Pflanzen. Eine Begonie kostet 1,59 €, eine Petunie 0,85 €.
Wie viel Euro kosten die Blumen?
d) Die restliche Grundstücksfläche außerhalb des Blumenbeets wird mit Rasen eingesät. Wie viel Prozent des gesamten Grundstücks sind das?

3. Das zylinderförmige Springbrunnenbecken hat innen einen Durchmesser von 2,5 m und ist 28 cm tief. Die Seitenwand ist 5 cm dick, der Boden 7 cm.
a) Wie viel Liter Wasser fasst das Becken?
b) Das Becken besteht aus Beton; 1 cm³ wiegt 2,1 g.

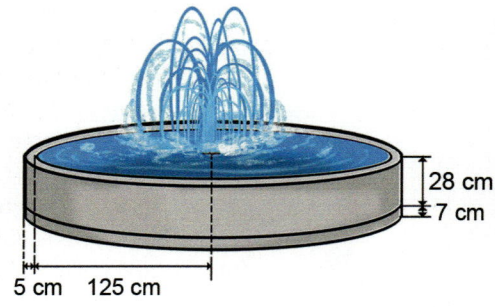

28 cm
7 cm
5 cm   125 cm

4. Der heimische Kunstverein hat für die Neugestaltung des Grundstücks eine Sitzbank gespendet. Leider erfüllt diese mit ihrer Lackierung nicht die städtischen Vorschriften und muss komplett neu gestrichen werden, um leichter zu reinigen zu sein. Berechne den Bedarf an Lack, wenn 1 Eimer (500 ml) Speziallack für 2 m² Fläche reicht.

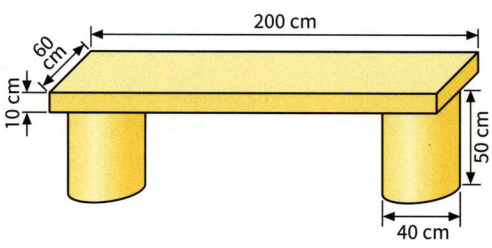

GLEICHUNGEN – GLEICHUNGSSYSTEME

1. Bestimme die Lösung der Gleichung.

a) $4(2x - 3) + 5x = 6 - 3(x + 2)$

b) $(z + 4)(z - 7) + 8 = 4z - (6 - z)(6 + z)$

c) $2(x + 3)^2 - 34 = 3x^2 - (x - 4)^2 + 4x$

d) $\frac{3}{y} = \frac{5}{8}$

e) $x^2 = 1{,}69$

f) $\frac{5}{4} = \frac{x - 1}{7}$

g) $a^2 + 9 = 0$

h) $4x^2 = 3x^2 + 100$

i) $\frac{8}{2x - 7} = \frac{4}{5}$

2. Berechne die Längen x und y.

a)

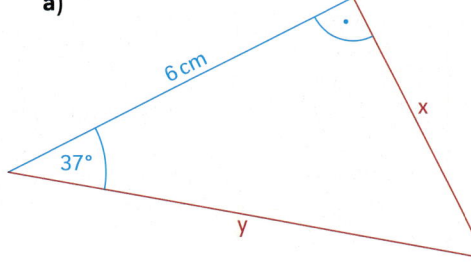

b)

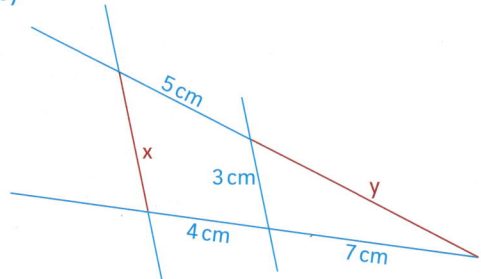

3. Löse das Gleichungssystem.

a) $\begin{vmatrix} 5x - 3y = 56 + y \\ 12x + 16y = 3x \end{vmatrix}$

b) $\begin{vmatrix} 28x + 39 + 3x = 6(y + 1) \\ 12y - 4(x + 3) = 3(2x + 4) \end{vmatrix}$

4. Der Umfang eines rechtwinkligen Dreiecks beträgt 24 cm. Eine Kathete und die Hypotenuse sind zusammen 20 cm lang. Berechne die Längen der Dreieckseiten. Wie groß ist der Flächeninhalt?

5. Das Kombiticket für das Riesenrad auf dem Wiener Prater und den Tiergarten Schönbrunn erfreut sich großer Beliebtheit. Die Preise unterscheiden sich für Kinder (bis einschl. 14 Jahre) und Erwachsene. Zwei 14-Jährige und ein 15-Jähriger zahlen zusammen 37,50 €. Eine Familie (zwei Erwachsene, drei Kinder) zahlt 66 Euro. Berechne den Einzelpreis für die beiden Arten von Kombitickets.

AUF DEM WOCHENMARKT

1. Johanna kauft auf dem Wochenmarkt Äpfel ein. Für 2,850 kg Cox Orange bezahlt sie 3,42 €.

   a) Mechthild bezahlt 4,20 €.
      Wie viel kg Cox Orange hat sie gekauft?

   b) Thilo kauft $1\frac{3}{4}$ kg Äpfel von dergleichen Sorte. Er bezahlt mit einem 10-Euro-Schein.
      Wie viel Wechselgeld bekommt er zurück?

   c) Stelle die Funktion *Gewicht x (in kg) → Preis y (in €)* grafisch dar.
      Gib auch die Gleichung der Funktion an.
      Welche Bedeutung hat die Steigung des Graphen?

   d) Frau Reck kauft 15 kg Cox Orange. Sie erhält 5 % Mengenrabatt.
      Wie viel Euro muss sie bezahlen?

2. Jeder Händler muss wöchentlich an die Stadt für die Nutzung des Marktplatzes eine Gebühr entrichten. Diese enthält eine Grundgebühr von 8 €, hinzu kommen 1,20 € pro m² Stellfläche.

   a) Der Fischhändler Herr Otter hat einen Verkaufswagen mit einer rechteckigen Stellfläche von 2,2 m Breite und 7,5 m Länge. Berechne die wöchentliche Gebühr.

   b) Gib für die Funktion *Stellfläche x (in m²) → Gebühren y (in €)* die Funktionsgleichung an und zeichne den Graphen.

   c) Der Gemüsestand von Frau Helle ist kreisförmig. Sie muss an die Stadt eine Gebühr von 24,20 € bezahlen.
      Wie groß ist der Durchmesser ihres Gemüsestandes?

   d) Die Stadt ändert ihre Gebührenordnung. Herr Dröge bezahlt für 12 m² jetzt 25,60 €, bei Frau Peck erhöhen sich die Gebühren für 17 m² auf 32,10 €.
      (1) Berechne die neue Grundgebühr und die Kosten pro m² Stellfläche.
      (2) Herr Koch muss nach der neuen Gebührenordnung wöchentlich 3 € mehr bezahlen.
           Wie groß ist seine Stellfläche?

3. In der Weihnachtszeit wird mitten auf dem Marktplatz ein hoher Weihnachtsbaum aufgestellt. Susanne und Tobias wollen die Höhe bestimmen. Dazu peilen sie die Spitze des Baumes über einen 3 m langen Stab an und messen die in der Zeichnung angegebenen Längen.
Wie hoch ist der Weihnachtsbaum?

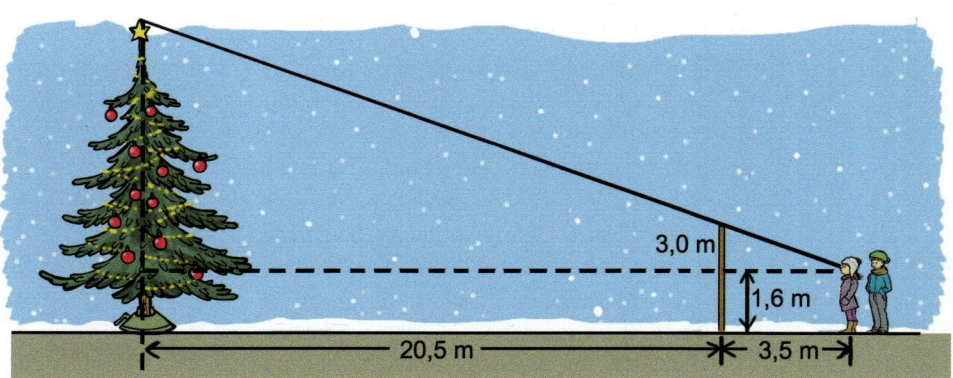

ANHANG

PRÜFUNGSVORBEREITUNG FÜR DEN ABSCHLUSS AUF E-KURS-NIVEAU DER OBERSCHULE NACH KLASSE 9

Übungen zum Allgemeinen Teil

Bei der Lösung der folgenden Aufgaben ist die Nutzung der Formelsammlung und des Taschenrechners nicht erlaubt.

1. Berechne im Kopf.

   a) $3,5 + 1,07$
      $12,7 + 0,83$

   b) $6,9 - 2,33$
      $9,12 - 1,5$

   c) $0,7 \cdot 0,4$
      $0,3 \cdot 0,02$

   d) $0,36 : 0,4$
      $4,2 : 0,6$

2. a) $0,835 \cdot 10$
      $0,835 \cdot 100$

   b) $12,6 \cdot 10$
      $12,6 \cdot 1000$

   c) $18,4 : 10$
      $18,4 : 100$

   d) $0,9 : 10$
      $0,9 : 1000$

3. Rechne schriftlich.

   a) $3,24 + 12,907$
      $0,583 + 7,8$

   b) $9,06 - 3,92$
      $11,8 - 3,802$

   c) $30,5 \cdot 7$
      $2,53 \cdot 1,4$

   d) $2,718 : 9$
      $14,904 : 1,2$

4. a) Lies die markierten Zahlen von der Zahlengeraden ab.

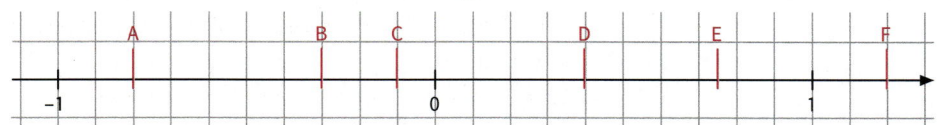

   b) Zeichne eine Zahlengerade wie in Teilaufgabe a) (1 Längeneinheit = 10 Kästchen) und markiere folgende Zahlen auf der Zahlengeraden: $1,2$; $-0,5$; $0,3$; $-0,7$; $1\frac{2}{5}$; $-\frac{3}{10}$

5. a) Gib die größte Zahl an.

     (1) $0,25$; $0,37$; $-0,48$; $0,4$; $-0,5$
     (2) $-0,87$; $-0,06$; $-0,28$; $-0,53$

   b) Gib die kleinste Zahl an.

     (1) $0,3$; $-1,5$; $-0,48$; $0,1$; $-0,95$
     (2) $-1,8$; $-1,26$; $-0,28$; -2

   c) Setze richtig ein, = oder < oder >.

     (1) $2,3$ ■ $2,27$
     (2) $\frac{13}{5}$ ■ $1,6$
     (3) $-0,7$ ■ $-\frac{3}{10}$
     (4) $-0,25$ ■ $-\frac{1}{4}$

6. Übertrage die Gerade g und die Punkte A, B und C in dein Heft.

   a) Zeichne durch den Punkt A eine Senkrechte s zur Geraden g.

   b) Miss den Abstand des Punktes B von der Geraden g.

   c) Zeichne durch den Punkt B eine Parallele p zur Geraden g und miss den Abstand der beiden parallelen Geraden.

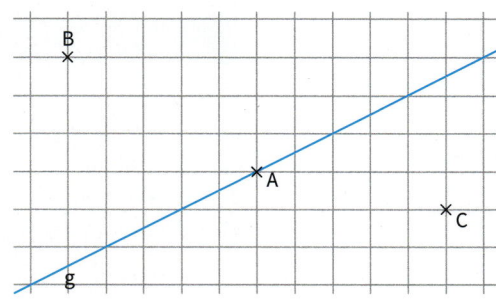

7. Setze Klammern, sodass das Ergebnis stimmt.

   a) $3 \cdot 7 - 4 = 9$
   b) $4 \cdot 5 + 3 - 10 = 22$
   c) $18 : 3 + 2 \cdot 3 = 2$

8. Forme in die angegebene Einheit um.

a) 0,8 m (cm)   **c)** 16 mm (cm)   **e)** 2700 g (kg)   **g)** 3 min (sec)

b) 2,5 km (m)   **d)** 0,75 ml (l)   **f)** 0,08 kg (g)   **h)** $1\frac{3}{4}$ h (min)

9. Welcher Anteil der dargestellten Fläche ist markiert?
Gib den Anteil auch in Prozent an.

a) 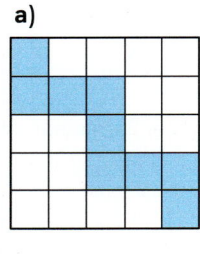   **b)** 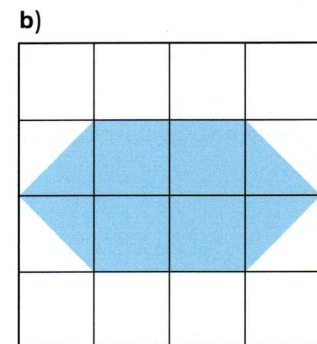   **c)**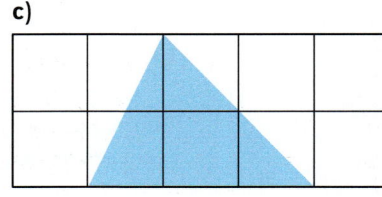

10. Zeichne das Quadrat viermal in dein Heft und färbe
(1) $\frac{1}{8}$, (2) $\frac{5}{8}$, (3) $\frac{3}{16}$, (4) 25 % des Quadrats.
Nutze dabei nur die vorgegebene Zerlegung.

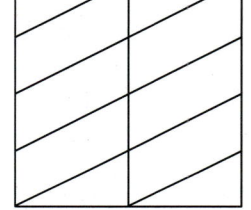

11. a) Erweitere.   (1) $\frac{2}{5} = \frac{6}{\blacksquare}$,   (2) $\frac{3}{7} = \frac{\blacksquare}{42}$

b) Kürze.   (1) $\frac{10}{35} = \frac{2}{\blacksquare}$,   (2) $\frac{16}{36} = \frac{\blacksquare}{9}$

12. Schreibe die Aufgabe in dein Heft und kreuze richtig an.
0,4 ist das Gleiche wie ▮ $\frac{1}{4}$; ▮ 40 %; ▮ $\frac{4}{10}$; ▮ 4 %; ▮ 0,400; ▮ $\frac{2}{5}$

13. Bauer Nölle bewirtschaftet 240 ha.

a) $\frac{2}{5}$ davon ist Wald. Wie groß ist der Wald?

b) Auf 60 ha hat er Weizen angebaut. Wie viel Prozent seiner Fläche sind das?

c) Sein Nachbar hat 40 ha Weizen angebaut. Das sind 20 % seiner gesamten Fläche.
Wie viel Hektar bewirtschaftet insgesamt der Nachbar?

14. Trage die passende Maßzahl und Maßeinheit ein.

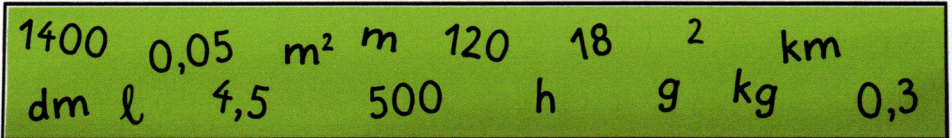

a) Der Pkw wiegt ▬▬▬.

b) Die Wandergruppe wandert in einer Stunde ▬▬▬.

c) Der Standardbrief ist ▬▬▬ lang.

d) Das Wasserglas fasst ▬▬▬.

e) Das Zimmer ist ▬▬▬ groß.

15. a) Herr Klein fährt nach Berlin. Er startet um 7.35 Uhr und kommt um 12.45 Uhr in Berlin an.
Wie lange war er unterwegs?

b) Sebastian will um 7.30 Uhr in der Schule sein. Die Fahrt mit dem Fahrrad dauert erfahrungsgemäß 40 Minuten. Wann sollte er spätestens losfahren?

16. Setze für x die gegebene Zahl ein und berechne den Wert des Terms.

	Zahl x	**Term**	**Wert**
a)	5	$5 \cdot (x - 3)$	
b)	2	$7 \cdot x - (x + 5)$	
c)	10	$x^2 + x : 5$	

17. Wie heißt die Zahl?
- **a)** Die Zahl ist um 5 kleiner als 17.
- **b)** Die Zahl ist um 13 größer als die Wurzel aus 49.
- **c)** Die Zahl ist doppelt so groß wie das Produkt aus 3 und 7.

18. Wie groß ist die Wahrscheinlichkeit, aus einem Gefäß mit den abgebildeten Kugeln
- **a)** eine rote Kugel zu ziehen,
- **b)** keine blaue Kugel zu ziehen,
- **c)** eine grüne oder blaue Kugel zu ziehen?

19. a) Vervollständige das Würfelnetz und färbe gegenüberliegende Seitenflächen mit der gleichen Farbe (Rot, Grün und Blau).
- **b)** Wie groß ist die Wahrscheinlichkeit, mit dem Würfel eine grüne Seitenfläche zu würfeln?

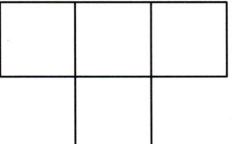

20. a) Berechne die fehlenden Winkel.

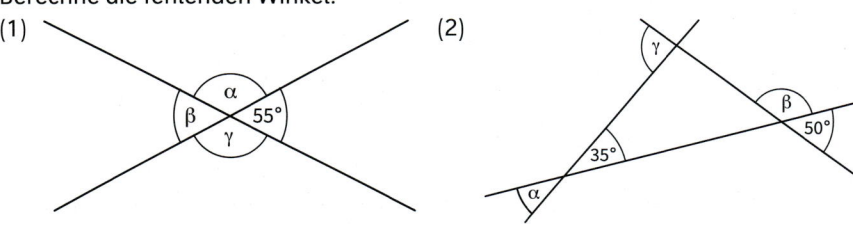

- **b)** Ergänze die Sätze:
  - (1) Scheitelwinkel sind ▩▩▩▩ groß.
  - (2) Die Summe von zwei Nebenwinkeln ▩▩▩▩▩.
  - (3) Die Summe der Innenwinkel in einem Dreieck ▩▩▩.

21. Welcher Graph gehört zu einer antiproportionalen Zuordnung?

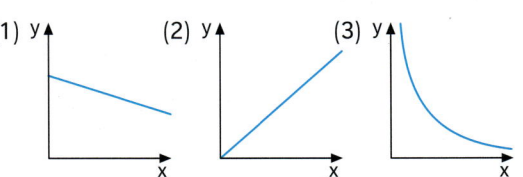

22. Übertrage die Tabelle in dein Heft und entscheide, ob die Zuordnung proportional (p), antiproportional (a) oder keines von beiden (k) ist.

	Zuordnung	**p, a oder k?**
a)	Für die Malerarbeiten in einem Neubau brauchen 4 Personen 6 Tage. Die Firma setzt aber nur 3 Personen ein.	
b)	Ein 1,60 m großer Schüler wiegt 54 kg. Ein 1,80 m großer Mitschüler wiegt 68 kg.	
c)	5 kg Kartoffeln kosten 2,40 € und 15 kg kosten 7,20 €.	

Übungen zum Hauptteil

Bei der Lösung der folgenden Aufgaben ist die Nutzung der Formelsammlung und des Taschenrechners erlaubt. Runde gegebenenfalls das Ergebnis auf 2 Stellen nach dem Komma.

1. a) Berechne den Flächeninhalt der farbigen Fläche.
   b) Welcher Anteil der gesamten Fläche ist farbig? Gib den Anteil auch in Prozent an.

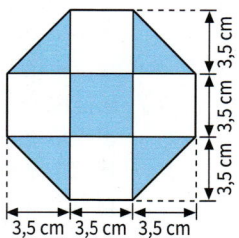

2. Ergänze die Rechnung.

a)

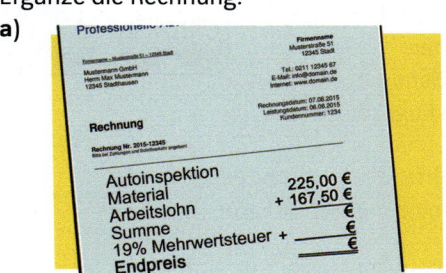

b)

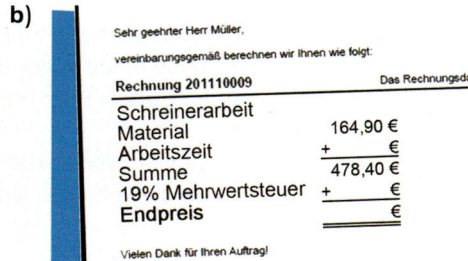

3. Mit Streichhölzern kann man Muster legen. Die Folge der drei abgebildeten Quadrate, für die 10 Streichhölzer benutzt wurden, kann man fortsetzen.
   a) Fülle die Tabelle aus.
   b) Welche der drei unten stehenden Gleichungen gibt den Zusammenhang zwischen der Anzahl q der Quadrate und der Anzahl s der Streichhölzer richtig wieder?
   (1) $s = 3 + q$
   (2) $s = 1 + 3 \cdot q$
   (3) $s = 4 + 3 \cdot q$

Anzahl der Quadrate (q)	Anzahl der Streichhölzer (s)
1	
2	
3	10
4	
	19

4. Das Rechteck besteht aus 15 gleich großen Quadraten. Das blaue Rechteck in der Mitte hat einen Umfang von 24 cm.
   a) Wie groß ist der Umfang eines kleinen Quadrats?
   b) Wie groß ist der Umfang des großen Rechtecks?
   c) Welchen Flächeninhalt besitzt das große Rechteck?
   d) Wie viel Prozent des großen Rechtecks sind blau gefärbt?

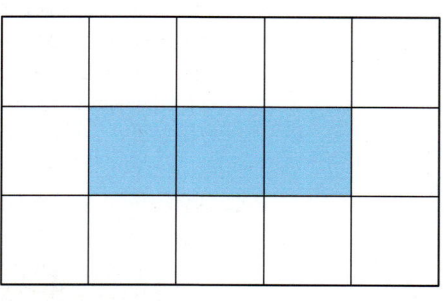

5. Frau Meyer legt bei ihrer Bank für 9 Monate einen Betrag von 8 000,00 € an. Der Jahreszinssatz beträgt 1,75 %.
Wie viel Euro muss die Bank ihr nach 9 Monaten zurückzahlen?

6. Wie lang ist der See?

a)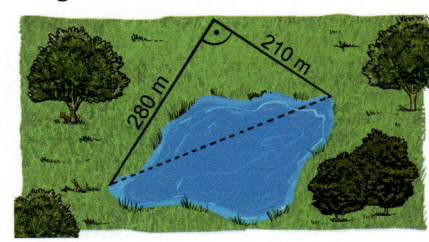

b)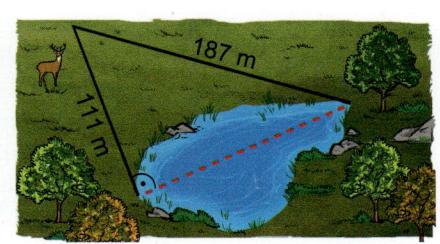

7. Eine Schülerfirma verkauft Schulkalender. Für den Einkauf gelten die in der Tabelle angegebenen Preise. Um einen günstigen Einkaufspreis zu erhalten, werden 300 Schulkalender bestellt und zu einem Stückpreis von 4,50 € verkauft.

Anzahl der Kalender	Stückpreis
bis 99	4,20 €
10 bis 299	3,80 €
300 bis 499	3,50 €
über 499	3,30 €

a) Wie viel Euro kostet die Bestellung?

b) Wie groß ist der Gewinn der Schülerfirma, wenn alle bestellten Kalender verkauft werden?

c) Die Schüler können in dem Schuljahr leider nur 275 Kalender verkaufen.

    (1) Wie viele Kalender haben sie nicht verkauft.

    (2) Die Schüler haben trotzdem insgesamt einen Gewinn erwirtschaftet. Berechne ihn.

8. Ein Kaufhaus reduziert seine Preise. Berechne die fehlenden Angaben.

Kleidung	Alter Preis	Preisnachlass	Neuer Preis
	49,90 €	20 %	
		25 %	81,75 €
	189,00 €		113,40 €

9. Ein Taxi-Unternehmer nimmt für eine Fahrt eine Grundgebühr von 3,50 € plus 1,60 € pro gefahrenem Kilometer.

a) Ein Fahrgast fährt 4 km mit dem Taxi. Wie viel Euro muss er bezahlen?

b) Ein anderer Fahrgast bezahlt 15,50 €. Wie viele Kilometer wurde er gefahren?

c) Gib einen Term an, mit dem du den Preis für x gefahrene Kilometer berechnen kannst.

d) Zeichne einen Graphen, an dem du die Preise für Fahrten bis zu 10 km ablesen kannst.

10.

Die *Schäferbuche* von Dobbin in Mecklenburg ist eine der dicksten Buchen in Europa.
Schätze ab, welchen Umfang der Stamm der Buche hat.
Beschreibe deine Überlegungen.

11. Im nebenstehenden Diagramm sind die Jahresgewinne eines Unternehmens für die Jahre 2010 bis 2015 dargestellt.

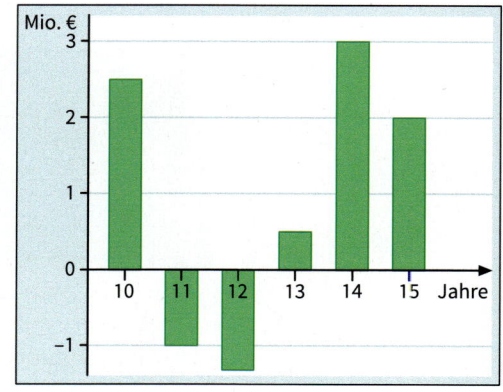

  a) In welchem Jahr hatte das Unternehmen den höchsten Gewinn? Wie hoch war er?

  b) Gab es auch Jahre mit Verlusten? Erkläre.

  c) Berechne den durchschnittlichen Gewinn pro Jahr.

12. Berechne das Volumen und die Oberfläche des Körpers.

  a) Ein Quader ist 8,5 cm lang, 4,2 cm breit und 6 cm hoch.

  b) Ein Zylinder ist 10,5 cm hoch und hat einen Durchmesser von 5 cm.

13. Herr Luck kauft an einem Marktstand 2,4 kg Äpfel für 3,84 €.
Frau Blum und Herr Klein kaufen am selben Stand die gleichen Äpfel.

  a) Frau Blum kauft 1,8 kg. Wie viel Euro muss sie bezahlen?

  b) Herr Klein bezahlt 4,96 €. Wie viel Kilogramm Äpfel hat er gekauft?

14. Drei baugleiche Pumpen können ein Wasserbecken in 7,5 Stunden leeren.
Wie lange brauchen zwei Pumpen der gleichen Bauart?

15. Familie Möller will ein Baugrundstück kaufen. Der Zeichnung kann sie die Maße entnehmen. Ein m² kostet 85 €.

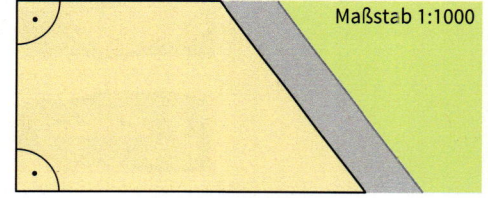

  (1) Miss und bestimme mit deinem Messergebnis den Flächeninhalt des Grundstücks.

  (2) Wie viel Euro kostet das Grundstück?

16. Rechts siehst du ein Glücksrad.

  a) Das Glücksrad wird einmal gedreht. Ergänze die Tabelle.

Ereignis	Wahrscheinlichkeit
Das Rad bleibt auf Grün stehen.	
Das Rad bleibt auf einer Zahl größer als 6 stehen.	
Das Rad bleibt auf Grün oder einer geraden Zahl stehen.	

  b) Vor dem Drehen kannst du zwischen den folgenden Gewinnmöglichkeiten wählen. Wofür entscheidest du dich? Begründe.

☐    ☐ 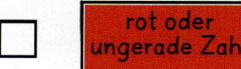   ☐

17. In einer Zeitung wird das nebenstehende Diagramm kommentiert:

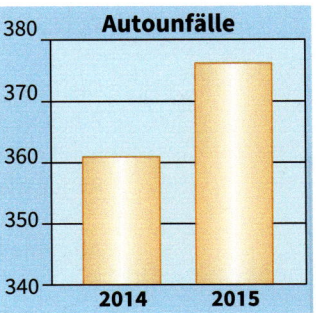

> Die gestern von der Polizei vorgestellte Statistik zeigt, dass die Anzahl der Autounfälle in unserer Stadt im letzten Jahr dramatisch zugenommen hat.

Was hältst du von dieser Interpretation der statistischen Daten? Ist sie vernünftig?
Begründe deine Antwort.

18. Der Graph beschreibt den Flug eines Heißluftballons.

a) Woran erkennst du, dass der Startplatz auf einer Anhöhe liegen muss?

b) Beschreibe in wenigen Worten die einzelnen Flugphasen.

c) Was kannst du über den Landeplatz sagen?

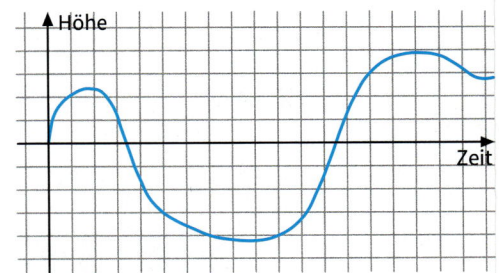

19. Von den 24 Schülern der 9. Klasse schlossen 37,5 % die Mathematikprüfung mit gutem bzw. sehr gutem Ergebnis ab.
Wie viele Schüler waren das?

20. Bei der Landtagswahl gaben nur 59 400 der 90 000 Wahlberechtigten eines Wahlbezirkes ihre Stimme ab.
Wie viel Prozent gingen zur Wahl?

21. In einem Hotel wurden im Monat August 612 Übernachtungen registriert, was einer Auslastung von 85 % entspricht.

22. Aus einem Würfel mit der Kantenlänge 30 cm wird ein kleiner Würfel mit der Kantenlänge 16 cm herausgeschnitten.

a) Berechne das Volumen des so entstandenen Restkörpers.

b) Der Restkörper soll angestrichen werden.
Welche Aussage stimmt? Begründe.
Die Oberfläche des Restkörpers ist durch das Herausschneiden des kleinen Würfels
(1) größer geworden, (2) kleiner geworden, (3) gleich groß geblieben.

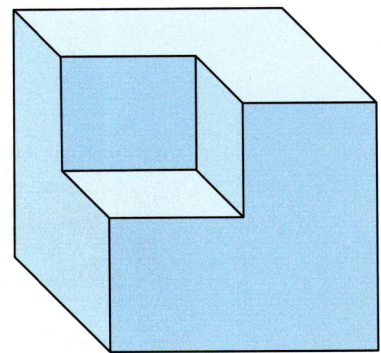

23.

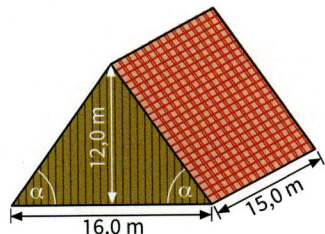

Herr Targatz will den Hausgiebel mit Holz verkleiden.
a) Wie viel m² Holz werden benötigt?
b) Wie groß ist die gesamte Dachfläche?

Abschlussprüfung

Die Abschlussprüfung nach Klasse 9 könnte die nachfolgende Form haben.
Bei der Lösung des allgemeinen Teils darfst du den Taschenrechner und die Formelsammlung
nicht benutzen. Danach sind diese Hilfsmittel erlaubt.
Runde die Ergebnisse gegebenenfalls auf zwei Stellen nach dem Komma.

Allgemeiner Teil

1. Berechne.
  a) $7,2 + 3,93$ **b)** $210,5 - 40,05$ **c)** $0,73 \cdot 1000$ **d)** $38,2 : 100$

2. Setze die fehlende Zahl ein.
  a) $\blacksquare + 108,5 = 211,6$ **c)** $1,30 \cdot \blacksquare = 7,80$
  b) $36,4 - \blacksquare = 14,3$ **d)** $\blacksquare : 0,9 = 11$

3. Ordne richtig zu.

100 g
2,5 kg
250 g
1 kg

4. Welche Zahl ist das Gleiche wie $\frac{3}{4}$?
  (1) $0,75\,\%$ (2) $0,750$ (3) $\frac{8}{12}$ (4) $75\,\%$ (5) $\frac{18}{24}$

5. Welcher Anteil der Fläche ist blau gefärbt?
Gib das Ergebnis als Bruch und in Prozent an.

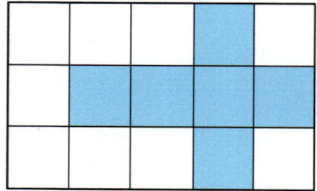

6. Auf dem Tisch stehen 3 Gefäße mit roten bzw. blauen Kugeln.

Welches Gefäß würdest du wählen, wenn du mit geschlossenen Augen eine blaue Kugel
ziehen musst, um zu gewinnen? Begründe.

7. Bei einem Würfel sind drei Seiten rot, zwei Seiten blau und
eine Seite gelb gefärbt, wobei die gegenüberliegenden
Seiten verschiedene Farben haben.
Vervollständige das Netz und trage die fehlenden Farben
ein.

8. a) Ordne richtig zu. Welcher Graph passt zu welcher Aussage?

Aussage	Graph
A: Der Preis für Tomaten beträgt 1,35 € pro kg.	
B: In das halbvolle Schwimmbecken fließt gleichmäßig Wasser.	
C: Die Geschwindigkeit eines Autos nimmt gleichmäßig ab.	

(1) 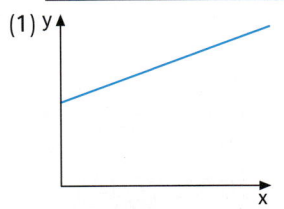 (2) 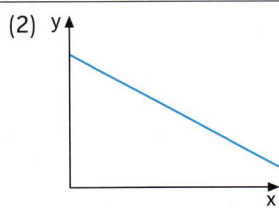 (3)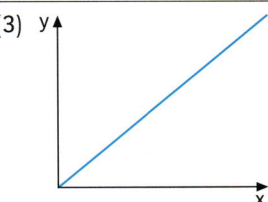

b) Welche Zuordnung ist proportional?

9. a) Zeichne die 4. und 5. Figur.
   b) Wie viele Punkte hat die 8. Figur?

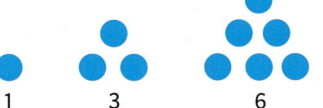

1   3   6

Hauptteil

1. In der Tabelle siehst du den Notenspiegel einer Klassenarbeit.

Note	1	2	3	4	5	6
Anzahl	2	7	8	5	3	–

   a) Wie viele Schülerinnen und Schüler haben die Klassenarbeit mitgeschrieben?
   b) Berechne den Notendurchschnitt.

2. Familie Kuhn baut ein Einfamilienhaus. Von der Firma Schutt wurden 9,5 m³ Bauschutt abtransportiert.
Berechne die Kosten.

> ### *Firma Schutt*
> Schutt holt den Schutt von Ihrem Bauplatz
> Grundgebühr: **29,50 €**
> Preis je m³ Schutt: **9,90 €**

3. In einer Lostrommel sind Lose mit den Nummern 1 bis 50.

Ereignis	Wahrscheinlichkeit
Die gezogene Nummer ist kleiner als 20.	
Die gezogene Nummer ist durch 4 teilbar.	

   a) Berechne die Wahrscheinlichkeiten und trage sie in deine Tabelle ein.
   b) Es wurden zwei Lose mit den Nummern 5 und 43 gezogen. Wie groß ist danach die Wahrscheinlichkeit, eine einstellige Losnummer zu ziehen?

4. a) Um wie viel Prozent wurde der Preis gesenkt?

b) Um wie viel Euro wurde der Preis gesenkt?

5. In Deutschland wurden in einem Jahr insgesamt 35,5 Mio. Tonnen Getreide geerntet. Das Diagramm zeigt, wie sich die Getreideernte auf die einzelnen Getreidearten verteilt (1 mm ≙ 1 %).

a) Welches Getreide wurde am meisten geerntet?
b) Wie viel Prozent der Getreideernte war Roggen?
c) Wie viele Tonnen Gerste wurden geerntet?

6. Die hier abgebildete quadratische Pyramide steht auf dem Marktplatz der Stadt Karlsruhe und ist eines der Wahrzeichen der Stadt.
Schätze die Höhe der Pyramide.
Beschreibe deine Überlegungen.

7. Das Diagramm rechts zeigt den Füllstand eines Heizöltanks im Laufe eines Jahres.

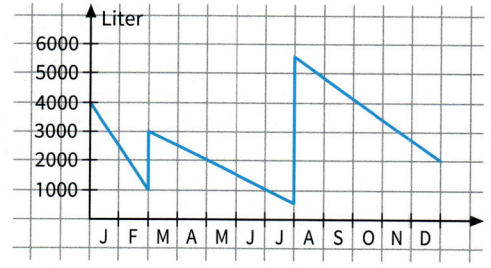

a) Wann war die größte Menge Heizöl im Tank?
b) Wie hoch war der durchschnittliche Monatsverbrauch vom 1. Januar bis zum 28. Februar des Jahres?
c) Wie viel Liter Heizöl wurden im Laufe des Jahres insgesamt nachgetankt?

8. a) Wie lang ist die Straßenfront des Grundstücks?
b) Berechne den Flächeninhalt des Grundstücks.
Hinweis: Die Zeichnung ist nicht maßstabsgetreu.

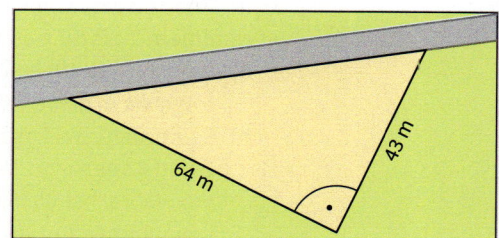

9. An einer Schülersprecherwahl nahmen 465 Schüler(innen) teil.

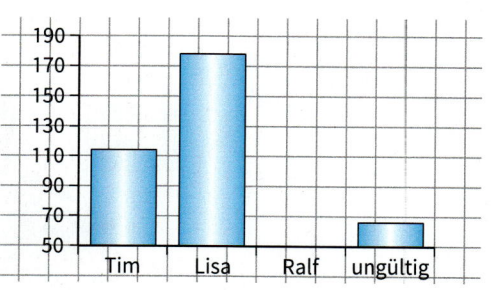

a) Rebecca behauptet: *„Lisa hat doppelt so viele Stimmen erhalten wie Tim."* Stimmt das? Begründe deine Meinung.
b) Zeichne die fehlende Säule für Ralf.

Wahlaufgabe 1

Im Stadtgarten wird ein halbkreisförmiges Blumenbeet mit dem Radius r = 7 m angelegt. Dem Halbkreis wird, wie in der Abbildung dargestellt, ein rechtwinkliges Dreieck so einbeschrieben, dass eine achsensymmetrische Figur mit vier einzelnen Beeten entsteht.
Diese Beete werden jeweils mit roten, blauen, weißen und gelben Frühjahrsblumen bepflanzt.

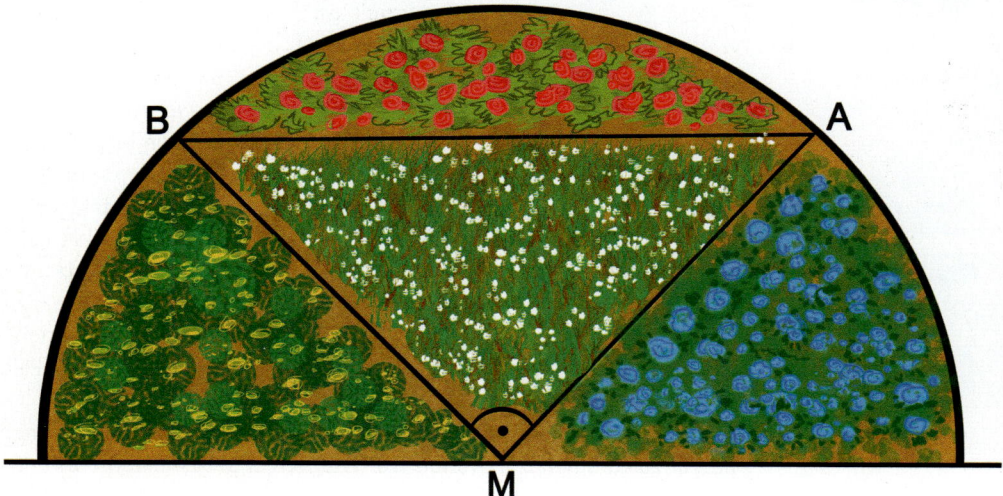

a) Das gesamte Beet soll rundherum mit Pflastersteinen eingefasst werden. Für wie viele Meter müssen Steine bestellt werden?
b) Die Blumenbeete werden innen mit einer kleinen Buchsbaumhecke getrennt. Die Pflanzen für einen Meter Buchsbaumhecke kosten 23,00 €. Berechne die Kosten.
c) Berechne die Größe des gesamten Blumenbeets.
d) Begründe, dass die beiden Winkel α und β jeweils 45° groß sind.
e) Wie groß ist das Beet ABM mit den weißen Blumen?

Wahlaufgabe 2

Es wird mit einem normalen Würfel gewürfelt.
a) Wie groß ist die Wahrscheinlichkeit für
    (1) eine Eins,
    (2) eine Zahl, die größer als 2 ist,
    (3) eine Zahl, die durch 2 und 3 teilbar ist,
    (4) eine Zahl, die durch 2 oder 3 teilbar ist?
b) Paul hat beim Spielen schon 20-mal hintereinander keine Sechs gewürfelt. Er meint, dass die Wahrscheinlichkeit, eine Sechs zu würfeln, jetzt größer sei. Was meinst du? Erkläre.
c) Rechts siehst du das Netz eines Tetraeders. Die Flächen sollen rot, gelb oder blau gefärbt werden.
    (1) Ergänze die Tabelle.

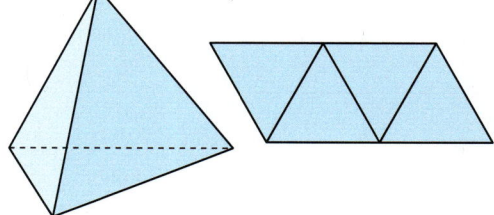

Ereignis	Wahrscheinlichkeit
Rot	50 %
Gelb	25 %
Blau	

    (2) Skizziere das Netz des Tetraeders und färbe es so, dass die Wahrscheinlichkeiten in der Tabelle gelten.
d) In einem Gefäß sind rote, gelbe und blaue Kugeln. Beim Ziehen einer Kugel sollen die gleichen Wahrscheinlichkeiten auftreten wie beim Werfen des Tetraeders aus Teilaufgabe c).
Wie viele rote, blaue und gelbe Kugeln könnten in dem Gefäß sein? Gib zwei verschiedene Möglichkeiten an.

Wahlaufgabe 3

Bauer Peck besitzt drei baugleiche Mähdrescher, die zusammen in zwei Stunden ungefähr 12 ha Weizen mähen und dreschen können.

a) Im Bild siehst du einen der Mähdrescher. Schätze, wie breit das Schneidwerk ist. Beschreibe deine Überlegungen.

b) Bauer Peck will ein 42 ha großes Weizenfeld mähen.
(1) Wie lange brauchen die drei Mähdrescher dafür?
(2) Leider fällt ein Mähdrescher aus. Wie lange brauchen die beiden anderen für dieses Weizenfeld?

c) Ein Feld hat die Form eines Rechtecks. Es ist 155 m breit und 240 m lang.
Wie groß ist das Feld. Gib das Ergebnis in ha an.

d) Bauer Peck kann eine 3,5 ha große Ackerfläche kaufen. Der Kaufpreis beträgt 45 000 € pro ha. Hinzu kommen 5 % Grunderwerbsteuern, 3,57 % Maklergebühren und weitere Kosten in Höhe von 2,3 % des Kaufpreises für den Notar und das Grundbuchamt.
Wie viel Euro muss er insgesamt bezahlen?

Wahlaufgabe 4

Das quaderförmige Becken eines Schwimmbades hat die angegebenen Maße.

a) Wie groß ist die Wasserfläche?

b) Wie viel m³ Wasser fasst das Becken?

c) Das Becken soll renoviert werden. Der Boden des Beckens und die Seitenflächen werden neu gefliest.
Das Bauunternehmen verlangt pro m² 115 €.
Für die Kanten am oberen Beckenrand berechnet er zusätzlich 70 € pro laufenden Meter.
Auf diese Preise kommen anschließend noch 19 % Mehrwertsteuern.
(1) Wie viel m² werden neu gefliest?
(2) Berechne die Gesamtkosten.

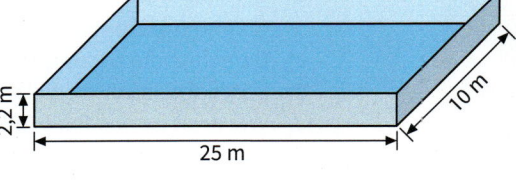

d) Ein anderes Schwimmbecken hat die nebenstehende Form.
In dieses Becken wird gleichmäßig Wasser eingelassen.
Welcher der Graphen (1) bis (4) kann zu diesem Füllvorgang passen? Begründe.

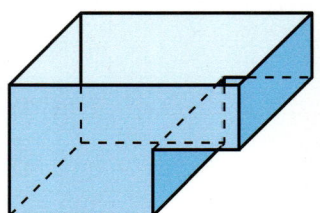

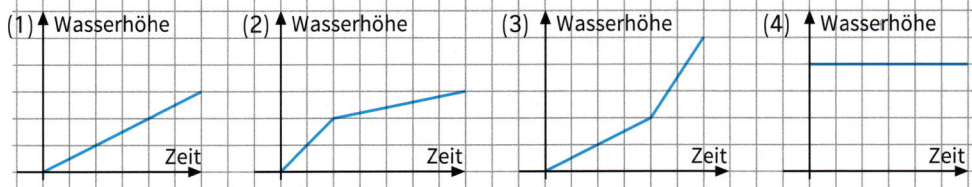

ANHANG

LÖSUNGEN

Bist du fit?

SEITE 35

1. a) (2|3)   **b)** unendlich viele Lösungen   **c)** keine Lösung

2. a) (1) (5|3)   (2) $\left(\frac{11}{5}\Big|\frac{33}{10}\right)$ **c)** (1) (2|−4)   (2) (3|5)

   b) (1) (8|21)   (2) (0|1)   **d)** (1) (−2|6)   (2) (7|−1)

3. a) 1; 7   **d)** $\frac{1}{3}$; $\frac{1}{2}$ **g)** unendlich viele Lösungen

   b) −0,5; 3   **e)** unendlich viele Lösungen   **h)** 9; −3

   c) −2; 1   **f)** keine Lösung   **i)** 4; −1

4. basis: y = 0,70 x + 5,50
spezial: y = 0,60 x + 11,00
⇒ Bei einem Gasverbrauch von 55 m³ sind beide Tarife gleich teuer.

5. Limonade: 0,90 €;   Orangensaft: 1,20 €

6. Eva: 17 Jahre; Nina 22 Jahre

7. (6|10)

8. 65 cm; 35 cm

9. Das erste Darlehen ist 100 000 € hoch, das zweite 50 000 €.

SEITE 53

1. a) 7   **b)** 8   **c)** 4   **d)** 10   **e)** 10   **f)** 1,5   **g)** $\frac{3}{5}$

2. a) $\sqrt{4}$ **b)** $\sqrt{36}$ **c)** $\sqrt{121}$ **d)** $\sqrt{0,49}$ **e)** $\sqrt{0,09}$ **f)** $\sqrt{\frac{9}{16}}$ **g)** $\sqrt{6,25}$

3. Der Umfang des Grundstücks beträgt 116 m.

4. a) 2,236   **b)** 27,404   **c)** 50,010   **d)** 1,1   **e)** 0,513   **f)** 4,380   **g)** 16,811   **h)** 0,920

5. a) a ≈ 6,87 cm   **b)** a ≈ 10,58 cm

6. Das Volumen beträgt 128,625 cm³

SEITE 91

1. a) 201,50 km   **b)** 496,00 km   **c)** 519,25 km   **d)** 403,00 km   **e)** 302,25 km

2. A′(−2|2); B′(7|−7); C′(11,5|−1); D′(4|8)

3. a) k = 1,5; b′ = 9,44 cm, c′ = 9 cm

   b) k = $\frac{3}{4}$; b′ = 4,5 cm, c′ = 3 cm
     (1) Konstruiere das Dreieck ABC a) nach sws; b) nach sss.
     (2) Zeichne $\overline{BC}$ und um B einen Kreis mit dem Radius a′ = 6 cm. Der Schnittpunkt mit $\overline{BC}$ ist C′.
     (3) Zeichne $\overline{BA}$ und eine Parallele zu b durch C′. Der Schnittpunkt ist A′.
     (4) B′ = B; A′B′C′ ist das gesuchte Dreieck.

4. Der Flächeninhalt des Dreiecks ABC beträgt 16 cm².

5. $\frac{3}{4} = \frac{10}{x}$; x ≈ 13,33 cm (Länge der Fotos)

6. Der Baum ist ungefähr 10,63 m hoch.

7. Der Fluss $(\overline{DE})$ ist 52,5 m breit.

8. a) $\overline{DC} \approx 2,6$ cm   **b)** M teilt h im Verhältnis von ca. $7:4$.

SEITE 117

1. a) c = 100 cm   **b)** b = 75 cm   **c)** b = 39 cm   **d)** r = 28 m

2. a) $\alpha = 76°$; $c \approx 7,2$ cm; $b \approx 1,7$ cm; $u \approx 16$ cm; $A \approx 6,11$ cm^2
   b) $\gamma = 46°$; $b \approx 6,3$ cm; $c \approx 4,6$ cm; $u \approx 15,3$ cm; $A \approx 10,02$ cm^2
   c) $\beta = 32°$; $b \approx 98,04$ m; $c \approx 156,89$ m; $u \approx 439,93$ m; $A \approx 7\,690,31$ m^2
   d) $\alpha = 56°$; $a \approx 33,99$ m; $b \approx 22,93$ m; $u \approx 97,92$ m; $A \approx 389,6$ m^2
   e) $\alpha = 47°$; $c \approx 123,2$ cm; $a \approx 90,1$ cm; $u \approx 297,2$ cm; $A \approx 3\,783,3$ cm^2
   f) $\alpha = 39°$; $b \approx 10,0$ cm; $a \approx 6,3$ cm; $u \approx 24,2$ cm; $A \approx 24,63$ cm^2

3. (1) $5^2 = 2,5^2 + h^2$; $h = \sqrt{5^2 - 2,5^2} \approx 4,33$ cm
   (2) $\sin 60° = \frac{h}{5\,\text{cm}}$; $h = \sin 60° \cdot 5$ cm $\approx 4,33$ cm

4. Raumdiagonale $d_R = \sqrt{d^2 + 5^2}$;
   d ist Diagonale der Grundfläche: $d = \sqrt{8^2 + 3,5^2} \approx 8,73$ cm $\Rightarrow d_R \approx 10,06$ cm

5. $\alpha \approx 58,3°$; $b = 31,7°$

6. $\alpha \approx 33,69°$; 66,7 %

7. a) $h = \sin 34° \cdot 5$ m $\approx 2,8$ m
   b) $A = \frac{a+c}{2} \cdot h$; $c = 3,4$ m; $h = 2,8$ m; $a = 3,4$ m $+ 2 \cdot x$
   $5^2 = 2,8^2 + x^2 \Rightarrow x \approx 4,14$ m $\Rightarrow a = 11,68$ m; $A = 21,11$ m^2

SEITE 157

1. a) (1) $V \approx 351,86$ cm^3 **b)** (1) $V = 141,7$ cm^3 **c)** (1) $V \approx 95,88$ cm^3
   (2) $O \approx 267,46$ cm^2 (2) $O \approx 151,18$ cm^2 (2) $O = 128,03$ cm^2

2. a) –   **b)** –   **c)** –
   d) $A_O \approx 117,1$ cm^2 $V \approx 96,2$ cm^2
   e) (1) Es wird um 30 % größer.   (2) Es wird um $\approx 43,98$ % größer.

3. $V \approx 455,53$ cm^3

4. a) (1) ca. 19,5 cm   (2) ca. 26,5 cm   (3) ca. 11,8 cm
   b) (1) $r \approx 4,3$ cm   (2) $r \approx 5,5$ cm   (3) $r \approx 6,3$ cm

5. (1) $h = 25,5$ cm;   (2) 11,8 cm;   (3) 8,1 cm

6. $\approx 73,75$ kg

7. Annahmen: Der Käse ist zylinderförmig. Höhe ca. 0,8 m; Radius ca. 1,5 m. $V = 5,65$ m^3

8. a) $V \approx 274,92$ cm^3 also ca. 2,36 kg   **b)** $A_O \approx 416,3$ cm^2

SEITE 177

1. (1) $\overline{E}$: 1; $P(E) = 1 - \frac{1}{6} = \frac{5}{6} \approx 83,3$ %

   (2) $\overline{E}$: 5; 6; $P(E) = 1 - \frac{5}{12} = \frac{7}{12} \approx 58,3$ %

   (3) $\overline{E}$: 4; $P(E) = 1 - \frac{1}{12} = \frac{11}{12} \approx 91,7$ %

   (4) $\overline{E}$: 1; 2; $P(E) = 1 - \frac{5}{12} = \frac{7}{12} \approx 58,3$ %

   (5) $\overline{E}$: 1; 5; $P(E) = 1 - \frac{1}{4} = \frac{3}{4} = 75$ %

2. (1) $\frac{1}{3} \cdot \frac{1}{3} = \frac{1}{9} = 11,1$ %

   (2) Gelb oder Blau: $\frac{1}{3} \cdot \frac{1}{3} = \frac{1}{9} = 11,1$ %;   Rot: $\frac{1}{4} \cdot \frac{1}{4} = \frac{1}{16} = 6,25$ %;   Grün: $\frac{1}{12} \cdot \frac{1}{12} = \frac{1}{144} = 0,69$ %;

   (3) 1: $\frac{1}{36}$; 2: $\frac{1}{16}$; 3: $\frac{1}{144}$; 4: $\frac{1}{144}$; 5: $\frac{1}{144}$; 6: $\frac{1}{9}$

   (4) 4 und 6: $\frac{1}{3} \cdot \frac{1}{12} = \frac{1}{36} = 2,78$ %;   5 und 5: $\frac{1}{12} \cdot \frac{1}{12} = \frac{1}{144} = 0,69$ %

3. a) (1) $\frac{5}{6} \approx 83\,\%$ (2) $\frac{5}{36} \approx 14\,\%$

b) durch häufiges Würfeln und Berechnen der relativen Häufigkeiten

4. (1) $P = 0,85 \cdot 0,85 \cdot 0,85 = 0,6141 = 61,41\,\%$
(2) $P = 0,15 \cdot 0,85 \cdot 0,85 + 0,85 \cdot 0,15 \cdot 0,85 + 0,85 \cdot 0,85 \cdot 0,15 = 0,85^2 \cdot 0,15 \cdot 3 \approx 0,3251 = 32,51\,\%$

5. (1) Die Gewinnwahrscheinlichkeit beträgt $\frac{31}{50} \approx 62\,\%$.

(2) Die Gewinnwahrscheinlichkeit beträgt $\frac{31}{45} \approx 69\,\%$.

6. (1) $\frac{1}{4}$ (2) $\frac{1}{2}$ (3) $\frac{1}{2}$

7. a)

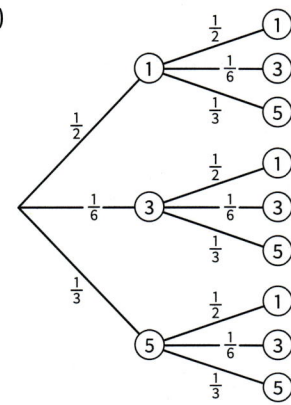

Die 1 kommt auf dem Würfel dreimal, die 3 einmal und die 5 zweimal vor.

b) $\frac{1}{2} \cdot \frac{1}{6} + \frac{1}{2} \cdot \frac{1}{3} + \frac{1}{6} \cdot \frac{1}{2} + \frac{1}{6} \cdot \frac{1}{3} + \frac{1}{3} \cdot \frac{1}{2} + \frac{1}{3} \cdot \frac{1}{6} = \frac{11}{18} = 0,6\overline{1}$

SEITE 201

1. (1) –
(2) –
(3) **a)** $-2;\, 2$ **b)** $-2;\, 2$ **c)** $-\sqrt{6};\, \sqrt{6}$ **d)** $-\sqrt{6};\, \sqrt{6}$ **e)** $-\sqrt{2};\, \sqrt{2}$ **f)** $-\sqrt{3};\, \sqrt{3}$

2.

	x	−3	−2	−1	0	1	2	3
a)	y	16	6	0	−2	0	6	16
b)	y	20	10	4	2	4	10	20
c)	y	14,5	7	2,5	1	2,5	7	14,5
d)	y	−12,5	−5	−0,5	1	−0,5	−5	−12,5
e)	y	7,75	4	1,75	1	1,75	4	7,75
f)	y	2,1	0,1	−1,1	−1,5	−1,1	0,1	2,1

3. a) $y = x^2 + 1$ **b)** $y = \frac{1}{2}x^2 - 2$ **c)** $y = -2x^2 + 4$ **d)** $y = -\frac{3}{2}x^2$

4. a) (1) Streckung mit dem Faktor 4; Verschiebung um 2 Einheiten nach oben
(2) $S(0\,|\,2)$
(3) keine Nullstellen
b) (1) Streckung mit dem Faktor 1,75; Verschiebung um 2 Einheiten nach oben
(2) $S(0\,|\,2)$
(3) keine Nullstellen
c) (1) Streckung mit dem Faktor 2,5; Verschiebung um 1 Einheit nach unten
(2) $S(0\,|\,-1)$
(3) Nullstellen: $-\sqrt{0,4}$ und $\sqrt{0,4}$
d) (1) Streckung mit dem Faktor 5,5; Spiegeln der Parabel an der x-Achse; Verschiebung um 10 Einheiten nach oben
(2) $S(0\,|\,10)$
(3) Nullstellen: $-\sqrt{\frac{20}{11}}$ und $\sqrt{\frac{20}{11}}$
e) (1) Streckung mit dem Faktor 4; Spiegeln der Parabel an der x-Achse; Verschiebung um 1 Einheit nach unten
(2) $S(0\,|\,-1)$
(3) keine Nullstellen

f) (1) Stauchung mit dem Faktor 0,01; Verschiebung um 0,1 Einheiten nach unten
(2) $S(0|-0,1)$
(3) Nullstellen: $-\sqrt{10}$ und $\sqrt{10}$

5. a) $0 = x^2 - 2 \qquad |+2$
$ 2 = x^2$
$ x = \sqrt{2} \text{ oder } x = -\sqrt{2}$

b) $-10 = -2 \cdot x^2 + 2 \qquad |-2$
$ -12 = -2 \cdot x^2 \qquad |:(-2)$
$ 6 = x^2$
$ x = \sqrt{6} \text{ oder } x = -\sqrt{6}$

c) $ 4 = 0,01 \cdot x^2 + 3 \qquad |-3$
$ 1 = 0,01 \cdot x^2 \qquad |:0,01$
$ 100 = x^2$
$ x = 10 \text{ oder } x = -10$

6. a) $s = \frac{64}{7}\,\text{m} \approx 9,14\,\text{m}$
b) $v = \sqrt{35}\,\frac{\text{m}}{\text{s}} \approx 5,92\,\frac{\text{m}}{\text{s}}$
c) $8\,\frac{\text{m}}{\text{s}} = 28,8\,\frac{\text{km}}{\text{h}}$; $5,92\,\frac{\text{m}}{\text{s}} = 21,3\,\frac{\text{km}}{\text{h}}$

Bist du topfit?

SEITE 202

1. a) (1) $S(0|4)$ \qquad (2) keine Nullstelle
(3)

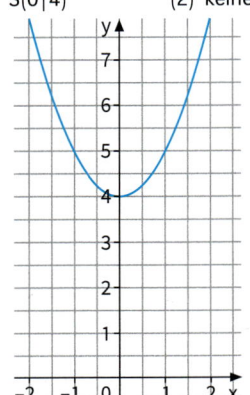

c) (1) $S(0|3)$ \qquad (2) Nullstelle bei $x = \pm\sqrt{2}$
(3)

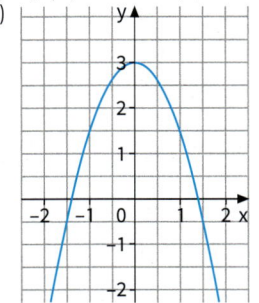

b) (1) $S(0|-2)$ \qquad (2) Nullstelle bei $x = \pm 2$
(3)

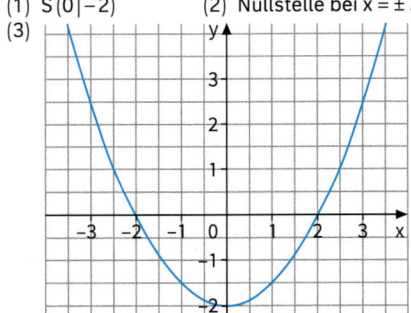

2. $72,25\,\text{cm}^2$

3. a) $7\,333,797\,\text{g}$ $(7,33\,\text{kg})$ \qquad **b)** um $13,6\,\%$

4. a) $A_{\text{Halbkreis}} = \frac{1}{2}\pi \cdot (5\,\text{cm})^2 \approx 39,27\,\text{cm}^2$; $A_{\text{Dreieck}} = \frac{1}{2} \cdot 10\,\text{cm} \cdot 5\,\text{cm} = 25\,\text{cm}^2$.
Die grüne Fläche ist also $64,27\,\text{cm}^2$ groß.
b) Der Flächeninhalt beider roter Flächen beträgt $A_{\text{Halbkreis}} - A_{\text{Dreieck}} = 14,27\,\text{cm}^2$. Eine rote Fläche ist also rund $7,14\,\text{cm}^2$ groß.
c) $\overline{AB} = \sqrt{(5\,\text{cm})^2 + (5\,\text{cm})^2} = \sqrt{50\,\text{cm}^2} \approx 7,07\,\text{cm}$

5. a) Torbreite: $7,32\,\text{m}$; Länge der Strecke: $11,59\,\text{m}$
b) $0,6\,\text{s}$

6. a) $2\,756\,722,4\,\text{m}^3$ $\left[2 \cdot 7,4\,\text{km} \cdot \left(\frac{15,4\,\text{m}}{2} \right)^2 \cdot \pi \right]$
b) $140,22\,\text{m}$
c) Täglicher Abtransport von ca. $3\,400\,\text{m}^3$ Erde; entspricht ungefähr 170 Lkw-Ladungen (20 t pro Ladung). (27 Monate mit 30 Tagen)

SEITE 203

1. a) $x = 8{,}4\,\text{m}$　　　　　　　　　　　**b)** Länge des Sees $= \tan 55° \cdot 230\,\text{m} \approx 328{,}5\,\text{m}$

2. a) Grün/Grün $\frac{1}{4}$;　　Grün/Gelb $\frac{1}{12}$;　　Grün/Rot $\frac{1}{24}$;　　Grün/Blau $\frac{1}{8}$;

　　Gelb/Grün $\frac{1}{12}$;　　Gelb/Gelb $\frac{1}{36}$;　　Gelb/Rot $\frac{1}{72}$;　　Gelb/Blau $\frac{1}{24}$;

　　Rot/Grün $\frac{1}{24}$;　　Rot/Gelb $\frac{1}{72}$;　　Rot/Rot $\frac{1}{144}$;　　Rot/Blau $\frac{1}{48}$;

　　Blau/Grün $\frac{1}{8}$;　　Blau/Gelb $\frac{1}{24}$;　　Blau/Rot $\frac{1}{48}$;　　Blau/Blau $\frac{1}{16}$

b) Die Chance zu gewinnen beträgt $\frac{25}{72}$ $\left(\text{zu verlieren } \frac{47}{72}\right)$.

c) 0,15 €

d) Er hat nicht recht. Im Mittel gewinnt die Klasse nun 32,5 Cent; das sind nur 17,5 Cent mehr.

3. a) Breite des Mannes auf dem Bild: 0,3 cm
　　Breite des Baumes auf dem Bild: 6,5 cm
　　Breite des Mannes in der Wirklichkeit: ca. 55 cm
　　Damit hat der Baum einen Durchmesser von ca. 12 m.
　　Der Umfang des Baumes ist $u = \pi \cdot d \approx 37{,}7\,\text{m}$.

b) –

SEITE 204

1. $\overline{AC} = 24\,\text{m}$; 180 Steine

2. a) –

b) $u \approx 24\,\text{m}$; 192 Pflanzen

c) $\approx 40\,\text{m}^2$; 183 Begonien, 458 Petunien; Gesamtkosten: 680,27 €

d) 79 %

3. a) 1374 l　　**b)** 1016 kg

SEITE 205

4. Die zu streichende Oberfläche besteht aus:
Oberfläche Quader – 2 Kreisflächen + 2 Mantelflächen
Die Oberfläche der Sitzbank ist etwa 3,67 m² groß. Es werden also zwei Eimer Lack benötigt.

1. a) $\frac{3}{4}$　　　**b)** $\frac{16}{7}$　　　**c)** $\mathbb{R}$　　　**d)** 4,8　　　**e)** $-1{,}3$; $+1{,}3$

f) 9,75　　　**g)** keine Lösung　　**h)** -10; $+10$　　**i)** 8,5

2. a) $x = 4{,}7\,\text{cm}$; $y = 8{,}75\,\text{cm}$　　　　　**b)** $x = 4{,}52\,\text{cm}$; $y = 7{,}51\,\text{cm}$

3. a) $\left(7\frac{21}{29}; -4\frac{10}{29}\right)$　　**b)** $\left(-\frac{21}{26}; 1\frac{17}{52}\right)$

4. 9,6 cm; 4 cm; 10,4 cm; 19,2 cm²

5. Der Einzelpreis für das Kinderticket beträgt 9 € und für das Erwachsenenticket 19,50 €.

SEITE 206

1. a) 3,5 kg　　**b)** 7,90 €　　**c)** $y = 1{,}2\,x$: Preis pro kg　　**d)** 17,10 €

2. a) 27,80 €　　**b)** $y = 1{,}2\,x + 8$　　**c)** 4,14 m　　**d)** (1) 10 €; 1,30 € pro m²　　(2) 10 m²

3. 11,2 m

Lösungen Prüfungsvorbereitung

Lösungen zum allgemeinen Teil

1. a) 4,57
13,53
b) 4,57
7,62
c) 0,28
0,006
d) 0,9
7

2. a) 8,35
83,5
b) 126
12 600
c) 1,84
0,184
d) 0,09
0,0009

3. a) 16,147
8,383
b) 5,14
7,998
c) 213,5
3,542
d) 0,302
12,42

4. a) A: −0,8   B: −0,3   C: −0,1   D: 0,4   E: 0,75   F: 1,2
b)

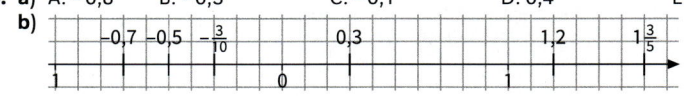

5. a) (1) 0,4   (2) −0,06   **b)** (1) −1,5   (2) −2   **c)** (1) > (2) > (3) < (4) =

6. a)

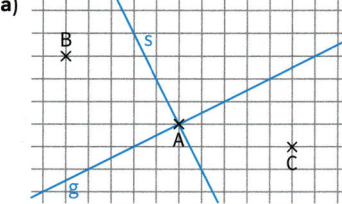

c)

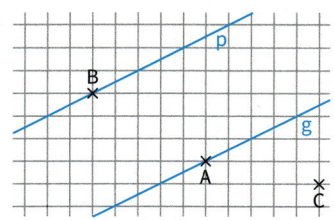

b) 2,5 cm

7. a) $3 \cdot (7 − 4) = 9$ **b)** $4 \cdot (5 + 3) − 10 = 22$ **c)** $18 : (3 + 2 \cdot 3) = 2$

8. a) 80 cm
b) 2 500 m
c) 1,6 cm
d) 0,00075 l
e) 2,7 kg
f) 80 g
g) 180 sec
h) 105 min

9. a) $\frac{9}{25} = 36\,\%$ **b)** $\frac{2}{5} = 37,5\,\%$ **c)** $\frac{3}{10} = 30\,\%$

10. (1) 1 Parallelogramm oder 2 Dreiecke
(2) 5 Parallelogramme oder 2 Dreiecke und 4 Parallelogramme oder 4 Dreiecke und 2 Parallelogramme
(3) 3 Dreiecke oder 1 Parallelogramm und 1 Dreieck
(4) 2 Parallelogramme oder 1 Parallelogramm und 2 Dreiecke oder 4 Dreiecke

11. a) (1) 15   (2) 18   **b)** (1) 7   (2) 4

12. 0,4 ist das Gleiche wie 40 %, $\frac{4}{10}$, 0,400 und $\frac{2}{5}$.

13. a) Der Wald ist 96 ha groß.   **c)** Der Nachbar bewirtschaftet 200 ha.
b) Es sind 25 % seiner Fläche.

14. a) 1400 kg   **b)** 4,5 km   **c)** 2 dm   **d)** 0,3 l   **e)** 18 m²

15. a) Er war 5 Stunden und 10 Minuten unterwegs.
b) Er sollte spätestens um 6.50 Uhr losfahren.

16. a) 10   **b)** 7   **c)** 102

17. a) 12   **b)** 20   **c)** 42

18. a) $\frac{1}{2}$ **b)** $\frac{4}{5}$ **c)** $\frac{1}{2}$

19. a) –   **b)** $\frac{1}{3}$

20. a) (1) α = 125°   β = 55°   γ = 125°
      (2) α = 35°   β = 130°   γ = 85°
   b) (1) gleich   (2) beträgt 180°   (3) beträgt 180°

21. Graph (3)

22. a) a   **b)** k   **c)** p

Lösungen zum Hauptteil

SEITE 210

1. a) 36,75 cm²   **b)** $\frac{1}{2}$; 50 %

2. a) Summe: 392,50 €   **b)** Arbeitszeit: 313,50 €
     19 % Mehrwertsteuer: 74,58 €   19 % Mehrwertsteuer: 90,90 €
     Endpreis: 467,08 €   Endpreis: 569,30 €

3. a)

Anzahl der Quadrate (q)	Anzahl der Streichhölzer (s)
1	4
2	7
3	10
4	13
6	19

   b) Gleichung (2) gibt den Zusammenhang richtig wieder.

4. a) 12 cm   **b)** 48 cm   **c)** 135   **d)** 20 %

5. Die Bank muss ihr 8 105 € zurückzahlen.

SEITE 211

6. a) 350 m   **b)** ≈ 150,49 m

7. a) Die Bestellung kostet 1 050 €.   **c)** (1) Es wurden 25 Kalender nicht verkauft.
   b) Der Gewinn beträgt 300 €.   (2) Der erwirtschaftete Gewinn beträgt 112,50 €.

8. Neuer T-Shirt-Preis: 39,92 €   Alter Jeans-Preis: 81,75 €   Preisnachlass: 60 %

9. a) 9,90 €
   b) 7,50 €
   c) 3,50 € + x · 1,60 €
   d) siehe rechts

10. Sei x die Breite der Person. Dann ist der Baum ca. 4,5 · x breit. Betrachtet man diese Größe als Durchmesser des Baumes, so ergibt sich als Umfang u = 4,5 · x · π.

SEITE 212

11. a) 2014: 3 Mio. €
   b) Ja, in den Jahren 2011 und 2012 wurde Verlust gemacht. Negativer Jahresgewinn bedeutet Verlust.
   c) 950 000 €

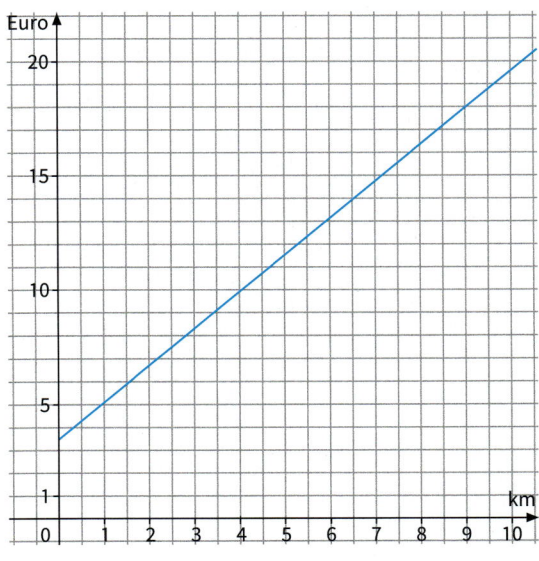

12. a) Volumen: 214,2 cm³   Oberfläche 223,8 cm²
   b) Volumen: 206,17 cm³   Oberfläche: 204,2 cm²

13. a) 2,88 €   **b)** 3,1 kg

14. 11,25 Stunden

15. (1) ≈ 997,80 m²   (2) ≈ 84 813,18 €

16. a)

Ereignis	Wahrscheinlichkeit
Das Rad bleibt auf Grün stehen.	$\frac{3}{10}$
Das Rad bleibt auf einer Zahl größer als 6 stehen.	$\frac{4}{10}$
Das Rad bleibt auf Grün oder einer geraden Zahl stehen.	$\frac{7}{10}$

   b) Das Ereignis „rot oder ungerade Zahl" hat die höchst Gewinnwahrscheinlichkeit.

17. Die Interpretation ist nicht vernünftig. Der Zuwachs wirkt auf den ersten Blick groß, weil die x-Achse nicht bei Null beginnt. Tatsächlich beträgt der Zuwachs nur ca. 4 %.

18. a) Die Höhe des Ballons ist im Verlauf des Fluges unterhalb der Höhe des Startplatzes.
   b) Der Ballon steigt zunächst etwas, sinkt dann rasch ab, steigt dann wieder bis auf eine Maximalhöhe und sinkt dann bis zur Landung ganz langsam wieder.
   c) Der Landeplatz liegt deutlich höher als der Startplatz.

19. 9 Schüler

20. 66 %

21. 720 Betten

22. a) 22 904 cm³   **b)** Aussage (3) stimmt

23. a) 96 m²   **b)** ≈ 624,67 m²

Abschlussprüfung – Allgemeiner Teil

SEITE 214

1. a) 11,13   **b)** 170,45   **c)** 730   **d)** 0,382

2. a) 103,1   **b)** 22,1   **c)** 6   **d)** 9,9

3. Aktentasche – 2,5 kg   Schokolade – 100 g   Wasserflasche – 1 kg   Butter – 250 g

4. $\frac{3}{4} = 0,750 = 75\,\% = \frac{18}{24}$

5. $\frac{6}{15} = \frac{2}{5} = 40\,\%$

6. Gefäß (1)

7. –

SEITE 215

8. a) A: Graph (3)   B: Graph (1)   C: Graph (2)
   b) Die Zuordnung A ist proportional.

9. a) 10; 15   **b)** 36

Abschlussprüfung – Hauptteil

1. a) 25 Schülerinnen und Schüler   **b)** Notendurchschnitt 3

2. 29,50 € + 9,90 € · 9,50 = 123,55 €

3. a)

Ereignis	Wahrscheinlichkeit
Die gezogene Nummer ist kleiner als 20.	$\frac{19}{50} = 0{,}38$
Die gezogene Nummer ist durch 4 teilbar.	$\frac{12}{50} = 0{,}24$

b) $\frac{8}{48} = \frac{1}{6}$

4. a) Der Preis wurde um 45 % gesenkt.   **b)** Der Preis wurde um 89,25 € gesenkt.

SEITE 216

5. a) Weizen   **b)** 8 % Roggen   **c)** 11,005 Mio. t Gerste

6. Für die Schätzung der Höhe der Pyramide können die Laterne oder der Mensch verwendet werden. Die Pyramide ist zwischen 7 und 8 m hoch.

7. a) Anfang August   **b)** 2 500 Liter pro Monat   **c)** 7 000 Liter

8. a) $x^2 = 64^2 + 43^2$; $x \approx 77{,}1$ m   **b)** A = 1 376 m²

9. a) Das stimmt nicht. Tim hat 114 und Lisa 178 Stimmen erhalten.
    b) Anzahl der Stimmen für Ralf:
465 – 114 – 178 – 66 = 107

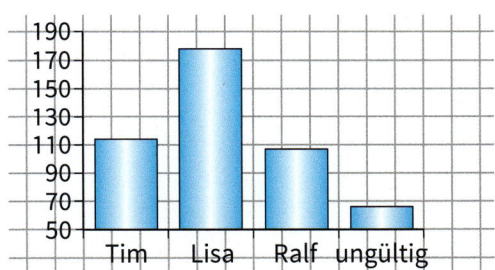

SEITE 217

Wahlaufgabe 1

a) $2r + \frac{1}{2} \cdot 2\pi r = 14\,\text{m} + \pi \cdot 7\,\text{m} = 35{,}99\,\text{m}$

    Es müssen Pflastersteine für ca. 36 m bestellt werden.

b) 549,69 €

c) 76,97 m²

d) α + β + 90° = 180°; Da das Blumenbeet achsensymmetrisch ist, gilt $\alpha = \beta = \frac{180° - 90°}{2} = 45°$

e) 24,5 m²

Wahlaufgabe 2

a) (1) $\frac{1}{6}$ (2) $\frac{4}{6} = \frac{2}{3}$ (3) $\frac{1}{6}$ (4) $\frac{4}{6} = \frac{2}{3}$

b) Die Wahrscheinlichkeit, eine 6 zu würfeln, beträgt immer noch $\frac{1}{6}$, ist also nicht höher.

c) (1)

Ereignis	Wahrscheinlichkeit
Rot	50 %
Gelb	25 %
Blau	25 %

    (2) 2 Flächen Rot; 1 Fläche Gelb; 1 Fläche Blau

d) z. B. (1) 2 rote Kugeln, 1 gelbe Kugel, 1 blaue Kugel
           (2) 4 rote Kugeln, 2 gelbe Kugeln, 2 blaue Kugeln

SEITE 218

Wahlaufgabe 3
a) Das Schneidwerk ist etwa 7,5 m breit.
b) (1) 7 Stunden   (2) 10,5 Stunden
c) 372 00 m^2 = 3,72 ha
d) 157 500 € + 7 875 € + 5 622,75 € + 3 622,50 € = 174 620,25 €

Wahlaufgabe 4
a) 25 m · 10 m = 250 m^2
b) 25 m · 10 m · 2,2 m = 550 m^3
c) (1) 25 m · 10 m + 2 · 10 m · 2,2 m + 2 · 25 m · 2,2 m = 404 m^2
   (2) 404 · 115 € + (2 · 25 + 2 · 10) · 70 € = 51 360 € (ohne Mehrwertsteuer)
   Die Gesamtkosten mit Mehrwertsteuer betragen 61 118, 40 €.
d) Graph (2)

Mathematische Symbole

Zahlen

$a = b$	a gleich b
$a \neq b$	a ungleich b
$a < b$	a kleiner b
$a > b$	a größer b
$a \approx b$	a ungefähr gleich (rund) b
$a \mid b$	a ist Teiler von b
$a \nmid b$	a ist nicht Teiler von b
$a + b$	Summe aus a und b; a plus b
$a - b$	Differenz aus a und b; a minus b
$a \cdot b$	Produkt aus a und b; a mal b
$a : b$	Quotient aus a und b; a durch b
a^n	Potenz aus Basis (Grundzahl) a und Exponent (Hochzahl) n; a hoch n
$\frac{a}{b}$	Bruch mit dem Zähler a und dem Nenner b
$p\,\%$	p Prozent
$\sqrt{a}$	Quadratwurzel aus a ($a \geq 0$)
$\sqrt[3]{a}$	Kubikwurzel aus a ($a \geq 0$)
$\sin \alpha$	Sinus α
$\cos \alpha$	Kosinus α
$\tan \alpha$	Tangens α

Geometrie

AB	Verbindungsgerade durch die Punkte A und B; Gerade durch A und B
$\overline{AB}$	Verbindungsstrecke der Punkte A und B; Strecke mit den Endpunkten A und B
$\overrightarrow{AB}$	Halbgerade mit dem Anfangspunkt A, die durch B verläuft
$g \parallel h$	Gerade g ist parallel zu Gerade h
$g \nparallel h$	Gerade g ist nicht parallel zu Gerade h
$g \perp h$	Gerade g ist senkrecht zu Gerade h
$P(x \mid y)$	Punkt P mit den Koordinaten x und y, wobei x der Rechtswert, y der Hochwert ist
ABC	Dreieck mit den Eckpunkten A, B und C
ABCD	Viereck mit den Eckpunkten A, B, C und D
$\sphericalangle\,PSQ$	Winkel mit dem Scheitel S und den Schenkeln $\overrightarrow{SP}$ und $\overrightarrow{SQ}$
$F \cong G$	Figur F ist kongruent zu Figur G
$F \sim G$	Figur F ist ähnlich zu Figur G
h_a	Höhe auf der Seite a

Einheiten

Längen

10 mm	= 1 cm
10 cm	= 1 dm
10 dm	= 1 m
1 000 m	= 1 km

Flächeninhalte

100 mm²	= 1 cm²		100 m²	= 1 a
100 cm²	= 1 dm²		100 a	= 1 ha
100 dm²	= 1 m²		100 ha	= 1 km²

Die Umwandlungszahl ist 100.

Volumen

1 000 mm³	= 1 cm³		1 cm³	= 1 ml
1 000 cm³	= 1 dm³		1 dm³	= 1 l
1 000 dm³	= 1 m³		1 000 ml	= 1 l

Die Umwandlungszahl ist 1 000.

Gewichte

1 000 mg	= 1 g
1 000 g	= 1 kg
1 000 kg	= 1 t

Die Umwandlungszahl ist 1 000.

Zeitspannen

60 s	= 1 min
60 min	= 1 h
24 h	= 1 d

STICHWORTVERZEICHNIS

BILDQUELLENVERZEICHNIS